Georg Pingler

Der einfache und diphtheritische Croup

und seine erfolgreiche Behandlung mit Wasser und durch die Tracheotomie

Georg Pingler

Der einfache und diphtheritische Croup
und seine erfolgreiche Behandlung mit Wasser und durch die Tracheotomie

ISBN/EAN: 9783743455856

Hergestellt in Europa, USA, Kanada, Australien, Japan

Cover: Foto ©berggeist007 / pixelio.de

Manufactured and distributed by brebook publishing software (www.brebook.com)

Georg Pingler

Der einfache und diphtheritische Croup

DER EINFACHE

UND

DIPHTHERITISCHE CROUP

UND SEINE ERFOLGREICHE

BEHANDLUNG MIT WASSER

UND DURCH DIE

TRACHEOTOMIE

DARGESTELLT

NACH EIGENEN ZAHLREICHEN ERFAHRUNGEN

VON

Dr. G. PINGLER,

KÖNIGL PHYSICUS A. D., MEDICINALRATH UND DIRIGENTEN DER WASSERHEILANSTALT ZU
KÖNIGSTEIN IM TAUNUS.

ZWEITE VERMEHRTE UND VERBESSERTE AUFLAGE.

HEIDELBERG.
CARL WINTER'S UNIVERSITÄTSBUCHHANDLUNG.
1879.

Vorrede zur erſten Auflage.

Im Jahre 1850 war ich in Uſingen, nördlich vom Taunus ſtationirt und hatte meine Hauptbeſchäftigung in Gemeinden, die jenen Ort in einem Umkreiſe von 1—2 Meilen umgeben.

War mein Dienſt durch die endloſen und ſchlechten Wege ſchon höchſt mühſam, ſo bereitete die Armuth vieler, an der äußerſten Grenze gelegenen, Gemeinden meiner Wirkſamkeit doch noch weit größere Schwierigkeiten. Wo die Mehrzahl der Gemeindebürger in größter Dürftigkeit lebt, da iſt es wahrlich weder leicht, noch angenehm, Arzt zu ſein und man ſehnt ſich vor allen Dingen nach einer *Pharmacopœa pauperum*, die möglichſt wirkſam iſt und möglichſt wenige Koſten verurſacht. Dieſe Verhältniſſe bewogen mich, den Gräfenberg aufzuſuchen, woſelbſt *Prießnitz* wirkte, deſſen Name bereits in die ganze Welt gedrungen war, und ich näherte mich dem großen Manne mit der Anfrage, ob er mich unterweiſen wolle, den Typhus und acute Hautausſchläge mit Waſſer zu behandeln. Nachdem ich ihm den Grund meiner Reiſe nach dorthin angegeben hatte, ließ er das ſonſt gegen jeden Arzt gehegte Mißtrauen fallen, theilte mir ſtets bereitwilligſt mündlich und ſpäter noch ſchriftlich ſeine Anſicht über vorgelegte Fragen, wenn auch eigenthümlich lakoniſch, mit. Es hielt mir aber nichtsdeſtoweniger ſehr ſchwer, zum Verſtändniſſe der Hydriatrie, als einer neuen, in ſich abgeſchloſſenen Heilweiſe zu gelangen, und ich bemerke hier für Die, welche von gleichem Streben beſeelt ſind, daß nachſtehende zwei Schriften mir am meiſten nützten, nämlich: «Theorie und Methode des Waſſerheilverfahrens» von *Weißkopf* und «die Anwendung der Chemie auf Phyſiologie und Pathologie» von *Liebig*.

Nachdem ich auf dem Gräfenberge meine Versetzung nach König-
stein erfahren hatte, begab ich mich über Wien und München in meine
Heimath, um die Früchte einer siebenmonatlichen wissenschaftlichen
Reise zu verwerthen.

Königstein, ein Städtchen von damals 1450, jetzt 1900 Seelen,
liegt am südlichen Abhange des romantischen Taunusgebirges 1200′
über dem Meeresspiegel, und bildet mit dem nahegelegenen Cronberg
und Cronthal die Perle des Taunus. Von bewaldeten Höhen schützend
umkreist, von herrlichen Wiesenflächen und Feldern mit üppiger Vegetation umgeben, ist es mit allen den Eigenschaften auf's Reichlichste
ausgestattet, die für einen hydriatrischen Kurort angesprochen werden
können, und als solcher hat es sich, fast ohne meinen Willen, entwickelt. Ich will zu seinem Vortheile hier außer der herrlichen
Bergluft und unzähligen Promenaden nur anführen, daß in der
Umgebung Königstein's eine Menge Quellen entspringen, die im
Winter wie Sommer die Temperatur von 8° R. behaupten, dabei
chemisch reines Wasser liefern, das trotzdem einen sehr erfrischenden
Geschmack hat.

Mit dem festen Entschlusse, nur in vereinzelten Fällen mit größter
Vorsicht hydriatrische Heilversuche zu machen, begab ich mich auf
dieses Gebiet. Aber gleich beim ersten Versuche (er betraf einen
14jährigen an *Meningitis* leidenden Knaben) fand ich mich so überrascht, daß ich alle Gebote der Klugheit bei Seite setzte und blind
im Sturmschritte vorging. Diese Unklugheit rief eine Reaction hervor,
die allgemach sehr bedrohlich wurde und trotz merkwürdiger Erfolge
meine Entfernung aus dem Staatsdienste nahezu herbeigeführt hätte.
So z. B. entstand im Jahre 1853 eine Typhusepidemie in der Gemeinde Neuenhain, in der 211 Erkrankungsfälle vorkamen, von denen
130 meiner (hydriatrischen) Behandlung zufielen. Während von den
81 von Dr. *K.* behandelten Kranken 15 starben, verlor ich eine alte
Frau, die nicht gebadet wurde und einen wiederholt recidiv gewordenen
Mann. Dieses Verhältniß ist dadurch bemerkenswerth, daß die Regierung mehrere Aerzte beauftragt hatte, an Ort und Stelle Aufsicht
zu üben und allwöchentlich zu berichten, sowie dadurch, daß Herr

!Dr. *K.* zuletzt seine medicinische Behandlung aufgab und sich zur hydriatrischen wandte.

Mein Bericht über dieselbe ist in den Nass. Medic. Jahrbüchern (B. 13) theilweise veröffentlicht und das Resultat bewog sogar den Herausgeber jener Zeitschrift, einen heftigen Gegner der Wasserkur, zu erklären, *«daß die Resultate der Wasserkur alle Aufmerksamkeit der Aerzte verdienen»*. Auffallend war es mir zu sehen, daß Herr Dr. *Brand* in Stettin, in seiner sonst ausgezeichneten Schrift über die Natur des Typhus Auszüge aus jenem Hefte mittheilt, meines Aufsatzes aber mit keiner Silbe erwähnt und den Schein annimmt, als sei er der Erste gewesen, der den Typhus rationell mit Wasser behandelt habe.

Kurz, trotz aller Anstrengung würde ich von Dienststreitigkeiten· nicht frei geworden sein, wäre mir nicht von anderwärts her Hilfe gekommen. Gerade im schlimmsten Augenblick war Se. Hoheit der Herzog von Nassau gesund aus einer Wasserkur nach Wiesbaden zurückgekehrt und ich nahm daher Veranlassung, um den Höchsten Schutz für mich und die Hydriatrie in Nassau zu bitten. Derselbe wurde mir in dem Grade zu Theil, daß seitdem alle Gegner verstummten. Dadurch zeitlebens Sr. Hoheit zu größtem Danke verpflichtet, freut es mich, daß ich später Gelegenheit fand, denselben in der Höchsten Familie bethätigen zu können. In diätetischer wie in therapeutischer Beziehung haben alle Glieder Höchstderselben namhaften Vortheil durch die hydriatrische Behandlungsweise erfahren.

Innerhalb der letzten 16 Jahre habe ich gegen 10,000 Kranke rein hydriatrisch behandelt, der Mehrzahl nach mit acuten Leiden behaftete.

Ich glaube, daß es wenig Aerzte in Deutschland gibt, denen ein größeres hydriatrisches Material zu Gebote steht, als mir, und ich fühle mich daher berechtigt, als Schriftsteller aufzutreten.

Aber die Berechtigung allein würde mir die Feder nicht in die Hand gedrückt haben, wenn nicht gleichzeitig die Verpflichtung, meine Erfahrungen zum Gemeingute der Aerzte zu machen, mein Verhalten bestimmte. Ich bin nämlich durch meine zahlreichen Erfahrungen dahin geführt, die hydriatrische *Antiphlogose* im Allgemeinen, die zu schildernde

Behandlung der Bräune ganz besonders für ungleich unschuldiger, gefahr-
loser und heilkräftiger zu halten, als die medicinische, und daher verbunden, die Methode, die sich mir erprobt hat, sowohl im Interesse der
betreffenden Kranken, als auch *in dem der Aerzte* zu veröffentlichen.
Indem ich an die Verwirklichung meiner Aufgabe herantrete, fühle ich
meine Kräfte der Größe derselben nicht gewachsen und sehe mich
genöthigt, meine verehrten Leser um die größte Nachsicht zu bitten,
theils, weil ich mir dessen zu sehr bewußt bin, daß mir die erforderliche schriftstellerische Befähigung abgeht, theils, weil meine Stellung
der Art ist, daß ich als Stadt-, Land-, Hof-, Kur- und Staatsarzt
fungiren muß, woraus hervorgeht, daß es nur wenige Monate im
Jahre gibt, in denen mir vereinzelte Stunden zu schriftstellerischen
Zwecken zu Gebote stehen. Dabei kann ich versichern, daß die Eitel-
keit, als Schriftsteller zu glänzen, noch keinen *pruritus scribendi* bei mir
bewirkt hat. Wiewohl auf dem Gebiete der medicinischen Wissen-
schaften so rüstig gearbeitet wird, daß selbst Aerzte, die sich Specialitäten hingegeben haben, kaum das ihnen gebotene wissenschaftliche
Material zu bewältigen vermögen, so glaube ich doch, daß es genügen
dürfte, zur Rechtfertigung des Erscheinens dieses bescheidenen Schriftchens anzuführen, daß es nur einem *praktischen* Bedürfnisse abhelfen
und in dieser Beziehung eine noch nicht ernstlich und in überzeugender
Weise betretene Bahn einschlagen soll. Ich übergebe demnach diese
Schrift dem Arzte, der mit allen nosologischen und therapeutischen
Kenntnissen, wie sie die Schule lehrt, ausgerüstet, sich einem Kranken
gegenüber befindet, dessen Leiden er als entwickelten Croup dia-
gnosticirt hat, und stelle mir vor, daß er von einem peinlichen
schwülen Gefühle beschlichen wird, und dies umsomehr, je reicher
Erfahrungen, je feineres Gefühl für den Kranken und seine Angehörigen ihn beleben.

In dieser Lage kann dem Arzte nur Eines willkommen sein
nämlich ein praktischer Rath, der ihn in den Stand setzt, die Gefah
vorüberzuführen, ohne daß dem Kranken ein namhafter Schaden a
seiner Gesundheit erwachse.

Diese Schrift soll daher keine vollständige Monographie üb

Bräune bilden, sondern nur das hydriatrische Heilverfahren lehren, das sich mir so oft und so glänzend bewährt hat. Der Darstellung dieser Methode will ich alle Aufmerksamkeit zuwenden, auch noch einen Versuch einer wissenschaftlichen Rechtfertigung vorangehen lassen, bezüglich der Literatur, des nosologischen, pathologisch-anatomischen und medicinisch-therapeutischen Theils aber nur so viel hereinziehen, als absolut zum Verständniß des Ganzen geboten erscheint, und ich glaube, daß mir Dieses jeder College danken wird.

Schließlich noch ein Wort.

Die Kämpfe zwischen den Medicinärzten und Hydriatrikern sind in früheren Jahren oft in einer Weise geführt worden, die des höhern Zielpunktes, des Ringens nach Wahrheit zum Wohl der leidenden Menschheit durchaus unwürdig waren. Indem ich mich bestreben werde, diese Klippen sorgsamst zu umgehen und mich rein in den Schranken der Wissenschaft zu halten, bemerke ich nur, daß ich schon um dessenwillen keine Indiscretion gegen den ärztlichen Stand begehen darf, weil ich mir bewußt bin, es mit meinen Kranken ebenso redlich zu meinen, wenn ich ein Sitzbad, wie wenn ich ein Brechmittel verordne und keine Veranlassung vorliegt, von Collegen geringer zu denken. *Daneben wird mich Nichts in der Welt abhalten, das Schwarze schwarz und das Weiße weiß zu nennen, unerbittlich gegen jede mir entgegentretende Doctrin oder Behauptung, die ich als falsch erprobt und erkannt habe, mich meiner besten Ueberzeugung nach, und ohne Rücksicht auszusprechen.* Wahrheit und Trug können nicht nebeneinander bestehen.

KÖNIGSTEIN, im März 1868.

Dr. PINGLER.

–••—

Vorrede zur zweiten Auflage.

Die günstige Aufnahme, welche die erste Ausgabe dieser Schrift in der Literatur fand (vgl. Deutsche Klinik Nro. 10, 69; Allgem. med. Centralz. Jahrg. XXXVIII. 18; *Betz*, Memorab. Lief. XIII, 1 etc.), die unbestreitbare Insufficienz der medicinischen Methode bei allen Formen croupöser Entzündungen, daneben und zumeist die zahlreichen und höchst günstigen Resultate, die nicht blos von mir in 28 Jahren, sondern von verschiedenen, ausgezeichneten Aerzten durch die hydriatrische Methode erzielt wurden, gewähren mir das Recht und die Pflicht, meine 1869 an's Tageslicht getretene Schrift in neuer Auflage erscheinen zu lassen.

Der in der ersten Auflage ausgesprochene Plan, eine sehr fühlbare therapeutische Lücke auszufüllen, ist derselbe geblieben; ebenso sind es die nosologischen und therapeutischen Grundprincipien. Fast alle Abschnitte sind erweitert, zwei neue Capitel hinzugekommen: es behandeln dieselben die Erfahrungen und Urtheile anderer Aerzte, sowie prophylactische Maßregeln.

Schriftsteller, die für die Hydriatrie noch ein wärmeres Wort haben, als zum legalen Ton gehört, sind nicht auf Rosen gebettet: *Dii minorum gentium* lieben es sie anzukläffen, vielleicht nachdem sie Hekatomben ihrer Clientel geopfert haben; ja sogar aus dem Olymp fährt zuweilen ein Blitzstrahl herab (cf. *Ziemssen*, Art. Croup, pag. 246), der aber am Panzer der Wahrheit abprallt.

Möge die hier geschilderte Therapie sich einer ernstlichen Prüfung von Seiten der verehrten Standesgenossen erfreuen!

KÖNIGSTEIN, im December 1878.

Dr. PINGLER.

ERSTER ABSCHNITT.

Der einfache catarrhalisch-entzündliche, oder genuine Croup.

§ 1. Ueber die Wesenheit des Croup.

Die Geschichte der häutigen Bräune, die merkwürdiger Weise erst seit 1 ¹⁄₂ Jahrhunderten Gegenstand wissenschaftlicher Erörterungen und exacter Forschung ist, hüllt sich, je weiter wir uns von da ab dem classischen Alterthume nähern, immer mehr in geheimnißvolles Dunkel und Alles, was man aus älteren Schriftstellern, als für Croup sprechend, heranzieht, läßt der Skepsis volle Freiheit.

Wie ist Dieses zu erklären?

Kann man annehmen, daß der Croup in früheren Jahrhunderten kein Opfer gefordert habe? kam er nur vereinzelt vor, oder mit Krankheiten complicirt, die an und für sich zum Kehlkopf eine besondere Beziehung haben, z. B. Angina gangraenosa, Stromacace, Diphtheritis, Masern, Scharlach? und ist vielleicht die besondere Affection des Kehlkopfs neben den erwähnten Begleitern übersehen worden? Es ist schwer, eine genügende Erklärung hierfür aufzustellen, aber unstreitig noch schwerer, zu glauben, daß der Croup, wenigstens als sporadischer, im Alterthum nicht ebenso wie in späteren Zeiten seine Schrecken verbreitet habe. Die Schriftsteller, die sich mit Schilderung dieser Krankheitsform befaßt haben, verliehen derselben verschiedene Namen: Angina membranacea s. polyposa (*Michaelis*); Ang. pseudo-membranacea, suffocativa (*Bard*), Ang. laryngea exsudatoria; laryngo-tracheïtis (*Heifelder*).

Ich nenne diese Krankheit Croup, weil diese aus England stammende Benennung, wenngleich sie nur von einem Symptome entlehnt ist, doch im Meisten vor Verwechselung schützt. Verfolgt man vorurtheilsfrei die Entstehung, den Verlauf, die Ausgänge, den Sectionsbefund eines am Croup erlegenen Kindes, so findet man die wesentlichen Charaktere eines Entzündungsprocesses so unverkennbar und vollständig ausgesprochen, daß es auf den ersten Blick und ohne alle Würdigung der geschichtlichen Antecedentien, schwer fällt, zu begreifen, daß die Natur und Wesenheit eines solchen Krankheitsprocesses so große Meinungsverschiedenheit unter

1*

den Gelehrten erlauben und sogar noch die Thatsache zulassen könne,
daß kein Krankheitsproceß zu größeren Streitigkeiten Veranlassung geben
konnte, als Dieses bezüglich des Croups noch der Fall ist. Groß, ja außerordentlich groß, sind die Anstrengungen, die von Seiten des ärztlichen
Standes seit einem Jahrhundert gemacht wurden, um in dieser höchst
wichtigen Frage nach allen Seiten Licht zu verbreiten; immer und immer
mehr tritt der Hilferuf der erstickenden Kranken und die Angst und
Noth ihrer Angehörigen an den Arzt heran, Hilfe, schleunige, sichere
Hilfe zu schaffen! Bei dieser unbestrittenen Sachlage ist es Pflicht eines
jeden Arztes, der in sich das Gefühl trägt, zur Lichtung der streitigen
Fragen, insbesondere zur Förderung der Therapie, ein, wenn auch noch
so kleines Schertlein beitragen zu können, sich an die Oeffentlichkeit zu
wagen und unbekümmert um Das, was eine strenge, oder irre geleitete,
von Vorurtheilen eingehüllte Kritik dazu sage, seine Stimme zu erheben.

Wenn ich nun wage, mich in einen Streit zu mischen, in welchem
die med. Autoritäten und Celebritäten aller Staaten und Länder concurriren, so erlaube ich mir zur Begründung meiner Dreistigkeit anzuführen, eines Theils, daß ich ein zwar nicht absolut neues, aber dem
ärztlichen Stande in seiner vollen Tragweite unbekanntes Heilverfahren
vorzuschlagen habe, das, wie in therapeutischer, so auch in diagnostischer
Beziehung, ein gleich großes Agens wie Reagens bietet; anderntheils
lege ich darauf ein kleines Gewicht, daß ich eigentlich nur Landarzt bin.

Die meisten Schriftsteller von Ansehen haben ihre Erfahrungen in
großen und volkreichen Städten gesammelt, in denen die verschiedensten
Epidemieen ihre Keimstätten haben und sich wechselseitig begegnen und
vielen sporadischen Krankheiten das Gepräge ihres Charakters verleihen.
Bekannt ist, daß bei herrschendem Hospitalbrand alle Wunden schlecht
heilen, daß eine Typhusepidemie vielen Krankheitsformen den typhösen
Charakter verleiht, und daß bei epidemischem Puerperalfieber — was auf
dem platten Lande eine Seltenheit ist — alle Wöchnerinnen des Ortes
gefährdet sind.

Wie ganz anders gestalten sich die Verhältnisse auf dem platten
Lande! Auch hier in Königstein beobachtete ich Scharlach — Masern —
Typhus und Diphtheritis in einer oder mehreren Epidemieen, aber keine
blieb länger als höchstens drei Monate auf der Tagesordnung, und sie waren
gefolgt von einem Krankenstande, der oft Monate lang Nichts zu wünschen
übrig ließ. An vielen Orten fließen Jahre darüber hin, bis man eine
eigentliche Epidemie zu sehen bekommt, selbst wenn verhältnißmäßig
viele sporadische Krankheitsfälle zur Beobachtung kommen. Es kann

daher nicht auffallen, wenn Aerzte an verschiedenen Orten zu durchaus
abweichenden Anschauungen über eine Krankheitsspecies gelangen; es
ist aber sehr natürlich, daß auf dem platten Lande gesammelte Erfahrungen oft ein weit richtigeres Urtheil über die Grundgestaltung und
die complicirten Verhältnisse einer Krankheitsspecies gestatten, als aus
volkreichen Städten und großen Hospitälern stammende. Woher rührt
nun aber die ungewöhnliche Divergenz der Ansichten der Aerzte über
das Wesen des Croup? Gibt es eine genuine, einfache, entzündliche Affection dieser Art, deren Entstehung ausschließlich aus einer Erkältung
herzuleiten ist, ohne daß das sich entwickelnde klare Krankheitsbild des
Croup eine specifische Causalität ansprechen kann, oder ist jeder Croupfall von einer Noxa letzterer Art herzuleiten, oder gibt es wirklich mehrere
Formen?

Angenommen, daß das Seminium, welches Scharlach, Masern, Keuchhusten, Diphtheritis etc. erzeugt, überall ein specifisches, nur die eine
der genannten Species erzeugendes, ist, so zeigt sich doch in der besonderen Beziehung aller genannten Krankheitsformen zum Gaumen, Rachen,
den Respirationsorganen eine unleugbare Uebereinstimmung, und Theorie
wie Erfahrung stehen in Harmonie in dem Satz, daß der Croup ebensowohl auf dem Weg der Erkältung, als durch eines der genannten Con-
tagien seine Entstehung finden kann.

Unter allen contagiösen Krankheiten finden wir, daß die Diphtheritis
diejenige ist, die ganz besonders leicht Bräune bewirkt, nicht blos in
vereinzelten Fällen, sondern in ganzen Epidemieen. Nichts ist natürlicher,
als daß jeder Arzt vorzugsweise seine Erfahrungen hoch hält, und daß
Aerzte, die den Croup in seinem Connubium mit der Diphtheritis kennen
gelernt haben, dem Einfluß der Letzteren überall und an allen Orten,
auch wo der Croup durch Erkältung entsteht, eine diphtheritische Bei-
mischung vindiciren, selbst wenn sie den Thatsachen noch so große Gewalt
anthun müssen.

Treu meinem Vorsatze, nur vom Standpunkte des praktischen Arztes
mein Thema zu verfolgen, will ich über das meiner Erfahrung zu Grunde
liegende Material und das hauptsächlich auf praktischem Wege gewonnene
Resultat über die Wesenheit des Croup im Allgemeinen meine Ansicht
folgen lassen. —

Vom Jahre 1840 bis jetzt hatte ich vielfache Gelegenheit, Croupkranke zu behandeln, aber erst seit dem Jahre 1850 bediente ich mich
ausschließlich des Wasserheilverfahrens. Ich kann nun sagen, daß ich bis
zum Jahre 1866 den Croup nie anders als sporadisch gesehen habe, und

ebenso wahrscheinlich alle Aerzte Nassau's, obgleich von Frankreich aus, namentlich durch *Bretonneau*, die Diphtheritistheorie unaufhörlich gepredigt wurde. Ich glaube, daß, außer in den letzten zwei Decennien, alle Aerzte Nassau's nur die sporadischen, aus Erkältung gewöhnlich hervorgegangenen, überdieß die durch Scharlach, Masern und Keuchhusten hervorgerufenen Formen kannten, daß ihnen aber der diphtheritische Croup nur aus der Literatur zur Kenntniß kam. Wie ist es nun für Aerzte, die keine Erfahrungen gemacht haben über Diphtheritis, wohl aber in vielen, wenn nicht allen Fällen den Nachweis einer anderen Causalität vorführen können, möglich, sich zu der Ansicht zu verstehen, daß eine miasmatisch-contagiöse Krankheit, wie die Diphtheritis, dann und blos dann ihre Existenz verrathe, wenn auf anderem Wege eine Laryngitis mucosa sich gebildet habe? Nicht der Kehlkopf ist der eigentliche Sitz der Diphtheritis, sondern Gaumen und Rachen, und doch soll sich die Diphtheritis nicht einer catarrhalischen Entzündung des Gaumens und der Mandeln, sondern nur einer Laryngitis hinzugesellen! Findet man aber unbestreitbar den Fall, daß eine diphtheritische Affection im Kehlkopf deutlich nachweisbar zu constatiren ist, dann fehlen nie dergleichen am Gaumen und am Rachen und der Fall bleibt wohl selten vereinzelt, und es ist bekannt, daß die Diphtheritis eine sehr contagiöse Krankheit ist und daher in Epidemieen aufzutreten pflegt. Wo Dieses der Fall ist, bilden die Affectionen des Kehlkopfes den bei Weitem geringsten Theil der Erkrankungsfälle, es läßt sich ganz wohl glauben, daß bei einer verbreiteten Diphtheritis-Epidemie kein einziger Croupfall vorkommen kann, eben weil der Kehlkopf weit weniger als der Gaumen die Keimstelle der Diphtheritis ist. Wie reimt sich hiermit die Behauptung mancher Schriftsteller, daß der sporadische Croup eine localisirte Diphtheritis sei?

Wie harmonirt hiermit die Erfahrung, daß die Bronchitis capillaris, eine nichts weniger als seltene Kinderkrankheit, oft sich über größere Luftröhrenäste, in die Trachea, ja bis zum Kehlkopf vorarbeitet, unter Absetzung eines croupösen Exsudats, also den sog. aufsteigenden Croup bildet? Ich läugne keineswegs, daß croupöse Lungeninfiltration nicht auch durch Diphtheritis erzeugt werden könne — behaupte dagegen, daß sie bei jedem Croupfall inscenirt werde, wenn derselbe bis zum suffocativen Stadium vorgerückt ist — dagegen habe ich noch bei keinem Schriftsteller die Behauptung gefunden, daß croupöse Bronchitis nur der Diphtheritis ihre Entstehung verdanke. Ganz entschieden spricht ein Vergleich der älteren deutschen Schriftsteller mit den neueren dagegen, da jene von Diphtheritis nicht, oder nur wie vom Hörensagen reden.

§ 2. Verschiedene Croupformen.

Meine Bekanntschaft mit letzterem Leiden machte ich im Jahre 1866, sah aber innerhalb 18 Monaten nacheinander drei relativ große Epidemieen und in anderen Gemeinden viele vereinzelte Fälle. Ich werde hierüber im II. Abschnitt ausführlicher reden, hier aber mich auf die Bemerkung beschränken, daß, vom praktischen Standpunkte aus betrachtet, die Diphtheritis in folgenden Formen zu Tage trat:

A. Entzündliche Formen und zwar:
  a) im Gaumen und Rachen,
  b) im Kehlkopf, der Luftröhre und den Lungen.
B. Exsudativ-ulceröse Fälle und zwar:
  a) im Gaumen und Rachen,
  b) im Kehlkopfe diesseits der Stimmritze.

Alle Croupformen, die ich vor und während der Diphtheritis-epidemieen zu beobachten Gelegenheit hatte, lassen sich demnach in folgende Ordnungen bringen:

1) Catarrhalische,
2) durch Scharlach hervorgerufene
   (2 Fälle),
3) durch den Keuchhusten veranlaßte
   (1 Fall),
4) durch Diphtheritis hervorgerufene entzündliche Fälle,
5) durch Letztere bedingte ulceröse Fälle.

Soweit auf Grund des Heilverfahrens ein Urtheil zu statuiren ist, erwies sich gegen die ersteren 4 Formen die hydriatische Antiphlogose wahrhaft specifisch, gegen die ulceröse Form vermochte sie an und für sich Nichts, d. i. ohne die Operation wurde niemals ein Fall dieser Art zur Heilung gebracht; in Verbindung mit der Operation leistete sie Großes, weil diese Form als Kehlkopfsbräune beginnt und abwärts steigt, wohingegen die entzündlichen in dieser, sowie in entgegengesetzter Richtung sich ausbreiten können. Die genuinen und diphtheritisch-entzündlichen Croupformen zeigen in nosologischer Beziehung so große Aehnlichkeit, daß ihre Scheidung, besonders in Städten, in denen oft das ganze Jahr hindurch einzelne Diphtheritisformen gesehen werden, öfters unmöglich ist, wenigstens wüßte ich in dieser Beziehung nur anzuführen, daß für diphtheritische Causalität spräche: das gleichzeitige Vorkommen einer größeren oder kleineren Epidemie, die Verbreitung der Entzündungszufälle über eine größere Stelle des Gaumens, während beim genuinen das Auslaufen der Entzündungsröthe vom Kehlkopf aus nicht sehr weit reicht, und endlich das gleichzeitige Vorhandensein anderer specifischer Exsudat- und Exulcerationsformen, von welcher Art ich Beispiele mittheilen werde. Wäre aber auch die Diagnose in jedem Falle möglich, so wäre sie für den therapeutischen Zweck ganz werthlos, da die Behandlung beider Formen eine und dieselbe sein muß.

Die vorgetragenen Wahrnehmungen nöthigen mich, im Widerspruch mit vielen ärztlichen Celebritäten, neben einer diphtheritischen auch eine genuine, catarrhalisch-entzündliche Form des Croups anzuerkennen, und ich will gleich hier meine Ansicht hierüber erörtern:

Die Aerzte, welche eine specifische, sei es local, oder von innen heraus wirken sollende Ursache statuiren, führen an, daß die großen Exsudatmassen, wie sie beim Croup zu Tage treten, ganz ohne Analogie sich befinden. Das scheint mir nun nicht der Fall zu sein, insbesondere kommt es mir vor, daß, wenn man die anatomischen und physiologischen Verschiedenheiten beider in Frage kommenden Organe würdigt, die Peritoneitis puerperalis, sogar der Hydrocephalus acutus, sowohl durch die Masse des Exsudates, als die Schnelligkeit der Bildung desselben noch mehr hervortritt und daß, wenn Dieses bezüglich der Plasticität des Exsudates nicht der Fall ist, der Grund hierfür in der Verschiedenheit der anatomisch-physiologischen Verhältnisse zu suchen ist. Die bei Meningitis afficirten Centralorgane, im knöchernen Gehäuse eingeschlossen, gewähren dem Exsudat nur einen bescheidenen Abzugscanal im Rückenmark, und jeder Tropfen Serum, welcher als pathologisches Product der Entzündung transsudirt, übt auf die zart organisirte Nachbarschaft einen Druck aus, der nothwendig Reiz oder Lähmung in peripherischen Organen bedingt. Schon die Congestion, mehr noch die Stase in den Capillaren der Hirnhäute, bewirkt Aufregung oder Lähmung des Cerebrums, und es bleibt zu verwundern, welche ungeheuren Exsudatmassen das zarteste Organ des Menschen erträgt, ehe es vollständig seine Functionen einstellt. Hebt man, selbst nach dem Tode, die Schädeldecke ab, so beobachtet man, nachdem der Turgor vitalis und die Lebenswärme verschwunden sind, noch eine solche Elasticität in dem Inhalte der Schädelhöhle, daß das Schädelsegment, ohne sehr starken Druck, nicht wieder aufgesetzt werden kann. Die Natur des Exsudates anlangend sehen wir hier bei allen Entzündungen zuerst Serum mit Salzen, dann Eiweiß mit Faserstoffkörpern im Exsudate, das oft einen dicken, mehr oder weniger festhaftenden, grünlichen Ueberzug über der Arachnoidea bildet, und offenbar nur aus dem Grunde weniger massenhaft ist, als beim Croup, weil der Tod fernere Exsudationen unmöglich machte. Wie sehr verschieden sind die Verhältnisse in den Respirationsorganen! Der flüssige Theil des Transsudates verschwindet sowohl bei der ruhigen Respiration, als auch besonders bei den gewaltsamen Austreibungen der Luft durch Hustenstöße. Eine Ausnahme hiervon machen die peripherisch gelagerten Lungenbläschen, die, sobald sie mit Exsudat gefüllt sind, beim Respirationsact weit weniger Serum abgeben und daher weniger feste Gerinnungen nach dem Tode zeigen können, als die Luftröhre. Die Respirationsorgane sind durch ihre elastische Structur äußerst nachgiebig, üben durchaus nicht, wie die starre Schädelbedeckung, einen Widerstand gegen die durch Blut und Wärme geschwellten Organe. Bei beiden Krankheiten sehen wir leider! wenn es für die Heilung etwas spät ist, ein gewisses Naturheilbestreben: die Asphyxie hebt die phlogistische Blutdiathese auf, die starre Schädelbildung übt auf die geschwellten Cerebralorgane einen mächtigen Gegendruck. Ich erinnere daran, daß die Compression ein täglich an Beachtung gewinnendes Heilmittel abgibt bei allen Entzündungskrankheiten, die eine solche gestatten. Ja! viele Aerzte stellen sie so hoch, daß sie lieber z. B. bei Gonitis das Knie mit einem Gypsverbande einhüllen, als Blutegel, Salben etc. anwenden. Verfolgen wir das Exsudat beim Croup aufwärts, so beginnt dasselbe an den oberen Contouren der Gießkannenknorpel sehr zart, wird dicker bis zum Isthmus der Kehle, wo es am Dünnsten ist; unter der Stimmritze wird es aber wieder (in entwickelten Fällen) reichlich vorgefunden, ist am Massenhaftesten in der Trachea und nicht blos Dieses, sondern auch am Consistentesten, indem es oft die Festigkeit von Arterienhäuten zweiten Ranges hat. Von der Bifurcation aus erhält sich die cylindrische Form des Exsudates bis zu den kleineren Verästelungen, aus welchen man nach dem Tode fadenförmige Cylinder herausziehen kann. In den feinsten Verästelungen werden Bronchien und Lungenbläschen zu einem Conglomerat vereinigt gesehen. In der Luftröhre kann aber das Exsudat schon eine große Ausbreitung erlangt haben, ehe es hemmend auf das Vorbeistreichen der Luft wirkt und auscultatorisch erkannt werden kann. Ganz entgegengesetzter Art ist das Verhältniß im Isthmus der Kehle: Die geringste Verengerung derselben durch Wulstung und Infiltration der Schleimhaut, und noch mehr durch Exsudat, wird vom Kranken empfunden, ist objectiv zu constatiren und ruft auf dem Wege des Reflexes große Anstrengungen in der Musculatur des Respirationsapparates hervor. Hier ist der Ort, um meine Ansicht über die Entstehung der catarrhalisch-entzündlichen Bräune zu erörtern, und ich glaube zunächst auf die pathologisch-anatomischen Ver-

hältnisse des Nasencatarrhs hinweisen zu sollen. Verläuft derselbe im
leichtesten Grade, also ohne Fieber, so ist er schon dadurch unangenehm,
daß nicht blos die Geruchseindrücke geschwächt oder aufgehoben sind,
sondern daß auch die durch die Choanen ein- und ausstreichende Luft nicht
mehr in fast ungefühlter, wohlthuender Weise an den sensitiven Nerven
der Mucosa des Nasencanals vorbeikommt, sondern vielmehr, wie ein fremd
gewordener Körper, einen Reiz verursacht, der um so unangenehmer ist,
wenn die Luft selbst, etwa durch niedrige Temperatur, reizend wirkt.
Ein entzündlicher Nasencatarrh ist aber schon, abgesehen von den durch
das begleitende Fieber veranlaßten Störungen, blos durch seine locale
Kundgebung eine lästige Krankheit, sie würde aber auch eine gefährliche,
ja höchst gefährliche sein, wenn die Luft auf keinem andern Wege mit
den Lungen correspondiren könnte, als durch die Choanen.

Bei dieser Voraussetzung würde es, unerachtet beide Choanen weit
geräumiger sind, als die Stimmritze in ihrer weitesten Eröffnung, dem
Kranken große Mühe kosten, zu respiriren, und es würden sich eben für
die Verschlimmerung des Localzustandes zwei Momente ergeben, die vom
größten Einfluß wären, nämlich ein dynamisches und ein mechanisches,
die in ihrem Zusammenwirken nicht blos den entzündlichen, sondern vielleicht auch den leichten Catarrh zu solchem Grade steigern würden, daß
er — ohne mechanische Hilfe, ebensowohl Erstickungsgefahr herbeiführen
müßte, als der Croup.

Diese beiden Momente, nämlich, daß die atmosphärische Luft wie
ein fremd gewordener Stoff und überdieß unter gesteigerter Kraftanstrengung der Respirationsorgane, also mechanisch, wirken müßte,
spreche ich auch bezüglich der Entstehung der Bräune als nicht, oder zu
wenig beachtete, an, und halte sie für so bedeutungsvoll, daß ich sie ohne
Zuziehung besonderer individueller Prädisposition, zur Erklärung der Noso-
genie der einfachen catarrhalisch-entzündlichen Bräune, für ausreichend
erachte. Den ersten Punkt anlangend, so kann dessen Bedeutung nicht
bestritten werden, da er, bezüglich aller Schleimhäute, seine Analogie
hat. So z. B. empfindet die entzündlich gereizte Schleimhaut der Augen-
lider sowohl die Thränen als den Eindruck der Luft in schmerzlicher
Weise; die in gleicher Weise afficirte Darmschleimhaut ruft Kolikschmerz
beim Durchgang indifferenter und gewohnter Nahrungsstoffe hervor, und
der Harn erregt furchtbaren Schmerz bei bestehender Gonnorhoë und wie
bereits gesagt, die Luft wird, selbst bei leichtem Schnupfen, als unange-
nehmes Agens empfunden: sie wirkt, wie ein dem Körper fremd gewordenes Etwas.

Wenn nun die Luft bei der beginnenden Bräune, ihrer allgemeinen Qualität nach, schon Schaden stiften muß, so schlage ich doch den weit höher an, den sie in mechanischer Weise beim Croup verursacht. Bei einem gesunden Menschen geht die Respiration in der Art vor sich, daß er, ohne besonderes Augenmerk hierauf zu richten, von den Anstrengungen der concomitirenden Muskeln keine Empfindung hat. Wie anders benimmt sich ein, mit der Bräune behaftetes, Kind! Nicht blos daß es sich aufrecht setzt, den Hals ausstreckt: es stemmt seine Aermchen auf und arbeitet mit allen ihm zu Gebote stehenden Kräften, hilfesuchend seine Eltern anblickend, und das gewaltsame Durchschneiden der Luft durch die Kehle wird von Weitem, oft schon vor der Zimmerthüre vernommen. Auch der Verlauf der einzelnen Croupstadien spricht hierfür; im Anfange schreitet die Kehlkopfaffection langsam voran, je mehr die mechanische Seite der Wirkung der atmosphärischen Luft zur Geltung kommt, um so mehr ähnelt der Krankheitsverlauf der sich beschleunigenden Geschwindigkeit eines fallenden Gewichtes. Unter diesen Einflüssen verdient das Verhalten der Stimmbänder noch ein Wort. Verfolgen wir andere Schleimhäute, in deren äußerer Umgrenzung sich Muskelfasern befinden, so sehen wir, daß ein Entzündungsreiz in der erstern, clonische oder tonische Contractionen in den Muskelfasern hervorruft. So namentlich bewirken Gastritis und Enteritis mucosa Erbrechen und Kolik; und Dysenterie eine äußerst heftige Contractur des Schließmuskels des Afters. Warum soll man nun bei entzündlicher Affection der Laryngealschleimhaut nicht annehmen dürfen, daß die Stimmbänder sich in vermehrter Spannung befinden und zum Hinderniß werden sollen für den ruhigen Wechsel der Luft? Es spricht auch für diese Annahme, daß, wenn es zu Ende geht, und die Stimmbänder sich in lähmungsartiger Schwäche befinden, die Luftbewegung leichter erfolgt, als auf der Höhe der Krankheit.

Die Exsudatbildung ist ohne Widerrede eine charakteristische, ja die specifischste Eigenschaft eines Entzündungsprocesses. Um so auffallender ist es, daß die Masse des Exsudates, die oft, aber nicht immer, bei der Bräune vorgefunden wird, manche Aerzte zu der Annahme bestimmt, daß jene Krankheit wohl entzündlicher Natur, aber doch in gewisser Modification, eine durch specifischen Reiz hervorgerufene Entzündung sein müsse, als welchen sie die local einwirkende Diphtheritis anerkennen. Außer Dem, was ich hierüber erwähnt habe, möchte ich noch darauf aufmerksam machen, daß in der Todesweise, durch langsam vorschreitende Suffocation, noch eine weitere Causa movens für die massenhafte Exsudatbildung zu suchen ist, indem mit dem Suffocationsstadium die Entleerung der Lungenarterien in die Capillarien der Lunge nicht mehr vollständig

möglich ist, indem die Lunge nicht mehr als ausgiebige Saugpumpe wirkt,
(vgl. Dr. *Alex. Diesterweg*: die Anwendung der Wellenlehre auf die
Lehre vom kleinen Kreislauf. Berl. 1867) und hierdurch eine Rückstauung, und secundär eine größere Spannung in dem Gefäßsystem eintritt, die zu vermehrter Exsudatbildung determinirt. Gerade in dem
letzten Stadium erfolgt die große Masse der Membranbildung, und, wenn
ich mich nicht irre, am Auffallendsten beim s. g. aufsteigenden Croup.
Ich muß mich hierüber, da auch dieser Ausdruck in verschiedenem Sinne
gebraucht wird, gestützt auf meine Erfahrungen, erklären. Sowohl eine
heftige Erkältung, als auch die specifisch diphtheritische Reizung kann,
ebenso wie Laryngealbräune, so auch Bronchitis hervorrufen, so daß beide
zugleich entstehen, oder Letztere zuerst zur Beachtung gelangt, und nach
einigen Tagen (im letzteren Fall) zu der Bronchitis sich der Croup gesellt. Bei dem einzigen Fall genuiner Bräune, der in Königstein bei
hydriatrischer Behandlung tödtlich verlief, bestand längere Zeit vor dem
Eintritt der Bräune Bronchopneumonie, die ohne jede ärztliche Behandlung
blieb und in Hepatisation überging. Sei es nun, daß die Entzündung
sich contigue, allmälig von der Peripherie bis zum Kehlkopf fortsetzte, oder
daß auf die entzündlich gestimmte Mucosa des Larynx und der Trachea
ein neuer Reiz einwirkte, etwa eine neue Erkältung, die Entzündung localisirte sich im Kehlkopf und eine sehr perniciöse Bräune war vorhanden,
weil mit dem Augenblicke, wo das 2. Stadium der Bräune begann, auch
das 3., die Suffocation, durch die bestandene Bronchopneumonie, eingeleitet
war. Ich werde Gelegenheit finden, auch bezüglich der Diphtheritis ähnliche Fälle anzuführen, und 2 sogar, die in Genesung übergingen.

Jeder Arzt, der bezügliche Erfahrungen gemacht hat, wird zugestehen,
daß diese Form die gefährlichste ist, und daß in den Leichen der daran
erlegenen Kinder das Exsudat am Massenhaftesten vorgefunden wird.
Sehr gerne gebe ich aber zu, daß die Diphtheritis, so wie sie thatsächlich
oft unter heftigen Erscheinungen im Gaumen sich localisirt, so auch eine
von der reichlichen Exsudatbildung begleitete Bronchitis und Laryngitis
pseudomembranacea hervorbringen kann.

Schließlich will ich es nicht unterlassen, noch auf eine Erfahrung
aufmerksam zu machen, die, wenn sie zu den Erfahrungen anderer Aerzte,
wie ich nicht zweifle, stimmt, schwer mit der Annahme zu reimen sein
dürfte, daß der Croup eine localisirte Diphtheritis ist.

Ich kenne zwei Geschwister, die angeblich in ihrer Kindheit die
Bräune überstanden haben, deren sämmtliche Kinder von bräuneähnlichen
Zufällen, oder wirklicher Bräune und zum Theil öfters befallen wurden,

(mit dem Ausgange, daß vier daran erlagen). Ich will nicht sagen, daß sie nicht scrophulös-tuberculöser Art seien, aber es bleibt doch schwer, mit diesem Verhalten den Umstand zu reimen, daß sich bei diesen, zu jeder Erkältung, die den Croup herbeiführte, eine locale Diphtheritis hinzugeschlagen haben soll. Einen besonderen Fall will ich hier noch anreihen. Ein Knäbchen wurde schon im Alter von $2\frac{1}{2}$ Jahren bei jeder Verkühlung von Bräunehusten befallen und war über ein Jahr lang beständig in Behandlung eines Arztes, der wenigstens behauptete, daß es oftmals an Bräune gelitten, und eine außerordentliche Disposition für dieses Leiden besitze. Die dienstliche Versetzung des Vaters veranlaßte, daß das Kind in die Nähe von Königstein und in meine Behandlung kam. Das Kind war abgemagert, blutleer, welk, die Haut durch das beständige Warm- und in-Schweiß-halten welk und schlaff. Unbeschreiblich war die Angst, in der die, überaus besorgte, Mutter lebte, und es läßt sich nicht beschreiben, was sie Alles in's Werk setzte, um jeder Erkältung zu wehren. Sehr häufig waren Brechmittel gereicht worden, wodurch der Magen des Kindes so geschwächt wurde, daß es fast alle Speisen erbrach. Das Kind, um kurz zu sein, wurde durch die Wasserkur hergestellt, bekam gleichwohl im 6. Jahre einen wirklichen und heftigen Bräuneanfall, ist aber jetzt ein gesunder, kräftiger Mann. Es fragt sich nun, wie verhält sich die Diphtheritis zu solchen Kranken? Man wäre Diesen gegenüber gezwungen anzunehmen, daß die Diphtheritis einen für Bräune besonders empfänglichen Boden stets wie ein böser Dämon umschwärme. Zu den Aerzten, welche eine reine catarrhalische Entzündung (neben einer davon verschiedenen Diphtheritis-Form) anerkennen, gehören eines Theils die größten wissenschaftlichen Autoritäten, wie z. B. *Hufeland, Jurine, Albers* etc., andern Theils gewiß die große Zahl von Landärzten, die vielleicht nie eine diphtheritische Erkrankung gesehen haben. Die Existenz eines diphtheritischen Croups wird wohl von Niemanden geleugnet, ob aber die von mir aufgestellte Behauptung, daß auch diese Form sowohl blos durch entzündliche Zufälle, als auch durch ulceröse (im Kehlkopf) sich manifestire --- welche Verhältnisse eine ganz verschiedene Therapie verlangen, wird die Zukunft zeigen. Meinerseits glaube ich vollgiltige Beweise vorbringen zu können: doch davon später. Unter der Zahl der Aerzte, welche den rein entzündlichen Croup nicht anerkennen, sondern für Entstehung der Bräune noch ein specifisches Etwas fordern, befinden sich *Harleß, Autenrieth* und *Michaelis*: sie vindiciren eine besondere Disposition des Blutes; *Lobstein* erkennt deren Wesenheit in bloßem Catarrh, dem sich ein nervöses Element beigesellt habe. Er

erkennt die Exsudatbildung nicht als das Wesentliche zur Erklärung der
Todesursache, findet letztere in Krampf und die theilweise vortheilhafte
Wirkung der Antiphlogistica in der Bekämpfung des Krampfes. Bezüglich der Gegner der Entzündungstheorie bemerkt *Pauli* (der Croup von
Fr. Pauli, Würzburg 1865) mit Recht, daß Diese ihren Ausspruch
lediglich auf das Sectionsergebniß gründen, welches nur das Product der
vorhanden gewesenen Entzündung, die Pseudomembran, enthält, während
die Entzündung der Schleimhaut um diese Zeit gewöhnlich nicht mehr
„en flagrant délit" getroffen zu werden pflegt, sondern größtentheils verschwunden oder weiter abwärts gezogen ist.   Aber auch *Pauli* geht zu
weit, wenn er, den genuinen Croup leugnend, stets ein diphtheritisches
Element statuirt und in dessen Einwirken die Todesursache begründet
findet, und sich darauf bezieht, dass man nach glücklicher Wegbarmach-
ung der Luftwege durch die Tracheotomie noch Kinder sterben sieht.
Ich möchte mir hierzu die Bemerkung erlauben, daß bei Bräune doch
verschiedene deletäre Momente gleichzeitig einwirken, um endlich die
Zerstörung des zarten Organismus zu vollenden; dahin gehören: das Fieber, die dadurch gesetzte Blutveränderung, selbst mäßige Kohlensäureintoxication, Glottiskrampf, Erschöpfung des Nervensystems, Schwellung
der Glottisschleimhaut, Emphysem, Erweiterung des rechten Herzens durch
Rückstauung des Blutes etc., ferner, daß das Aushusten von Membranstücken meistens erfolgt, wenn neue Nachschübe kommen, und keineswegs als sehr gutes prognostisches Symptom anzusehen ist, wenigstens
bei der Medicinkur.   Sodann sei hier schon darauf aufmerksam gemacht,
daß das Einlegen einer Canüle bei einem bräunekranken Kind in die
Luftröhre, ohne daß eine hydriatrische Kur vorausgeschickt wurde, ein
gefährlicher, und oft an und für sich genügender Eingriff ist, um die
Fortexistenz eines zarten Organismus in Frage zu stellen, weil die Canüle
das bereits von Entzündung erfaßte, oder dazu disponirte Organ als
fremder Körper reizt, und die bestehende Reizung rasch zu vernichtender
Höhe bringt, vielleicht ehe massenhafte Ausscheidungen erfolgen konnten.
Was man auch hierüber vorbringe: der Tod bei Croup, dessen Diagnose
keinen Zweifel erlaubt, erfolgt der Regel nach durch Suffocation nach
vorausgegangener Exsudatbildung, und diese Regel dürfte gewiß nur
höchst seltenen Ausnahmen Raum lassen. Die Fälle, die ich hier vorzutragen wüßte, sind folgende:

Vor einiger Zeit entbot mich ein College zum Concilium bei einem
Kinde, das wir aber leider in Agonie antrafen, da es bewußtlos und ohne
Reaction war, übrigens die Bräunerespiration und Zeichen der Suffocation

zeigte. Die am folgenden Tage vorgenommene Section ergab: Eine gallert-
artige Exsudatschichte überzog die innere Fläche der Gießkannenknorpel,
bis zur Stimmritze in zunehmender Dicke, von da herab hing eine höchst
feine, fast durchsichtige Membran, in der Länge von etwa $^3/_4$ Zoll, frei
in die Luftröhre. In der Luftröhre bis in die feinsten Verästelungen der
Bronchien war in reichlicher Menge ein grauröthliches, flüssiges Exsudat
vorfindlich, die Epidermis der Schleimhaut nekrosirt oder leicht abhebbar,
die ganze Schleimhaut in erweichtem Zustande. Da zu jener Zeit in K.,
wo dieser Fall sich zutrug, Diphtheritis herrschte, und das Kind etwas
scrophulös, doch im Uebrigen gesund und 4 Jahre alt war, so nahmen
wir an, daß vielleicht allgemeine Diphtheritis auf die locale Färbung des
Croup in der Weise eingewirkt habe, daß mit der Exsudatbildung nekro-
tischer Zerfall der Mucosa, mit Austritt von Blutkörperchen, bewirkt wurde.

Einen 2. Fall kenne ich nur von Hörensagen, theile ihn aber, wenngleich sehr unvollständig, wegen eines merkwürdigen diagnostischen Irrthums mit. Ein Vater hatte 2 Kinder, muthmaßlich an Bräune verloren,
und ein drittes erkrankte nach einiger Zeit in ähnlicher Weise. Der
berufene, sehr geistreiche und erfahrene Arzt fand sich bewogen, nach
Anwendung anderer Mittel sofort die Tracheotomie zu machen. Nach
einiger Zeit starb unterdessen das Kind, und bei der Section fand man
nirgends ein Membran, ja nicht einmal Spuren von Entzündung, wohl
aber Caries der Halswirbel und einen Jaucheerguß, der sich bis zum
Kehlkopf vorgearbeitet hatte. Im größten Widerspruche stehen meine
auf dem platten Lande gemachten, und nur einmal von intercurrirenden
epidemischen Einflüssen adulterirten Erfahrungen mit denen von *Bretonneau*, da er — und ihm folgten viele französische Schriftsteller — den
Croup als localisirte allgemeine Diphtheritis ansah.

Buzorini nannte den Croup einen Typhus, *Enz* hielt ihn für eine
vom Rückenmark ausgehende Krankheit. *Cheyne* glaubte in dem Connexe
der Nerven des Larynx und der Genitalien das Specifische des Croup
suchen zu sollen. Schließlich sei noch erwähnt, daß auch das Mikroskop
zu Rathe gezogen wurde, und daß durch dasselbe meines Wissens keine
thierischen Organismen, wohl aber pflanzliche Gebilde, Pilze (Schimmel-
bildung) wahrgenommen wurden, und es gibt gegenwärtig viele Aerzte,
die hierin das specifische Seminium der Diphtheritis finden, so *Jodin*,
Eberth, *Klebs*, *Letzerich* u. A., während *Senator*, *Langenbeck*, *Hüter*,
Waldenburg andrer Ansicht sind. (S. *Seitz*, Diphtherie und Croup, woselbst die wesentlichen Urtheile der Aerzte des In- und Auslandes zu-
sammengestellt sind.)

Wenn ich mir die große Divergenz der Meinungen der Aerzte bezüglich des Wesens des Croup vorführe, so will es mich bedünken, daß weder die nosologischen noch pathologisch-anatomischen Verhältnisse jene verursacht haben, sondern daß die Ursache tiefer liegt, und ich glaube im Rechten zu sein, wenn ich annehme, daß das Resultat der Behandlungsweisen des Croup jene namentlich in's Dasein hervorrief. Es ist nicht zu leugnen, daß die Therapie oft besser als Mikroskop und anatomisches Messer über die Natur einer Krankheit entscheidet. So z. B. suchte vor mehreren Jahren ein Mann hier ärztliche Hilfe, der an localen, bohrenden Kopfschmerzen litt. Da bei der Wasserkur dieselben sich verschlimmerten, bei Jodgebrauch verschwanden, so war die syphilitische Natur festgestellt, und jetzt erst erinnerten sich Arzt und Patient, daß letzterer vor 12 Jahren mit indurirtem Schanker behaftet war. Ebenso erkennt man an, daß, wenn eine periodisch eintretende Neuralgie allen Mitteln widersteht und nur dem Chinin weicht, sie eine localisirte Intermittens darstellt. Warum soll man nun nicht schließen, daß eine Krankheit, die eine entzündliche ist, dem entzündungswidrigen Heilverfahren weichen muß; und wenn letzteres wenig oder Nichts fruchtet, daß sie anderer Natur sei. Gewiß ist dieser Syllogismus durch Theorie wie durch Erfahrung gerechtfertigt. Uebertragen wir diese Erwägung auf das Gebiet des Croup und erkennen wir das von mir, sowohl von nosologischer, als pathologisch-anatomischer und therapeutischer Seite gewonnene Resultat an, daß der Croup als genuiner, catarrhalisch entzündlicher oder durch Diphtheritis erzeugter auftreten und daß er in letzterem Falle sowohl in entzündlicher, als in exsudativ-ulceröser Form sich manifestiren kann, dann dürfen wir ebenfalls die Erwartung aussprechen, daß in den beiden ersten Fällen die entzündungswidrige Kur sich heilkräftig erweisen müsse; in letzterem Falle diese aber ebensowenig, als die reine Antiphlogose überhaupt gegen diphtheritische Geschwüre etwas leistet. Ich habe das Experiment zu oft gemacht, um darüber noch im Mindesten im Unklaren sein zu können, daß eine locale energische Aetzung das Specifische der localen Diphtheritis aufhebt und die dadurch gesetzte Läsion auf den einfachen Geschwürzustand, der dann leicht von selbst heilt, zurückführt, sowie daß jede strenge Antiphlogose eher schadet, als nützt. Nehmen wir aber den Fall an, daß ein diphtheritisches Geschwür in der Nähe der Stimmritze sich befindet, so wirkt die atmosphärische Luft in der oben beregten doppelten Weise so nachtheilig ein, daß ein Schluß desselben und Verhütung der Weiterverbreitung der diphtheritischen Entzündung nur nach Abschluß der Luft, also nach der Tracheotomie, möglich ist. Es ist in der That auffallend, wie nach der Tracheotomie nicht blos die Ulcerationen in der Kehle, sondern auch die im Rachen schnell verschwinden, und im letzteren Falle offenbar nur durch Fernhalten der atmosphärischen Luft ihrer allgemeinen Natur nach — vielleicht, weil sie die Pilzbildung begünstigt. Stellen wir nun beide Entzündungsformen der Therapie gegenüber, so wird uns jeder erfahrene Arzt, der aufrichtig spricht, sagen: das antiphlogistische Heilverfahren bewährt sich wohl besser als jedes andere, allein es kann bei Weitem nicht befriedigen; und es ist Nichts natürlicher als der Schluß: Da das entzündungswidrige Heilverfahren bei Weitem kein befriedigendes Resultat liefert, so muß dem Wesen der entzündlichen Croupformen, obgleich sie nach allen Seiten den entzündlichen Charakter zur Schau tragen, ein specifisches Etwas beigemischt sein, was die einzelnen Aerzte mit verschiedenen Ausdrücken als Typhus, Pilze, Diphtheritis, constitutionelles Etwas uns näher zu definiren suchen. Vom hydriatrischen Standpunkt aus gestaltet sich der Syllogismus ganz anders, und heißt: „Sowohl die Nosologie, als pathologische Anatomie und Therapie (der beiden entzündlichen Croupformen) sprechen auf das Bestimmteste dafür, daß dieselben entzündlicher Art sind, die Therapie Dieses bestätigend sagt, daß nur der mächtigste antiphlogistische Eingriff vermögend sei, die Lebensgefahr abzuwenden, daß also, wenn es irgend eine reine und gewaltige Entzündungsform gibt, zu solcher die Bräune (jedenfalls in Gemeinschaft mit den s. g. Neurophlogosen) gehört. So liegt die Sache, die ihre definitive Entscheidung von der Zukunft erwartet. Medicinische Kuren liegen in zahlloser Menge — traurigen Angedenkens — hinter uns; die hydriatrische hoffe ich durch dieses Schriftchen anzubahnen, denn das ist der eigentliche Zweck desselben. Weit entfernt zu erwarten, daß die große Masse der Aerzte hiernach sofort sich dem Experimente hingeben werde — die Aerzte haben so viele Täuschungen namentlich bezüglich der gegen Bräune empfohlenen Mittel und Methoden erlebt! — bin ich vollständig befriedigt, wenn nur einzelne stimmberechtigte Männer nach der hier niedergelegten Richtschnur Studien vornehmen. Das exacte Experiment ist es nicht, was die Wasserkur zu fürchten hat, wohl aber das oberflächliche. Dieser Schrift gegenüber, deren Mangelhaftigkeit Niemand mehr kennt, als der Verfasser, habe ich die einzige Besorgniß, daß sie todtgeschwiegen werden möge.

Im Widerspruch mit allen mir bekannten Schriftstellern über die Bräune komme ich, gestützt auf meine eigenen nosologischen, pathologischanatomischen und therapeutischen Erfahrungen, zu dem Schlusse, daß vom Standpunkte der ärztlichen Praxis aus, nothwendig 2 Formen der Bräune

unterschieden werden müssen, nämlich eine entzündliche und eine ulceröse.
Gegen erstere Form hilft eine rationell und energisch durchgeführte Wasserkur specifisch; der letzteren gegenüber hilft sie direct Nichts, in Verbindung
mit der Operation aber Alles, was man von einem Heilverfahren, einer so
tückischen Krankheit gegenüber, verlangen kann.

Die entzündliche Form kann sich ebensowohl aus einfacher catarrha-
lischer Reizung hervorbilden, als aus diphtheritischer, und im letzteren
Falle muß ich sie, wie jede diphtheritische Erscheinung, für contagiös
halten.   Die Annahme einer ulcerösen Form ist von meinem Standpunkte
aus nicht blos gerechtfertigt, sondern eine unabweisbare Nothwendigkeit.
Ohne in Widerspruch mit der allgemein anerkannten pathologisch-anatomischen Anschauung zu treten, daß die heftigeren diphtheritischen Ablagerungen im Gaumen und Rachen zunächst als Exsudativproceß unter
die Schleimhaut anzuerkennen sind, in Folge welcher Nekrosis der Schleimhaut und geschwüriges, ausgefressenes Aussehen derselben bedingt wird,
erkenne ich, von meinem Standpunkte aus, nicht sowohl in dem Exsudativproceß, sondern in der Nekrosis das Wesentliche, resp. das dieselbe Be-
dingende, was der Arzt zu bekämpfen hat, und stütze mich bei diesem
Ausspruche einzig auf die Ergebnisse der Therapie, bemerke aber hierbei.
daß ich jenseits der Rima glottidis niemals einen ulcerativen,
sondern nur stets einen exsudativen Proceß gesehen habe, daß
ich vielmehr unter ulceröser Bräune die Fälle begreife, die entstehen.
wenn diphtheritische Geschwüre sich primär im Kehlkopfe, diesseits der
Stimmritze, bilden, oder vom Rachen aus contigue auf die innere Wand
des Kehlkopfs übersteigen.   Diese Befunde habe ich bei tracheotomirten
Kindern, die erlagen, öfters gemacht, desgleichen bei mehreren, bei welchen
die Wasserkur sich nicht oder nur vorübergehend bewährte, von welcher
Art ich bezügliche Fälle näher erörtern werde.

Ob zwar in einem concreten Fall entzündlichen Croups es für die
Therapie gleichgiltig ist zu untersuchen, welche Ursache jenem sein Dasein
gab; so hat eine solche Erwägung doch einen unbestreitbaren wissenschaftlichen und prophylaktisch-praktischen Werth. Wenn ich nun noch beifüge,
daß die entzündlichen Formen ebensowohl von oben nach unten, als in
umgekehrter Richtung sich entwickeln können, daß die ulceröse Form
ebensowohl von oben nach unten (doch nicht über die Stimmritze hinaus)
sich ausbreiten, als, gleichzeitig mit der Gaumenaffection im Kehlkopf
sich localisiren kann, dann habe ich den Rahmen vollendet, in welchen
sich alle von mir beobachteten Formen ohne Zwang fügen lassen. Hiernach stellt sich der Croup dar, entweder als sporadische. nicht contagiöse,

von Pseudomembranbildung gefolgte, Entzündung des Larynx und der
benachbarten Luftwege, wodurch Stenose des Luftcanals bis zur Asphyxie
und dem Tode herbeigeführt wird, wenn nicht die strengste Antiphlogose
den Ausgang in Zertheilung vermittelt, oder durch specifisches (diphtheritisches) Etwas veranlaßte und alsdann oft epidemische und contagiöse
directe oder indirecte Entzündung der genannten Theile, mit gleichem
Verlaufe, wenn nicht eine entsprechende Behandlung Hilfe bringt.

§ 3. Beschreibung der Krankheit: Angina laryngea inflammatoria vera seu pseudomembranacea.

A. Absteigende Form.

Der genuine Laryngealcroup erscheint selten nach einer Erkältung,
meistens ist derselbe der Ausläufer einer catarrhalischen Reizung der
Schleimhaut der Nase, des Gaumens, der Lungen, zu welcher sich eine
neue Reizung, gewöhnlich eine Erkältung, hinzugeschlagen hat. Aus der
catarrhalischen Reizung entwickelte sich eine entzündliche, die ihren Ausgangspunkt im Kehlkopf nehmend, Neigung hat, sich contigue in den
Luftwegen abwärts auszubreiten, und mit Membranbildung abzuschließen.
Letztere beschränken den Respirationsproceß und führen Suffocation herbei.
Nach diesen drei Gestaltungsformen der Krankheit halte ich es für am
Zweckmäßigsten, ein catarrhalisches, entzündliches und asphyktisches Stadium
im Krankheitsverlauf anzunehmen, da, um mich darüber verständigen zu
können, was ich über die Behandlung vorzutragen habe, irgend ein Ein-
theilungsmodus nicht zu umgehen ist. Das Unlogische und Fehlerhafte
dieser gezwungenen Eintheilung sieht Jeder leicht ein, denn abgesehen
davon, daß bei erfolgter Stase die Krankheit keine Remission, geschweige
eine Intermission macht, so kann Niemand beim Bestehen der für das
erste Stadium zu statuirenden Zeichen behaupten, daß ein Kind am Croup
leide, sowie andrerseits am Krankenbett nicht die Stunde angegeben werden
kann, wo das 3. Stadium beginnt, da es gewissermaßen mit dem 2.
seinen Anfang nimmt. Alle Versuche, organische Vorgänge in künstliche
Rahmen einzuzwängen, sind widernatürlich und gelingen nur sehr unvollkommen, gleichwohl sind sie unvermeidlich.

Erstes Stadium. Die Dauer dieses Zeitraumes ist unendlich verschieden, sie kann einen, oder mehrere Tage oder Wochen betragen.
Schnupfen oder Husten dürfte selten fehlen. Die Untersuchung des Gaumens
oder Rachens bietet nichts Charakteristisches. Das Betasten des Kehlkopfs
von außen ruft manchmal, nicht immer, schmerzhafte Empfindung hervor.

2 *

Am Wichtigsten sind die Veränderungen der Stimme und die Reaction im Gefäßsystem. Beim Sprechen und Weinen gibt die Stimme einen heiseren Klang oder verliert jeden Klang. Ganz gewöhnlich schlägt sie beim Weinen um, aus dem Normalton in den heisern, aphonischen. Beim Husten kommt gleichfalls ein Geräusch zum Vernehmen, das das Urtheil erweckt, daß Heiserkeit und Aphonie streiten, welches in der Höhe der Falsettstimme liegt. Das Hustengeräusch ist nicht amphorisch, sondern kichernd, krähend und heiser und mehr oder weniger aphonisch. Ob Fieber vorhanden ist oder nicht, hängt ab von der Ausbreitung der Affection, der Macht, mit welcher die schädliche Potenz, gewöhnlich Erkältung, eingewirkt hat, und der Constitution des Kranken. Fieber ist daher zuweilen vorhanden, oft nicht; es ist dasselbe im ersten Falle oft sehr unerheblich, oft auch schon kräftig ausgesprochen. Das Allgemein-Gefühl des Kranken ist abhängig vom Fieber. In diesem Stadium kommen Schwankungen, Remissionen, sogar Intermissionen in den als charakteristisch angegebenen Zeichen, und Dies nicht selten, vor und die Fälle von Heilungen des Croup durch Brechmittel beziehen sich meistens auf dieses Stadium, während für die Diagnose des Croup in diesem Stadium es nur 2 Symptome gibt, die mit großer Wahrscheinlichkeit den Eintritt des echten Croup vorher melden, und es sind dieses die Zeichen an der Stimme und das Bestehen eines lebhaften Fiebers. Das eintretende oder sich mehrende Fieber signalisirt das

zweite Stadium, und ist neben mehreren andern ein sehr charakteristisches Symptom. Abhängig von der Causa propria morbi, der Constitution des Kranken und der Ausbreitung der entzündlichen Affection ist dasselbe in diagnostischer wie prognostischer Beziehung von der größten Wichtigkeit. Als Theilerscheinung desselben ist zu erwähnen: a) Das Gemeingefühl. Auch hier sehen wir nach Maßgabe des Einflusses der erwähnten 3 Hauptcoefficienten, an die wir noch das Geschlecht, Alter und den Genius morbi epidemicus reihen können, die größte Verschiedenheit. Bald findet man die Kranken stark angegriffen und reizbar, bald bleiben sie guten Humors, voll Lust zum Spielen bis zum Ersticken. b) Die Wärmeausstrahlung. Sie ist stets vermehrt, doch, namentlich nach dem Einfluß der Constitution, weist das in den After eingeführte Thermometer, das selten bis zu 41° C. steigt, die größte Verschiedenheit nach. c) Der Puls ist sehr bedeutungsvoll. Bleibt die Affection auf den Larynx beschränkt, so kann die kleine, in Entzündung versetzte Schleimhautfläche im Allgemeinen keine große Aufregung im Gefäßsystem verursachen, und in dieser Beziehung muß bei einem Pulse von mehr als 130 Schlägen in

der Minute der Verdacht erwachen, daß die Affection im Begriff ist, sich
weiter zu verbreiten. Da aber viele wesentliche Einflüsse stets zusammenwirken, so darf die Bedeutung eines einzelnen nur cum grano salis ge-
deutet werden, und eine richtige Würdigung des Falles erlangt man nur,
wenn man alle wesentlichen Zeichen in sorgsamste Erwägung zieht. Je
arterieller, reizbarer die Constitution, je rascher der Uebertritt aus dem
1. ins 2. Stadium kam, je mehr dyskrasische Elemente jener beigesellt
sind, um so rapider der Krankheitsverlauf, und deßhalb die im Publikum
verbreitete, ganz richtige Ansicht, daß gerade die vollsaftigsten, kräftigsten Kinder am Ehesten unterliegen. Ich bin zwar darüber nicht unterrichtet, ob die Mehrzahl der Aerzte diese Anschauung theilt, aber ich
kann es doch nicht unterlassen, gleich hier zu bemerken, daß vom hydriatrischen Standpunkte aus betrachtet, die Prognose sich um so günstiger stellt, je reiner und kräftiger die Constitution sich ausweist. Die
Schilderung eines Krankheitsverlaufs läßt sich nur in allgemeinen Umrissen
geben, da kein Fall in allen Beziehungen dem anderen ganz gleich kommt,
und der Arzt ist angewiesen, alle Eigenthümlichkeiten des einzelnen Falles mit möglichster Sorgfalt zu würdigen, um das specielle Krankheitsbild festzustellen und daraus Anhaltspunkte für sein Handeln zu gewinnen.
So z. B. hat ein Puls bei einem phlegmatischen Kind von lympathischer,
torpid-scrophulöser Constitution von 120 Schlägen eine schlimmere Bedeutung, als ein Puls von 140 bei einem Kinde, das eine floride Constitution und leicht erregbares Gefäßsystem hat. Dieselben Verhältnisse
documentiren sich bezüglich der Größe und Härte des Pulses, der Wärme
und überhaupt aller Symptome. Der absolute Ausspruch des Thermometers, und besäßen wir ihn bezüglich jeder zugänglichen Körperstelle
auf das Genaueste, entscheidet gar Nichts, er muß zusammengehalten
werden mit den körperlichen Eigenthümlichkeiten und der Ernährung des
Kranken. Bei fetten, pastosen, chloranämischen Kranken findet man z. B.
in diesem Stadium blos die Wärme am Halse und allenfalls am Kopfe erhöht, an den Extremitäten dieselbe im normalen Stand, oder sogar gesunken, während vollsaftige, mit entwickeltem arteriellem Gefäßsystem
versehene Kinder am ganzen Körper glühen und wie gesottene Krebse
geröthet erscheinen, und das Thermometer in der Achselhöhle vielleicht
38—40° C. zeigt. Nur wenige Zeichen haben eine absolute, fast alle
eine nur relative Bedeutung.

Der Zustand der Verdauungsorgane ist bezüglich der Bräune irre-
levant, hält aber mit der Höhe des Fiebers, ebenso wie die Kund-
gebungen des Gemeingefühles, gleichen Schritt. Bei sehr erhöhter Haut-

temperatur findet man Trockenheit der Zunge und Durst, in entgegengesetzten Fällen ist der Durst vermehrt, der Hunger kaum vermindert,
und die heitere Laune, in der sich oft bräunekranke Kinder muthwilligen
Tändeleien und Spielen widmen, versenkt oft deren Angehörige in hoff-
nungsvolle Täuschung und Sorglosigkeit, die nur zu häufig in wenigen
Stunden dem größten Schrecken weichen.

Muthmaßlich ist, bei lebhaftem Fieber, der Stuhl etwas retardirt, der
Urin etwas concentrirter und sparsamer.

Die Inspection des Gaumens und Rachens ist vorzunehmen, hauptsächlich um die Unterscheidung der einfachen von anderen Croupformen
sicher zu stellen. Da von letztern später die Rede sein soll, so bemerke
ich nur, daß bei den einfachen nichts Charakteristisches vorgefunden wird,
außer einer schwachen Röthung der Rachenschleimhaut, die von der Kehle
aufsteigend, gewissermaßen als Reflex der Kehlkopfentzündung allmälig
erblassend, in die normal tingirte Schleimhautfarbe ausläuft. Wir dürfen
mit Zuversicht annehmen, daß bei der Bräune, wie andern Schleimhaut-
entzündungen, die Mucosa blutreicher und dadurch geröthet und gelockert ist, also einen größern Raum einnimmt, überdies auch reizbarer
wird, daß gleichfalls auch die Beziehungen des organischen Nervensystems
wesentlich geändert sind. Obgleich ein Druck von außen auf den Kehlkopf kaum, wegen der schützenden Hülle der Knorpel, eine Reaction in
der Sensibilität der Schleimhaut wachrufen kann, so haben doch viele Aerzte
den Kehlkopf beim Drucke empfindsam gefunden, welches Verhältniß noch
am Bestimmtesten hervortritt, wenn man gegen die weniger Widerstand
bietende obere hintere Wand den Druck richtet. So oft aber mit Kehlkopfbräune behaftete Kinder husten, gibt sich eine lebhafte Schmerzens-
empfindung hierbei kund, die die ältern Kinder, ausdrücklich, als im
Kehlkopf beruhend, angeben, während diese, wie kleinere Kinder, verschiedene Anstrengungen machen, um die schmerzmachende Ursache zu entfernen, so z. B. indem sie mit den Händen nach der Kehle greifen, das
Hülschen ausstrecken, nach Getränk verlangen etc. etc.

Die größere Infiltration der Capillargefäße des Kehlkopfs mit Blut,
die nähere, durch das gereizte organische Nervensystem vermittelte, Beziehung desselben zu dem Gewebe der Schleimhaut und den selbst unter
demselben gelagerten Gebilden, dem Zellengewebe, der Musculatur, sind von
der größten Wichtigkeit und die zumeist charakteristischen des ganzen
Processes. Diese Verhältnisse weisen sich aus allerorts, wo entzündete
Schleimhautgewebe von Muskelfasern umgeben sind, und ich erinnere in
dieser Beziehung nur an den Blasenkrampf bei Entzündung der Blasen-

und Harnröhrenschleimhaut, die antiperistaltischen Bewegungen bei Gastritis und Enteritis mucosa. Die Vermuthung kann daher nicht unberechtigt erscheinen, daß auch die Musculatur des Kehlkopfs sich in analoger Weise betheilige, daß, mit dem Beginn der Entzündung, auch in den Stimmbändern eine größere Spannung sich herausstelle. Ehe ich von den functionellen Störungen rede, muß ich noch eines wichtigen Umstands gedenken, der unter dem Einflusse der vorerwähnten physiologisch-pathologischen Vorgänge, wozu noch ein vermehrter Druck in der Blutsäule zu rechnen ist, steht, und sich auf eine vermehrte Tränkung der Gewebstheile mit Blutserum bezieht. Dieses Verhältniß ist gewiß nicht geeignet, die Spannkraft der Stimmbänder zu erhöhen, ja man hat angenommen und oft vielleicht mit Recht, daß es eher mechanisch nachtheilig auf den Isthmus der Luftwege einwirke, und hat namentlich damit die Fälle in Zusammenhang gebracht, in denen die geringe Menge und Festigkeit der nach dem Tode vorgefundenen Pseudomembranen den Erstickungstod zu erklären, nicht ausreichend erschienen.

Diesen Punkt weiteren Forschungen überlassend, will ich hier nur hervorheben, daß die entzündete Schleimhaut des Kehlkopfes, wegen ihres größeren Gehaltes an Blut und seröser Flüssigkeit, ihrer Lockerung und Expansion weit weniger geeignet ist, ein guter Resonanzboden zu sein, als in ihrer Normalverfassung, und es läßt sich vom theoretischen Standpunkte erwarten, daß namhafte Veränderungen, sowohl in der Kundgebung der Stimme, als auch in den Beziehungen der zu und von der Lunge wandernden Luftsäule, sich ergeben müssen: daß sogar von außen an das Stimmorgan hinzutretende Läsionen den Klang der Stimme alteriren, darauf werde ich bei Erörterung der Diphtheritisformen nochmals zurückkommen.

Den ersteren Punkt, die an der Stimme wahrnehmbaren Veränderungen betreffend, für spätere Erörterung versparend, wende ich mich zu einem der wichtigsten Zeichen für die Diagnose, dem durch die gehemmte Respiration bedingten. Im gesunden Zustand passirt die Luft die Trachea und den Larynx in doppelter Richtung, ohne daß eine subjective oder objective Wahrnehmung dieses Phänomens anders, als bei genauester Aufmerksamkeit, möglich ist. Unter dem Zusammenwirken der erwähnten physiologisch-pathologischen Vorgänge stößt die Respirationsluft auf ein Hinderniß im Isthmus der Kehle und verursacht hierselbst ein feilendes, von allen Aerzten gekanntes Geräusch, das, mit den leisesten Anfängen beginnend, allgemach, bei wachsender Verengerung der Luftwege, so laut wird, daß es von dem Arzte oft schon vor der Zimmerthüre wahrgenommen werden kann. Man vergleicht es mit einem solchen, das entsteht, wenn man im Rhythmus der cronpösen Respiration Luft durch eine verstopfte Pfeifenspitze mit Gewalt treibt. Ziemlich deutlich kann man es nachahmen, wenn man den Kehlkopf in eine Lage bringt, als wenn man einen Falsettton singen wolle, statt dessen aber die Luft, im Rhythmus der Bräune, mit accentuirter und gedehnter Inspiration und kurzer Exspiration, durch die absichtlich verengte Stimmritze treibt. Da es von großer Wichtigkeit ist, dieses Geräusch in seinen ersten Anfängen richtig zu unterscheiden, so sei hier bemerkt, daß es rathsam ist, bei größter Stille im Zimmer das Ohr abwechselnd vor den Mund und dem Kehlkopf gegenüber zu halten, auch durch Vorhalten eines festen Körpers vor die Nase, die in den Choanen sich bildenden Geräusche weniger vernehmlich zu machen, und wo Patient nicht allzu renitent ist, sich des Stethoskops zu bedienen. Gewiß, verführt man mit Aufmerksamkeit und Sorgfalt, so bleiben nur wenige Fälle übrig, in denen die Diagnose nicht sicher zu stellen ist, und man nicht klar darüber wird, ob die vernehmbaren Geräusche nicht durch Schleim etc. im Rachen und den Choanen sich bilden. Zum Glück für Arzt und Kranken gibt es auch hier noch ein Supplement für die ärztliche Diagnostik, das geeignet sein dürfte, die letzten Zweifel zu lösen. Indem ich dieses hier flüchtig dem geehrten Leser vorführen will, bin ich genöthigt, das Medium zu nennen, dessen Verherrlichung, als diagnostischen, prognostischen und unersetzlichen therapeutischen Heilmittels, diese Schrift bezweckt. Es ist dies ein kleiner hydriatischer Eingriff. Läßt man auf Patienten, der sich in einer, mit etwas abgeschrecktem Wasser angefüllten, Badewanne befindet, über den ganzen Körper, namentlich Gesicht, Rücken etc. einen Staubregen von frischem Wasser fallen und von den Anwesenden die größte Stille beobachten, dann ist der akustischen Diagnose die Sache so klar vorgelegt, als Dieses nur geschehen kann. Alle Respirationsmuskeln arbeiten mit äußerster Anstrengung, die Luft aus den entferntesten Lungenzellen setzt sich in Bewegung, und wo ein Hinderniß sich in den Weg stellt, gibt sich das davon herrührende Geräusch in vernehmlicher Weise kund. Die Respirationsmaschine, die im gewöhnlichen Gange mit Viertel- oder Halbkraft arbeitete, steht jetzt unter Vollkraft. Bei solcher Thätigkeit im Respirationsmechanismus läßt sich die Größe des Hindernisses ebensowohl, wie der Sitz desselben im Kehlkopf oder der Luftröhre, oder anderswo mit aller Bestimmtheit ermitteln, und ich muß jedem Widerspruch mit Entschiedenheit entgegentreten, den man erhoben hat, um die Beweiskraft dieses Zeichens zu schwächen. Im Verkehr mit meiner Badedienerschaft in der Stadt und auf dem Lande gilt dieses Zeichen für das sichere Erkennungszeichen der Bräune, und seit 28 Jahren war ich stets bemüht, bei jedem bräunekranken Kinde möglichst viele Badediener zu versammeln, um denselben eine richtige Unterscheidung dieses Zeichens beizubringen, und ich glaube behaupten zu können, daß ich in dieser Beziehung meinen Zweck erreicht habe. Wenn sie über den Erfolg eines Bades Bericht geben müssen, so lautet ein solcher ganz gewöhnlich so: „das Kind hustet noch rauh, aber die Bräune ist weg", d. h., das charakteristische Athmungsgeräusch ist verschwunden, und so lang ich die ulcerös-diphtheritische Bräune nicht kannte, übersetzte sich der Badediener diesen Satz so: „der Kranke ist außer Gefahr". Und Dieses mit vollem Recht.

Zur Charakteristik dieses Zeichens gehören noch zwei besondere Eigenschaften, von denen die eine die ist, daß es mit den leisesten Anfängen beginnend, continuirlich vernehmlicher, zuletzt sehr laut und für Alle, die es hören, erschreckend wird, und erst mit dem letzten Athemzuge sein Ende findet, wenn nicht vorher Hilfe geschafft wurde. Alles, was man von Remissionen und Intermissionen beim Croup vorbringt, mag sich auf das Fieber, die Hustenparoxysmen, und Gott weiß, worauf beziehen, nun und nimmer auf jenes Zeichen.

Der zweite Punkt mit diesem Zeichen besteht in seinem innigen Zusammenhange mit dem Verhalten der Luftsäule in den Lungen. Von dem Augenblick, wo es deutlich vernehmbar hervortritt, strömt, und zwar genau im Verhältnisse zur Stärke desselben, weniger Luft in die Lungen, wovon man sich ohne Anstrengung auscultatorisch überzeugen kann. Hat bei dem stets fortschreitenden Entzündungsproceß, der durch rasche und massenhafte Exsudatbildung ausgezeichnet ist, die Membranbildung im Larynx und vielleicht in der Trachea, begonnen, dann bemerkt man, daß die verkürzte Luftsäule, die noch in den Lungen circulirt, nicht gleichmäßig vertheilt ist. Man hört z. B. über einer ganzen Lunge vesiculäres Athmen, über der andern nur stellenweise tiefes, an manchen Stellen Bronchialathmen, oder unbestimmtes Murmeln, Alles mit dem Eindruck, daß an solchen Stellen wenig Luft kreist. Die Percussion gibt über Stellen der letzteren Art halb leeren oder vollständig leeren Ton.

Ich bin zu wenig mit der Literatur bekannt, um zu wissen, ob schon andere Aerzte die Exsudatbildung mit den auscultatorisch wahrnehmbaren pathologischen Zeichen in den Respirationsorganen in Zusammenhang gestellt, und wie sie diese Verhältnisse beurtheilt haben. Ich, für meinen Theil, habe bei bereits begonnener, mehr noch bei vorgeschrittener Membranbildung, nie gleichmäßige Vertheilung der Luft, sondern stets

Stellen gefunden, die anscheinend normal, andere, die fast gänzlich vom
Luftverkehr ausgeschlossen schienen — wohlgemerkt, beim absteigenden
Croup. —

Ich will hier gleich anreihen, was ich bezüglich des 3. Stadiums
zu erwähnen hätte, daß, sobald die Membranbildung die höchste Ausbil-
dung erlangt und die Erstickung bevorsteht, reines vesiculäres Athmen
nirgends, mit Rasselgeräuschen gemischtes nur an umschriebenen Stellen
gehört wird, daß es Stellen von großem Umfang gibt, an welchen gar
Nichts vom Luftverkehr zu entdecken, andere, an denen nur Murmeln in
den Bronchien wahrzunehmen ist, oder consonirende Geräusche. Das
Bräuneathmen kann so stark werden, daß es andere auscultatorische Wahrnehmungen erschwert, doch nicht unmöglich macht. Die Percussion ergibt
nicht an allen Stellen, an denen vesiculäres Athmen unverständlich ist,
einen matten, oft nur einen mäßig gedämpften Ton, und im letzteren Falle
ist wohl an Infiltration, aber auch wohl an Emphysembildung zu denken.

Es liegt in der Natur der Sache, daß der Brustkorb in seinen Bewegungen gleichen Schritt hält mit der zunehmenden Unthätigkeit der
Lungen, sowie andererseits der muskulöse Apparat der Respirationsorgane
um so energischer functionirt, je größer die Dyspnoe ist. Ja es bleibt
nicht bei der großen Thätigkeit der Respirationsmuskeln, auch andere
damit im Zusammenhang stehende, ja gänzlich dem Athmungsproceß fremde
werden aufgeboten, jene zu unterstützen, ja, wenn man so will, alle,
worüber Patient durch seinen freien Willen zu verfügen hat. Wir sehen
auf dem Höhepunkt der Krankheit die kleinen Patienten sich aufrichten,
die Aermchen aufstützen, neben den mit größter Anstrengung arbeitenden
Respirationsmuskeln auch Gesichtsmuskeln, namentlich die der Nasenflügel,
thätig, und nichtsdestoweniger bemerkt man dabei nur ein mechanisches
Hin- und Hergeschobenwerden des Thorax, dessen Erhebung und Senkung
fast Null ist; auch der Kehlkopf steigt in langer Linie auf und ab; die
Gruben über der Kehle und über den Schlüsselbeinen sinken bei der Inspiration ein, desgleichen die Herzgrube, und der Processus ensiformis des
Brustbeins scheint sich einwärts zu bewegen.

Mit dieser Schilderung bin ich weit über die Grenzen des zweiten
Stadiums hinausgeeilt, will aber die Erörterung desselben nicht beschließen,
bevor ich noch einmal einen flüchtigen Blick rückwärts geworfen habe. Mit
seinem Beginn, welcher gewöhnlich zwischen 6 und 10 Uhr Abends statt-
hat, durch Fieber und durch heftigen Hustenanfall, mit charakteristischem
Hustenton sich ankündigt, hören die catarrhalischen Zufälle auf, Stase und
Ausschwitzungen treten hervor, die Entzündung bleibt selten auf ihren

Ausgangspunkt in der Kehle beschränkt, sie ruft contigue oder durch Sympathie, in andern Gegenden des Respirationsapparates Entzündung hervor: Fieber, Functionsstörungen steigen eine Zeit lang, worauf die Erscheinungen eintreten, die, wenn auch durchaus nicht aus einer im Verlauf liegenden Nothwendigkeit, doch aus therapeutischen Gründen man zum 3. Stadium rechnen muß. Ziehen wir in Vergleich die Fälle von Entzündung in Organen, die in Pseudokrisen auslaufen; z. B. Meningitis, Pneumonie, Peritoneitis etc., so finden wir, daß der eigentliche Fiebersturm mit der Krise erlischt, daß es einen Moment der scheinbaren Ruhe im Gefäßsystem giebt, daß diesem aber neuer Fieberreiz mit dem Charakter der Adynamie folgt, und daß neben den Functionsstörungen in den betroffenen Organen und den davon weiter abhängenden Verhältnissen, Defibrination des Blutes und allgemeiner Collapsus in dem Fall übrig bleibt, wenn der Herd der Krankheit ein zum Leben wesentliches Organ in seiner Function hemmt. Die Functionen des Nervensystems liegen darnieder, der Puls wird klein, leer, sehr frequent, der Turgor vitalis ist verschwunden, statt dessen wird die Haut blaß, anämisch, gelb, wachsfarbig, durchscheinend — es ist „Tod im Leben". Es gibt kein besseres Kriterium zur Feststellung der einzelnen Stadien eines Entzündungsprocesses als die Wasserkur, worüber später geredet werden soll. Uebertragen wir die Untersuchung auf die Bräune, so finden wir, daß die Defibrination sehr gewöhnlich gar nicht eintritt, daß solche gewöhnlich von dem Tode übereilt wird, daß somit auch keine Pause in der Gefäßthätigkeit sich einstellen kann, indem in dem einmal entzündeten Organe, durch die beschleunigte und forcirte Functionirung, insbesondere den Reiz der atmosphärischen Luft, die Reizung immer unterhalten wird. Neben dem drohenden Collapsus kommen, durch das massenhafte Exsudat hervorgerufen, drei wichtige Symptome, als Folgen der Functionsstörung, im Athmungsorgane zu Tage: die Cyanose, das auffallende Sinken der Wärme, und unzertrennlich davon die Vergiftung des Blutes mit Kohlensäure, die nicht zur Ausscheidung gelangen konnte. Unter dem Zusammenwirken dieser Erscheinungen sehen wir die Haut blaß, anämisch, fast hydrämisch aufgedunsen werden, mit leichtem Hervortreten der Venosität, Eingenommenheit des Kopfes und Neigung zu Sopor. Aus diesen Zeichen greife ich, als das für die Therapie Wichtigste, das auffallende Sinken der Wärme hervor, und mache es zum pathognomonischen des 3. Stadiums. Gestützt auf meine Erfahrungen, behaupte ich, daß dieses Phänomen in einer Reihe von Stunden, durchaus nicht als Theilerscheinung des Collapsus zu interpretiren, sondern durchweg nur als Folgezustand für die unausgiebige Functionirung der Respirationsorgane anzusehen ist, und ich glaube in der Lage zu sein, einen befriedigenden Beweis hierfür beibringen zu können.

Vielleicht erwarten einige meiner geehrten Leser, daß ich Reihen von thermometrischen Beobachtungen anführen werde. Das ist nun nicht der Fall, kann es auch nicht sein, so werthvoll dergleichen Beobachtungen sein würden, weil bei jedem mir zur Behandlung kommenden bräunekranken Kinde sofort durchgreifende, wärmeentziehende Badeoperationen angewandt werden, wodurch Fragen, wie die vorliegende, die sich auf die Fähigkeit bezieht, von innen heraus Wärme zu produciren, nicht durch das Thermometer, wohl aber und weit nachdrücklicher durch die Bäder, aber in anderer Weise, erledigt werden. Die Bäder haben hier, außer dem diagnostischen und therapeutischen Werth, noch eine hohe Bedeutung als prognostische Reagentien, weil durch dieselben die Frage beantwortet wird, ob die Wärmeabnahme Folge gehemmten Athmens oder Theilerscheinung des Collapsus ist, oder mit andern Worten, ob durch die Antiphlogose, oder Steigerung der Resorption noch Hilfe zu erwarten steht, oder ob es zu spät ist. Ich will nun versuchen auf diesem, meines Wissens weder von Wasserärzten noch von Medicinern betretenen Pfade. durch ein Beispiel mich verständlich zu machen. Angenommen, es handelt sich um ein bräunekrankes, vierjähriges Knäbchen, das vollsaftig, gut genährt, von entwickeltem arteriellem Gefäßsystem ist, und unerheblich krank war. Die Erfahrung lehrt, daß ein solches Kind eine Stunde lang in einem Bade von 20° R. verweilen kann, ohne daß der dadurch gesetzte Wärmeverlust so enorm wäre, daß es nicht in 1—2 Stunden, von innen heraus, zur Wiedererwärmung gelangen könnte. Wenn dasselbe Kind seit einer Reihe von Stunden an der Bräune krank ist, und jetzt zum ersten Male in ein solches Bad gebracht wird, so ereignet es sich sehr oft, daß schon nach 5—10 Minuten eine solche Frostreaction eintritt, daß kein vernünftiger Arzt an die Fortsetzung des Bades denken kann. Bis hierher liefert die Wirkung des Bades bloß den Beweis, daß die Befähigung des Kranken, Wärme zu produciren, in außerordentlichem Grade gesunken ist, daß wir also mitten im 3. Stadium stehen, und es weist uns die Physiologie, ebenso wie auch die Natur des zu bekämpfenden Uebels, darauf hin, in gesunkenem Respirationsproceß das ursächliche Moment hierfür zu suchen. Es liegt aber für den zu erwartenden oder zu befürchtenden Ausgang durchaus in diesem Erfolge kein feststehender Anhaltspunkt.

Meinen zahlreichen Erfahrungen nach kann das Kind ebensowohl ge-

nesen, als für die nicht operative Therapie verloren sein, das Weitere
wird sich, wie wir jetzt sehen werden, in den ersten Stunden entscheiden.
Das Experiment wird nun in folgender Weise erweitert. Nachdem das
Kind abgetrocknet zu Bett gebracht ist, und so behandelt wird, wie es
später ausführlich geschildert werden soll, wird dasselbe bezüglich der
sich einstellenden Reaction, der wiederkehrenden Wärme, sorgsamst ge-
prüft. Ein negatives Resultat erlaubt nur den Schluß, daß vielleicht nur
vom operativen Eingriff etwas zu erwarten sei, stellt aber auch hier die
Prognose sehr ungünstig; der Schluß ist der: die Masse des Exsudats ist
zu groß, sie ist der Resorption nicht mehr zugänglich. Wie sehr erfreut
wären wir aber in dem, und ich setze hinzu, durchaus nicht seltenen
Falle, daß das Kind nach Verlauf von 3—4 Stunden sich wärmer und
turgescirender in der Haut erwiese, als vor dem ersten Bade, und wir
das Kind, in ein 2. Bad gebracht, nicht 5—10, sondern 20—30 Minuten
belassen könnten, und wenn auch hiernach die Erwärmung rascher ein-
träte als nach dem ersten Bade! Und ich werde Veranlassung nehmen,
derartige Fälle zu erwähnen, wo nach solchen Vorgängen das 3. oder 4.
Bad bis zu einer Stunde verlängert werden konnte, daß von hier an noch
eine Reihe von Badoperationen höherer Temperatur und geringerer Dauer
sich anreihen ließen, mit dem Erfolg, daß alle Bräunezeichen, ohne Operation, zum Weichen gebracht wurden.

Die Erklärung dieser Vorgänge liegt so außerordentlich nahe, und
in so unzweideutiger Weise, daß es fast überflüssig scheint, ein Wort
darüber zu sagen. Mit den ersten Bädern wurden die Hautnerven heftig
erregt, der Blutstrom nach außen gelenkt, der exosmotischen Thätigkeit
der Capillargefäße der Respirationsschleimhaut ein Ziel gesetzt, die Resorption in Gang gebracht, und an manchen oder vielen Stellen der Lungenzellen der Athmungsproceß von Neuem bethätigt. Die nachfolgenden Bäder
vervollständigen den retrograden Gang der Krankheit.

Ich glaube es zu fühlen, daß viele der geehrten Leser es schmerzlich
vermissen, daß ich „dem Exacten der Forschung", der Anwendung des
Thermometers, nicht genug Rechnung getragen habe und ich habe hierauf
zu erwidern:

Niemand fühlt diese Unterlassungssünde schmerzlicher als ich selbst,
und ich kann zu meiner Entschuldigung nur sagen, daß ich allerdings
erst in den letzten Jahren das Thermometer zugezogen, mich aber nur
auf meine eigenen Beobachtungen beschränkt habe, weil ich die nöthige
Sorgfalt meiner Badedienerschaft nicht zugetraut habe; ich selbst aber
noch zu keinem therapeutisch ausgiebigen Resultate gelangt bin, wiewohl

mir die schönen Erfahrungen von Dr. *Th. Jürgensen, Wunderlich, Lieber-meister*, bezüglich des Abdominaltyphus, vorliegen. Erst seit ich mit der Diphtheritis in nähere Bekanntschaft getreten bin, ist mir der Gedanke gekommen, als Schriftsteller aufzutreten, und da gerade fehlte mir die, eher in Kliniken zu findende Gelegenheit, Beobachtnngen anzustellen, die so viele Zeit und Sorgfalt verlangen. Vom praktischen Standpunkte ans dürfte bei der Bräune das Thermometer, weil sein Ausspruch nur relativen Werth hat, und nach eingreifenden Bädern ganz schwankend wird, indem er in jedem Zeitmoment, und an einzelnen Stellen in ungleichem Grade, sich ändert, schwankend und für therapeutische Zwecke nicht genügend sein. Der Zukunft bleibt auf dem von mir betretenen Pfade noch Vieles zn lichten übrig; und so mag dieser Mangel geneigte Nachsicht finden.

Ich komme nach dieser Abschweifung auf den Satz zurück, daß vom praktischen Standpunkte aus das Sinken der Wärmeerzeugung, durch Bäder constatirt, das charakteristische Kriterium des 3. Stadiums ist, daß es als günstige Erscheinung anzusehen ist, wenn nach einem knrzen Bad ein längeres möglich wird, verwahre mich aber gegen die mögliche Annahme, als wollte ich behaupten, daß in solchem Falle Sicherheit eines guten Erfolges in Aussicht stehe; der Tod wird beim Croup in mancherlei Weisen vermittelt: auch das Resorptionsvermögen hat seine Grenzen.

Durch das Vorgetragene glaube ich mich bezüglich der diagnostischen, prognostischen, und therapeutischen Bedeutung, die ich aus der Höhe der Wärmeproductionsfähigkeit hergeleitet, klar gemacht, und die auf Abnahme dieses Zeichens gegründete Scheidung des 2. vom 3. Stadinm gerechtfertigt zu haben. Finde ich ein Kind, welches die vorerwähnten charakteristischen Zeichen der Erkrankung an Bräune kund gibt, bei welchem das 2. Bad weit länger ausgedehnt werden kann, als das 1., dann sage ich, daß ich das Kind im 3. Stadium der Krankheit vorgefunden habe. Für den geübten Wasserarzt bedarf es zur Sicherung der Diagnose des 2. Bades nicht. Ich bin wiederholt auf dem Lande zn gänzlich vernachlässigten Fällen gekommen, und habe mich überzeugt, daß Kinder nach wenigen Minuten blaß, cyanotisch wurden und aus dem Bade genommen, selbst beim Zuführen der Wärme durch warme Tücher etc. sich nicht wieder erholen konnten. Hierher gehören auch solche Fälle, in denen starke Blutentziehungen und andere energische curative Eingriffe vorgenommen worden waren.

Es erübrigt noch, eines Zeichens zu gedenken. das sehr charakteristisch ist und eine Verwechselung der Krankheit nicht erlaubt: das Aushusten von Membranstücken. Viele Aerzte gehen in ihrer diagnostischen

Skepsis so weit, daß sie annehmen, daß nur dieses Zeichen gegen mögliche Täuschungen sicher stellen könne. Natürlich müssen sie das Mikroskop und chemische Reagentien befragen, ob die ausgehusteten Stückchen wirklich Theile einer Pseudomembran sind. Sicherlich wird hier die Diagnose sehr „exact"; ich fürchte nur, daß, wenn dieselben Aerzte erst dann mit der Therapie der Bräune vorgehen, wenn sie die Diagnose gestellt haben, sie sehr oft Gelegenheit haben, die Section zu machen, bevor sie zur Therapie gekommen sind. Dieses Verhältniß erinnert mich an zwei Herren Collegen, die die Ueberzeugung aussprachen, daß die ausgebildete „echte" Bräune unheilbar sei, und demnach urtheilten, daß, wenn ein Kind, das Bräunehusten hatte, starb, es an der „echten" Bräune krank war, kam es davon, so war es „Pseudocroup."

Ich bin der Ansicht, daß das Aushusten von Pseudomembranen unter 2 Umständen vorkommt, nämlich erstens, wenn, wie viele Aerzte annehmen, Nachschübe kommen, zweitens, wie ich annehme und erfahren habe, wenn der Heilungsproceß vorschreitet und die resorbirende Thätigkeit in der kranken Schleimhaut an die Stelle der exhalirenden getreten ist. Dieses Phänomen kann zur Diagnose wenig dienen, da dieselbe lange vorher sicher gestellt sein muß, für die Prognose hat es, scheint es mir, bei der Wasserkur mehr Werth als bei anderer Behandlung. Auf seine Entstehung scheint besondern Einfluß zu haben: der ursprüngliche Krankheitsreiz, die Fortpflanzung der Entzündung contigue und endlich der vermehrte Druck in der Blutsäule bei Verödung einzelner Lungentheile und Verkürzung des Athmungsprocesses. Mit dem vorerwähnten Druck in der Blutsäule scheinen mir noch zwei andre Symptome im Zusammenhange zu stehen, worauf ich das Augenmerk deßhalb leiten möchte, weil von mancher Seite ein anderer Zusammenhang postulirt wird, die Anschwellung der Milz und die Ausscheidung von Eiweiß aus den Nieren.

Eine weitere Schilderung der herzzerreißenden Schlußscene zu geben, halte ich für überflüssig, da solche, weil jedem Arzte Bekanntes reproducirend, unnütz wäre und ein besonderes Heilverfahren hierauf nicht zu gründen sein würde.

B. Aufsteigende Form.

Ich wende mich nunmehr zur Schilderung der 2. Form des einfachen Croup, nämlich zum aufsteigenden Croup.

Derselbe wird bei Diphtheritisepidemieen noch relativ häufiger gesehen, als der absteigende, und charakterisirt sich, nach meiner Beobachtung, folgendermaßen:

1) Die Krankheit beginnt als Bronchopneumonie in irgend einem Lobus der Lungen, begleitet von heftigem Fieber, schmerzhaftem Husten und erreicht nach einem Bestande von ca. 2—5 Tagen (einmal nach vierwöchentlicher Dauer) die Bronchien, dann die Trachea, dann die Kehle.

2) Die kranken Kinder bezeichnen, wenn sie dazu fähig sind, eine Stelle der Luftröhre als den Sitz des Schmerzes. Druck auf dieselbe vermehrt den Schmerz.

3) Das pathognomonische Athmen wird in ähnlicher Weise, wie bei dem Laryngealcroup vernommen; nur hört man deutlich mit dem bloßen Ohre (besser oft mit dem Stethoskop), daß der Entstehungsort tiefer liegt, ja bis zur Theilungsstelle der Luftröhre vernehmbar ist, ja noch tiefer.

4) Der Hustenton ist nicht krähend, kickernd, aphonisch, heiser, sondern rauh, amphorisch.

5) Die Stimme ist im 1. und 2. Stadium beim Sprechen nicht heiser aphonisch, sondern behält ihren natürlichen Ton und Metallklang.

6) Vom Schluß des 2. Stadiums an laufen die Symptome des Laryngeal- und Trachealcroups in einander über.

§ 4. Differentielle Diagnose.

Mein Plan, meinen Collegen eine, ich kann wohl sagen, ganz neue Heilmethode zu bieten und vollständig mundgerecht zu machen, legt mir die Verpflichtung auf, besonders auch bezüglich der Diagnose, klar, wahr und offen zu sein. Ich fühle die Verantwortung, die ich mir auferlegt habe, den Kranken und Collegen gegenüber in ihrer vollen Größe, aber auch den schweren Rückschlag, der sich über mir, und wohlverdient, entladen müßte, wenn ich in leichtsinniger Darstellung mich an der Wahrheit versündigte und das Vorgetragene unter ernster Prüfung nicht als begründet bestehen könnte. Zu alt, um nach Ruhm zu streben, am Allerwenigsten nach eitlem, entspreche ich nur meinem Pflichtgefühl, indem ich meine Erfahrungen veröffentliche und würde, gestützt auf die in mir liegende Festigkeit der Ueberzeugung, mein Vorhaben vollenden, selbst wenn ich klar voraussähe, daß alle Aerzte der Welt mich für einen Lügner oder einen Schwindler ansähen.

Ich kann nicht erwarten, daß die große Masse der Aerzte unbedingt zustimmen soll, da, ich will nicht sagen Lügen, aber Täuschungen in Absicht auf die Diagnose und Heilmittel der Bräune, seit dieses Leiden ein Gegenstand der Literatur geworden ist, so unendlich oft an der

Tagesordnung gewesen, daß jede neue Heilweise, und würde sie von hundert Wahrheit liebenden Aerzten empfohlen, viele Andere und mich mißtrauisch fände.

Ich fühle daher die Pflicht, bezüglich der Art, wie ich die Diagnose stelle, mich noch einmal auszusprechen. Sehe ich ein Kind, das an catarrhalischen Zufällen leidend, heisere, mehr oder weniger aphonische Stimme zeigt, beim Sprechen oder Weinen; einen mehr aphonischen, kickernden, heiseren Ton beim Husten hat, dann fühle ich mich nicht berechtigt zu behaupten, daß das Kind an der Bräune leide. Gesellt sich diesen Zeichen noch Fieber mit lebhafter Wärmeerhöhung hinzu: dann habe ich für mich die Ueberzeugung, daß ein solches Kind in Gefahr steht, die Bräune zu bekommen.

Bezüglich der aufsteigenden Bräune: Finde ich aus der Anamnese und der Untersuchung der Brust, daß ein Kind an Bronchopneumonie leidet; höre ich, daß es bei reiner Stimme mit rauhem, amphorischem Tone hustet, dann sage ich: es steht sehr zu befürchten, daß das Kind die Bräune bekommen wird.

Als Anfangspunkt der wirklichen, echten, genuinen Bräune betrachte ich den deutlich vernehmbaren Eintritt des als pathognomonisch geschilderten Athmungsgeräusches, das dem geübten und damit vertrauten Arzt die Ueberzeugung aufnöthigt, daß es durch das Vorbeistreichen der Luft an verengerter Stelle des Luftrohrs, in der Kehle bei absteigendem, in der Luftröhre bei aufsteigendem Croup, zu vernehmen ist. Ich setze dieses Zeichen, das nach meiner Erfahrung an und für sich zur Diagnose ausreicht, in Verbindung mit den erwähnten Veränderungen an der Stimme, mit Fieber, und den bei Schilderung des Krankheitsverlaufs erwähnten Zufällen in der Brust (Dämpfung des Percussionstons, Verminderung der in die Lungen strömenden Luft, Fehlen des vesiculären Athmens etc. etc.). Nun und nimmer habe ich in so zahlreichen Fällen wahrgenommen, daß dieses Geräusch, ohne kräftigen therapeutischen Eingriff, von selbst verschwunden ist. Nun und nimmer habe ich es der Wirkung eines Brechmittels weichen sehen. Nie habe ich Remissionen oder gar Intermissionen bemerkt an diesem Symptome, wenn man nicht Schwankungen in der, durch verschiedene Verhältnisse möglichen, größeren oder geringeren Erregtheit des Athmens als solche ansprechen will.

Dieses Zeichen, einmal entstanden, gewinnt in jedem Zeitpunkte an Ausprägung und Schärfe, wie ein fallendes Gewicht an Geschwindigkeit.

Einige Stunden später treten Dyspnoe, Anfälle von Stickhusten, Cyanose etc., später das Aushusten von Membranstücken und das Sinken der Wärme so charakteristisch hervor, daß nicht blos Aerzte, sondern sogar Laien über die allgemeine Natur der Krankheit nicht mehr im Zweifel sein können. Die Diagnose des einzelnen Falles verlangt Feststellung der Anamnese, der constitutionellen Verhältnisse, Berücksichtigung des Ursprungs (ob diphtheritischer Art oder nicht), insbesondere auch genaue Erforschung des Verhaltens der Lungen. Besser als Stethoskop und Plessimeter erweist sich aber die Wasserkur selbst, sowohl das einzelne Bad, als die Kur im Ganzen, zur Klarstellung der Diagnose.

Nicht blos, wie bereits angegeben, die mit dem Ohr zu erhebenden Symptome, sondern auch die durch das Auge zu constatirenden sind von Bedeutung. Wie klar stellt sich im Bad die Arbeit der Respirationsmuskeln, das contrastirende, unvollkommene sich Heben und Senken der Brust, das Einsinken der Fossa jugularis, supraclavicularis und epigastrica, das Dehnen der Kehle etc. dar, ich glaube mein College, der sonst nur erst nach abgelaufener Krankheit die Diagnose in Croup oder Pseudocroup stellte, würde sich seiner diagnostischen Skepsis, einem solchen Experimente gegenüber, begeben haben.

So wie man die Schwere eines Körpers nach dem Widerstande oder Gewichte bemißt, das zu seiner Hebung erfordert wird, so dient die Wasserkur im Allgemeinen (d. i. die zur Hebung eines Bräuneanfalls nöthigen Heileingriffe) zur Würdigung der Größe des Einzelfalles, so daß, wären alle Constitutionen gleich, es möglich wäre, die Bedeutung der Einzelfälle nach einer gewissen mathematischen Formel zu ordnen; davon später. Hier noch ein Wort zur Unterscheidung der Krankheit von anderen Fällen, mit denen sie mehr oder weniger Aehnlichkeit hat. In dieser Beziehung werden genannt:

1. Laryngitis simplex. Die Krankheit kommt in dem Alter, welches das des Croup ist, nicht vor. Das charakteristische Croupathmen, der Auswurf von Membranen, die Zeichen in der Brust etc. fehlen.

2. Œdema glottidis. Dieser Zufall ist glücklicherweise höchst selten und kommt im Croupalter nicht vor. Ich sah denselben nur einmal nach Typhus.

3 und 4. Ich wende mich nun zu den 2 Krankheitsformen, die für die differentielle Diagnose die wichtigsten sind: dem Pseudocroup und Bronchitis maligna. Beide werden durch die Zeichen charakterisirt, die ich für die des 1. Stadiums des auf- und absteigenden Croups angegeben habe. Wir sind nun an einem der beiden Knotenpunkte angelangt, von denen aus die Ansichten der Aerzte bezüglich der Diagnose, Prognose und Mortalität so sehr auseinander laufen, und

ich will der späteren Erörterung hier vorgreifen und bemerken, daß der zweite Knotenpunkt in der meines Wissens noch von Niemand postulirten Entscheidung liegt, ob der Croup durch ein im Kehlkopf bestehendes diphtheritisches Geschwür bedingt ist oder nicht. Die genaue Erwägung dieser beiden Momente scheint mir über die chaotische Verwirrung, in der die Lehre von der Bräune befangen ist, genügendes Licht zu verbreiten. Wie wäre es sonst möglich, daß der eine Arzt behaupten könnte, „der echte Croup ist unheilbar", der Andere, „daß er fast alle seine Kranken verloren", der Dritte, „daß er fast Alle gerettet habe". Wenn angesehene Aerzte, wie z. B. *Ricke, Cleß* u. A. angeben, alle Bräunekranke verloren zu haben, so läßt dieses Verhältniß eine mehrfache Erklärung zu. Entweder, sie haben es blos mit der ulcerös-diphtheritischen Form zu thun gehabt, die ich ohne Operation für unheilbar erkläre, wenn es nicht gelingt, das Geschwür gleich im Anfange seiner Entstehung durch Höllenstein zu vernichten; oder aber, sie statuiren den Anfang der Bräune erst mit dem Aushusten von Pseudomembranstücken, einem Zeitpunkte, von wo aus die Behandlung, in welcher Weise man sie instituirt, sehr precär bleibt.

Anderntheils glaube ich, daß, Wem die Lehre von der Bräune am Krankenbette geläufig geworden ist, bezüglich eines Arztes, der mehr als die Hälfte seiner Kranken durch die medicinische Kur gerettet zu haben vorgibt, kaum ein anderes Urtheil hat, als daß manche Fälle von Pseudocroup unterlaufen sein müssen. Die Divergenz der Ansichten der Aerzte dürfte aber in dem Satze aufhören, daß von dem deutlich hörbaren, charakteristischen Bräuneathmen an, die für das 1. Stadium angegebenen Krankheitszeichen durch ärztliches Einschreiten meistens und zwar besonders dann zum Weichen gebracht werden können, wenn kein oder sehr mäßiges Fieber vorhanden ist und in den causalen und constitutionellen Verhältnissen kein Propuls zu besonders rapidem Verlauf liegt. Die Zahl der vom Pseudocroup Befallenen ist also, nach meiner Rechnung, um die Zahl der im 1. Stadium Geheilten größer, als die der mit entwickeltem Croup Behafteten.

Die Aerzte, welche angeben, sehr viele, ja geradezu alle am Croup behandelte Kranke verloren zu haben, stehen als Therapeuten in meiner Achtung um kein Haar niedriger als die, welche Alle oder fast Alle geheilt zu haben behaupten, da ich in beiderlei Aussprüchen fast nur einen Wortstreit finde, und jedenfalls die Glaubhaftigkeit der Ersteren höher stelle als die der Letzteren. Dahingegen finde ich es weder naturgemäß, noch in andrer Weise geboten, wenn Schriftsteller der ersteren Art den

meistens fieberlosen, unbedeutenden Zustand, welcher gewöhnlich den
Pseudocroup charakterisirt, so aufputzen, daß er dem wahren Croup wie
ein Ei dem andern ähnlich sieht, und den wahren, wie mein College H.,
erst nach abgelaufener Krankheit diagnostieiren, wenn das Kind erlegen
ist. Nach meiner unmaßgeblichen Erfahrung kann das Rauhwerden des
Hustentons und die Stimmveränderung zu jeder Tageszeit wahrgenommen
werden, wogegen der Eintritt des Fiebers und der erste erschreckende
Hustenanfall Abends zwischen 6 und 12 Uhr erfolgt. In Königstein war
es früher üblich, daß die besorgte Mutter sofort dem Kinde Milch, möglichst heiß und in großer Menge einflößte und ein zur Hand gelegtes
Brechpulver verabreichte, welche Behandlung auch an andern Orten gefunden wird, und es gehörte zu den Seltenheiten, wenn ich vor Mitternacht berufen wurde. Diese Methode hat in den späteren Jahren einer
andern Platz gemacht, die darin besteht, daß sofort ein kalter Umschlag
um den Hals gelegt und fleißig gewechselt wird, während die innere
Behandlung in Darreichung von Milch oder Wasser in größerer Menge
beruht, Brechmittel aber außer Mode gekommen sind. Sorgsame Mütter
lassen die Berufung des Arztes bis 2 Uhr Morgens, Andere erst am
Morgen, Nachlässigere später, ja sogar erst viel später erfolgen, und so
kam es, daß ich im Laufe von 28 Jahren zu Kranken, die sich in den
verschiedensten Stadien der Bräune befanden, berufen wurde.

Zur Würdigung des Werthes eines Heilverfahrens wäre Nichts erwünschter, als wenn ein Maßstab aufgefunden werden könnte, der eine
unpartheiische Beurtheilung der in Frage kommenden Einzelfälle ermög-
lichte. Wenn mir Solches zukäme, würde ich folgenden Vorschlag machen:
Zunächst sind alle diphtheritischen Fälle von den einfachen zu sondern,
und bezüglich der Ersteren die entzündlichen von den geschwürigen. Sodann ist für das Erkennungszeichen der wahren Bräune das pathognomonische Bräuneathmen, wann es deutlich wahrnehmbar ist, anzuerkennen.
Da aber, wie später unwiderleglich gezeigt werden soll, der Wasserarzt
es nie bei einer späteren Visite des Kranken hören kann, wenn er es
nicht schon bei der ersten (namentlich im ersten Bade) wahrgenommen
hat, und sein Eintritt kein plötzlicher ist, so wird er es immer erst dann
hören, wenn es bereits einige Zeit bestanden hat. Für diesen Fall ist
also zu statuiren, daß der vor Mitternacht erfolgte heftige Husten- und
Stickanfall als Anfang der Bräune anzusehen wäre, wo nicht der specielle
Fall auf eine andere Stunde des Eintrittes der Krankheit klar hinweist.
Eine Würdigung der causalen und constitutionellen Verhältnisse müßte
die den Einzelfällen beizulegende Bedeutung noch erhöhen. Sobald die

Wasserkur Legitimität erlangt haben wird, dann wird die Schwierigkeit
der Kur, resp. die Dauer des ersten Bades, Croup vom Pseudocroup trennen. Bei einem vollsaftigen Kinde von 3—5 Jahren verschwinden die
allarmirenden Zeichen des Letzteren in 20—35 Minuten, die des wahren
Croup in 45—60 Minuten. Die Nothwendigkeit, die Bäder zu wiederholen bekundet, daß das 2. Stadium sehr vorgerückt oder das 3. eingebrochen war.

§ 5. Prognose.

Als ich nach Vollendung meiner hydriatrischen Studien von dem Gräfenberge
zurückgekehrt war, hatte ich die Absicht, nur mit der größten Vorsicht hydriatrische
Heilversuche zu machen, wozu sich die Gelegenheit an mehreren mit Meningitis und
Pleuritis behafteten Personen bot. War ich durch die ersten Erfolge, die ich durch
Bäder erzielte, überrascht, so war Dieses in noch höherem Grade der Fall, als ich
im Winter 1850 bis 1851 ein 2½jähriges Mädchen zur Behandlung bekam, das
mit einem Bräuneanfall, der mir auf Grund zahlreicher Erfahrungen, die ich bei
rein medicinischer Behandlung gemacht hatte, große Besorgniß einflößte, behaftet
war. Ich kann mich zwar der Einzelheiten des Falles nicht mehr erinnern, weiß
aber genau, daß der Fall mir anfangs viele Sorgen, nach dem Bade aber, welches
35 Minuten währte, ungewöhnliche Ueberraschung bereitete, denn nach dem Bade
waren alle Bräunesymptome wie weggezaubert. Der Fall elektrisirte mich, ebenso
mehrere Erfolge bei Meningitis, ich fühlte, daß ich an der Wasserkur ein mächtigeres
Antiphlogisticum hatte, als an allen Arzneien der Welt. Aber wie hier vorgehen,
da weder fremde noch eigene Erfahrungen mir zu Gebote standen, die Anschauungen,
die ich von einer hydriatrischen Antiphlogose besaß, noch keine Läuterung durch
die Erfahrung bestanden hatten? Um kurz zu sein, bemerke ich, daß ich bei jedem
Bräunefall sofort so viele Personen meiner Badedienerschaft versammelte, als es
mir möglich war, theils, damit sie in der Beurtheilung des pathognomonischen Bräunezeichens fest würden, theils, damit das Bad, welches unter Umständen ungeheure
Anstrengung verlangt, mit aller Accuratesse ausgeführt werden könne. Ich selbst
leitete die Bäder vom Anfange bis zum Schluß und sorgte, daß die Nachbehandlung nach jedem Eingriff mit aller Sorgfalt geleitet wurde. So hatte ich die
Freude, zu erleben, daß alle Kranke in 28 Jahren, mit Ausnahme der in dem
Jahre 1866 von diphtheritischen Formen der Bräune Befallenen, deren mehrere
erlagen, gerettet wurden, bis auf einen, dessen Krankheitsgeschichte ich anführen
werde. Dieses Resultat gilt indessen nur für die Stadt Königstein, da bezüglich
der an andern Orten behandelten etwa ⅓ erlag. Die letzteren Fälle trugen sich
in den Nachbarorten von Königstein zu, aber auch in Entfernungen von 4 bis
6 Stunden, da ich vielfach von Collegen consultirt wurde, und sogar Gelegenheit
hatte, mehrere Kinder von Collegen zu behandeln, die in das 2. Stadium eingetreten, ins Bad gebracht wurden und zum großen Erstaunen der Eltern es gesund
verließen.

Vor wenigen Jahren wandelte eine in tiefe Trauer gekleidete junge Frau mit
blassem, vergrämtem Gesichte in den Gefilden Königstein's, einsam, und wie es
schien, ohne Theilnahme für die Welt, umher. Was war ihr Kummer? Es er-

eignete sich der Zufall, daß innerhalb 14 Tagen 2 Kinder in Königstein an Bräune erkrankten. Als jene Dame davon Kunde erhielt, eilte sie zu den Kranken und erklärte an beiden Orten, daß die Kinder unrettbar verloren seien. Als die Anwesenden, insbesondere die Angehörigen, ihre Angst nicht theilten, sondern ohne die geringste Besorgniß ihr bemerkten, daß die Sache Nichts auf sich habe, indem einige Bäder zur Herstellung genügen würden, äußerte sie, daß sie in der vorletzten Woche zwei Kinder, trotz der sorgfältigsten Behandlung und unerachtet viele Aerzte consultirt wurden, und zuletzt die Operation gemacht worden sei, verloren habe, bei denen die Krankheit im Beginn der Kur bei Weitem nicht so vorgerückt gewesen sei, als bei Jenen. Während der Bäder half sie fleißig mit und war die sorgsamste Pflegerin bei der Nachbehandlung. Als sie von dem augenblicklichen Erfolge sich überzeugt hatte, trat sie zu mir hin und legte mir mit den schneidendsten Worten, die ich nicht vergessen werde, die Verpflichtung ans Herz, meine hydriatrischen Erfahrungen zu veröffentlichen. Später erkrankten noch zwei ihrer Kinder am Croup, wurden aber beide auf hydriatrischem Wege geheilt. Bei den außerhalb Königstein's behandelten Kranken war kein einziger Fall von Pseudocroup, zum großen Theil waren es medicinisch, ohne Erfolg behandelte, oder gänzlich vernachlässigte Fälle, der Mehrzahl nach gewiß dem 3. Stadium angehörige. Diese Fälle insgesammt eignen sich zu einer Zusammenstellung nicht, da sie der verschiedensten Art waren, einige geheilt oder nicht geheilt wurden, ohne daß ich die Kranken gesehen hatte, manche offenbar der diphtheritischen Form angehörten. Mehrmals kamen Eltern der hydriatrisch behandelten Kinder und dankten mir für die Rettung derselben, nach einigen Tagen erfuhr ich, daß jene Kinder erlegen seien. Entweder betrafen diese Fälle ulceros diphtheritische Erkrankungen, oder es fehlte an sorgsamer Nachbehandlung.

Soll ich nun doch eine Zahl nennen, welche die im 2. und 3. Stadium in Königstein erkrankten und durch die Wasserkur mit vollständigem Erfolg behandelten Kinder repräsentirt, so bin ich in mehrfacher Verlegenheit, theils weil sie mit den Erfahrungen anderer Aerzte außerordentlich contrastirt, theils weil mir die genauen Data aus den Jahren 1850—1854 nicht vorliegen. Ich nenne die Zahl 60 mit dem Beisatz, daß es gewiß mehr, aber nicht weniger waren und bemerke zum Ueberfluß, daß der Pseudocroup ganz hiervon ausgeschlossen ist. Schlage ich die außerhalb Königstein behandelten Kranken hinzu, so kann ich mit gutem Gewissen behaupten, daß ich mindestens in 90 Fällen, die fast zur Hälfte dem 3. Stadium angehörten, mich von der außerordentlichen Heilkraft des Wassers überzeugt habe. Demgemäß ist meine Anschauung, bezüglich der Prognose des Croup bei hydriatrischer Behandlung, folgende:

Alle Fälle von Pseudocroup, ohne Ausnahme, lassen eine gute Prognose zu: Fieber und Gefahr drohende Erscheinungen verschwinden im Bade in 20—35 Minuten. Recidive sind bei Vorsicht unmöglich. Erkrankt ein Kind Abends und findet der am Morgen ca. 2 Uhr eintretende Arzt Bräuneathmen, so ist alle Wahrscheinlichkeit, dass die Bräunezeichen im ersten Bade zum Weichen gebracht werden. Dasselbe wird erreicht in einer großen Anzahl von Fällen, deren Dauer nach dem angegebenen Maßstabe, um 6 bis 10 Stunden größer ist.

Kommt der Arzt 24 Stunden nach dem (berechneten) Beginn der Bräune, also etwa Abends 6 bis 10 Uhr hinzu, dann wird er, bei richtig geleiteter Kur, seinen Kranken jedesmal, wenn auch nach Anwendung mehrerer Bäder, höchst wahrscheinlich retten.

Daß auch oft weit später noch glückliche Lösung erzielt werden kann, werde ich unter der Casuistik durch Krankheitsgeschichten erhärten.

Hiernach komme ich zu dem wohlbegründeten Schluß, daß ich die Nachahmung des hydriatrischen Verfahrens, aber nur die ganz exacte, mit gutem Gewissen und aller Wärme empfehlen kann und füge die prognostische Bemerkung diesem Capitel bei, daß, wenn die Kenntniß der Heilkraft des Wassers Gemeingut der Aerzte und des Publikums sein wird, die Stellung der Aerzte zu den Angehörigen der Kranken dieser Art eine durchaus veränderte sein muß. Einerseits werden alle Eltern, die aufmerksam und sorgsam sind, die Berufung ihres Arztes bei Wahrnehmung der ersten gefahrdrohenden Erscheinungen veranlassen, damit keines ihrer Kinder der Bräune erliege. Anderntheils hat aber auch der Arzt, dieser furchtbaren Krankheit gegenüber, eine ganz andere Macht. Mit den ersten Heileingriffen geht er auf das Energischste gegen den Feind vor. Hat er das charakteristische Bräunezeichen im Bad unvernehmlich gemacht, dann ist die Heilung des Kranken gesichert, wenn kein gewaltiger Verstoß geschieht, und letzterer ist überhaupt nur dann möglich, wenn er keine oder eine nur sehr fahrlässige Badedienerschaft hat. Wird es aber nicht noch dahin kommen, daß jede Mutter von ihrem Hausarzte ganz kategorisch verlangt, daß er die Bräune stets verhüte, oder so behandle, daß kein davon befallenes Kind erliege, den Arzt also vollständig für die Folgen und den Ausgang verantwortlich macht? Wir wollen sehen!

§ 6. Ausgänge der Krankheit.

Auch auf diesem Felde bietet sich mir die Gelegenheit, einige wichtige Vorzüge des hydriatrischen Heilverfahrens hervortreten zu lassen.

Wenn Kinder bei medicinischem Heilverfahren die Bräune überstehen, so ist Nichts gewöhnlicher, als daß ihr zarter Organismus durch die therapeutischen Eingriffe, insbesondere Blutverluste, Erschütterungen des Magens durch Brechmittel, namentlich durch den, der Magenschleimhaut so verderblichen, Brechweinstein, mehr oder weniger lang leidend und höchst vulnerabel bleibt. Die Eltern werden Monatelang in Angst und Schrecken gehalten, daß ihr Kind sich nicht von Neuem verkühle und können bei Tag und Nacht keine volle Beruhigung finden.

Von den bewährtesten Aerzten werden eine Reihe von Nachkrankheiten aufgeführt, als: veränderte Stimme, Heiserkeit, vollständige Stimmlosigkeit, Schleimauswurf, der zur Phthisis pituitosa führen kann. Außerdem hat man den Uebergang in Lungenentzündung, Hydrocephalus acutus, in Keuchhusten, Asthma Millari gesehen: *Schönlein* will sogar den in Intermittens beobachtet haben. Ich glaube noch hinzufügen zu sollen, daß die allgemeine Verweichlichung, die einer solchen Kur nachfolgt, die Zerrüttung der Haut, die für neue Erkältungen so sehr disponirt, und

der bei Letzterer leicht wiederkehrende rauhe Hustenton, indem der Kehlkopf zum Locus minoris resistentiae geworden ist und die ängstliche
Mutter jeden Augenblick veranlaßt, ein in Bereitschaft liegendes Brechpulver zu geben, wobei die durch den Mißbrauch des Letzteren herbeige-
führte chronische Gastritis etc. ein lange währendes Siechthum anbahnen
kann, zu erwähnen sind und daß manches Kind, das die Scylla passirt hat,
in der Charybdis seinen Untergang findet.   Dadurch erleidet die Zahl der
auf medicinischem Wege Geheilten noch eine große Einbuße.   Wie ganz
anders gestaltet sich dieses Verhältniß bei der physiologischen Behandlung!

Ich habe nie und nimmer einen Ausgang gesehen, als den in den
Tod, oder in vollständige Gesundheit.   Ich würde lügen, wenn ich behauptete, daß je die geringste bleibende Störung einem der so behandelten Kinder verblieben wäre, noch mehr, wenn ich sagen wollte, daß
ein solches Kind verweichlicht oder ihm in irgend einer Weise eine
Vulnerabilität in der Kehle, oder einem andern Organe, als Erinnerungs-
zeichen der vorausgegangenen Bräune, verblieben wäre.

Welcher eminente Unterschied im Erfolge, selbst wenn man die
große Verschiedenheit der Mortalität außer Rechnung läßt! Ein 2. Punkt
ist der: wie erfolgt der Ausgang in Genesung? Diese Frage ist vom
nosologischen Standpunkte noch nicht befriedigend gelöst, bedarf einer
strengen Revision, und ist deßhalb von größter Wichtigkeit, weil die
richtige Beantwortung derselben als Grund- und Eckstein einer noch zu
schaffenden Therapie unterlegt werden muß. Im Allgemeinen dürfte die
Antwort befriedigen: Man beseitigt die Entzündung der Schleimhaut
des Respirationsorgans und die dadurch gesetzten Producte. Die weitere
Frage: wie ist dieser Heilplan zu effectuiren? zeigt uns Medicin- und
Wasserärzte Wege einschlagen, die, ich möchte sagen diametral ent-
gegengesetzt sind, obgleich Beide noch als das nächste Ziel ihres An-
griffes alle die Factoren in's Auge fassen, die zur Constituirung eines
Entzündungsprocesses concomitiren. Die Wasserärzte gehen darauf aus,
den kranken Organismus in eine Verfassung zu bringen, daß er sich
selbst helfen kann, und zwar dadurch, daß sie das Fieber ermäßigen,
den Blutstrom vom kranken Organe ablenken, der Wirkung des Sauerstoffes ein neues Feld bieten, zuletzt und in directer Weise die Resorption bis zur Grenze des Erreichbaren bethätigen. Ist dieses Alles geschehen, dann bleibt für den Kranken, dessen Leiden bereits in das 3.
Stadium vorgerückt, dessen Luftröhre mit massenhaften Membranen angefüllt ist, noch eine Gefahr übrig, die in den mechanischen Verhältnissen besteht und oft eine operative Hilfe verlangt, ganz in derselben

Weise, wie der Kaiserschnitt bei ausgetragener Frucht und namhaft verengertem Becken unumgänglich ist. Daß es bezüglich der Gestaltung der Verhältnisse im 1. und 2. Stadium des Croup genügt, die Entzündung vollständig zu beheben und die Resorption zu bethätigen, um die Lebensgefahr abzuwenden, dürfte auf keinen Widerspruch stoßen. Ueber den Verlauf der Verhältnisse, wenn Exsudat, in nicht allzugroßer Menge, vorhanden ist, namentlich wie dann, auch ohne Operation, der Ausgang in Genesung erfolgen kann und was geschehen muß, wenn die Operation nicht zu umgehen ist, darüber scheint mir noch große Dunkelheit zu herrschen und ich will meine unmaßgebliche Anschauung hier folgen lassen. Wenn die erwähnten wesentlichen Coefficienten, die den croupösen Entzündungsproceß constituirt hatten, durch hydriatrische Eingriffe dahin gebracht sind, in derselben Weise zurückzuschreiten, wie sie ihre Concentration bewirkten, dann tritt an der Schleimhaut der Respirationsorgane, überall da, wo exhalirende Thätigkeit bestand, eine resorbirende ein, die Exsudate werden bezüglich der jüngsten Bestandtheile und bezüglich aller, der Resorption zugänglichen, rarificirt, ihr Verband mit der Matrix wird gelockert. Es ist mir nicht bekannt, daß ein engerer Verband zwischen Schleimhaut und Pseudomembranen durch Gefäße und Nerven nachgewiesen worden wäre: obgleich bejahende Entdeckungen, wegen der großen Schwierigkeit, mit der an manchen Stellen, selbst nach dem Tode, Pseudomembranen abzutrennen sind, mich sehr gläubig finden würden, so bleibt doch die Regel, daß der Verband im Allgemeinen als ein so lockerer sich ausweist, daß, sobald die Resorption in vollem Gange ist, die vollständige Ablösung der Faserstoffgerinnsel, wenn auch nicht mit einem Schlage, so doch successive, stellenweise erfolgt. Mit der vollständigen Lösung der Entzündung tritt auch in den Drüsen der zum Normalzustand zurückkehrenden Schleimhaut eine normale Secretionsthätigkeit ein, die durch den mäßigen Reiz der, zu fremden Körpern werdenden Faserstoffgerinnsel eine gewisse Steigerung erfährt, so daß in dieser Periode folgende Wahrnehmungen zu machen sind: Die unter erhöhter Thätigkeit der Respirationsmuskeln ein- und ausgeführte Luft bewegt die locker gewordenen Fibringerinnsel auf- und abwärts, unter hörbarem Geräusche; dadurch, sowie durch das vermehrte Absondern der Schleimdrüsen, wird das charakteristische Bräuneathmen feuchter und mit Rasselgeräuschen untermischt wahrgenommen. Wenn in dieser Periode Hustenstöße kommen, so ist Nichts gewöhnlicher, als daß sie membranöse Stücke heraus befördern, da die Verhältnisse hierfür so günstig sind, als sie nur gedacht werden können. Es wäre doch wohl eine

große Täuschung, wollte man glauben, daß die ganze, die Verengerung
im Luftrohr bildende Masse in membranösen Stücken ausgeschieden werden müßte, der Ansicht bin ich nicht.   Außer der, durch Lockerung,
Wulstung und Infiltration der Schleimhaut bedingten Stenose, verschwindet ein großer Theil des Exsudats durch Resorption, während die unre-
sorbirbaren Bestandtheile, als formloser Detritus, mit Bronchialschleim
gemischt, mikroskopisch untersucht, mehr eine klumpige, unförmliche
Auswurfsmasse darstellen, in denen nur bei genauer Untersuchung membranöse Fetzen zu finden sind.   Wird aber die hydriatrische Kur bei schon
sehr gesunkener Wärme erst begonnen, dann bleibt die Hoffnung auf die
Möglichkeit der Lockerung der Membranen durch Kureingriffe gering,
wenn es nicht gelingt, einen sehr bedeutenden Aufschwung der Wärme-
productionsfähigkeit zu erringen, und auch in letzterem Falle bleiben
Gefahren für den Kranken fortbestehen, weil, wie ich, allerdings nur bei
den diphtheritischen Formen, gesehen habe, die Membranen zu $^9/_{10}$ Theilen
gelöst, wie Vorhänge im Luftrohr flottiren und auf- und abwärts bewegt werden durch den Act der Respiration, und weil selbst eine ganz
rarificirte, durchsichtige, nur 4—5 Linien lange, dicht unter der Stimmritze adhärirende Membran bei der Exspiration, noch mehr bei heftigen
Hustenstößen, von unten her die Stimmritze verschließen kann.   Diesen
Fall habe ich gesehen, so wie einen andern, in dem die Gefahr bei der
Inspiration dadurch gesetzt war, daß eine dicke 2$^1/_2$ Zoll lange, blos am
obern Theil an der Matrix adhärirende Membran, auf die Bifurcationsstelle
herabgedrückt wurde, auf welches Verhältniß ich, bei Gelegenheit der Besprechung der Operation, zurückkommen muß.   Das Resultat dieser Untersuchung läßt sich in wenigen Worten zusammenfassen:
    Bei hydriatischer Behandlung kann im ersten Stadium und bis gegen
den Schluß des 2. hin Heilung erfolgen, ohne daß Membranfetzen als solche
ausgestoßen werden müssen; oder mit andern Worten: Wenn man ein
im 1. und 2. Stadium der Bräune stehendes Kind in das Bad setzt, und
so behandelt, wie es später angegeben werden wird, so muß es gewöhnlich gelingen, das Kind nach ca. 1 Stunde, von der Bräune befreit, (ohne
Bräuneathmen) daraus erheben zu können; dasselbe Resultat ist oft zu
erreichen, wenn das Kind mehr oder weniger tief in das 3. Stadium eingetreten ist, wiewohl es hierbei fast stets zum Aushusten von Membranen kommt, und 3 bis 6 Bäder erforderlich sind.
    Der Ausgang in den Tod erfolgt nach vorausgegangenen hydria-
trischen Eingriffen in sanfter Weise, asphyktisch.   Nachdem der junge
Patient mehrere Tage mit Fieber und Athemnoth gekämpft hat, nachdem

bereits Defibrination des Blutes und Intoxication desselben mit Kohlensäure und Cyanose eingetreten waren, dienten die früher gemachten hydriatrischen Heilversuche dazu, die Unmöglichkeit der Lebensrettung festzustellen und den Todeskampf zu erleichtern, indem ein Wärmeverlust
unter solchen Verhältnissen Herabsetzung der Sensibilität, Somnolenz, etc.
bewirkt.

§ 7. Bemerkungen über den Entzündungsprozess im Allgemeinen.

In häufigem Umgange mit Collegen habe ich mich davon überzeugt,
daß wohl die Mehrzahl der Aerzte einen einigermaßen klaren Begriff von
der Wasserkur im Allgemeinen, und der hydriatrischen Antiphlogose insbesondere, nicht besitzt. Es ist ihnen unmöglich, zu begreifen und zu
glauben, daß eine so einfache und indifferente Substanz, wie das Wasser,
so mancherlei, und noch dazu heterogene Wirkungen soll entfalten
können, wie es z. B. wärmeentziehend und wärmeerregend, beruhigend und
belebend, ja krampfstillend und schlafbringend zu wirken vermag, daß es
unter Umständen als Diaphoreticum und Diureticum, als Tonicum und als
Relaxans seine Wirkung soll erweisen können. Daneben ist es unterdessen
höchst erfreulich zu sehen, wie die erhabenen Entdeckungen des unsterb-
lichen *Prießnitz*, ich möchte sagen, alljährig in der Materia medica an
Boden gewinnen und wie die Verachtung jener verkannten Heilweise in
der Schule abnimmt. Wie sehr wird schon auf vielen Universitäten,
nachdem meines Wissens, unter der Reihe der Professoren, *Schönlein*
hier voranging, die hydriatrische Behandlung des Typhus und mit
welchem außerordentlichen Erfolge cultivirt! — Wie außerordentlich vortheilhaft hat sich während der Feldzüge der letzten Jahre ein anderes
Agens, das gleichfalls von jenem Heros, im Vollgewichte seines Werthes
in die Materia hydrotherapeutica eingeführt wurde, die frische, reine Luft,
bei hydriatrischer Behandlung in den Feldlazarethen, besonders gegen den
Typhus, bewiesen!

Natürlich findet der mit der Wasserkur Vertrautere die Art und
Weise, wie die Aerzte das Wasser anwenden, theils principienlos, theils
gänzlich inconsequent. So z. B. ist es gestattet, bei Meningitis, vielleicht
die erisipelatöse Form ausgenommen, (warum? weiß Niemand) kalte Kopfumschläge, ja unter Beiziehung von Schnee und Eis, zu appliciren, bei
Croup lehrt Solches wenigstens die Schule nicht, und gegen Pneumonie,
ob biliosa, rheumatica oder welcher Art sie sei, ist die Wasserkur ganz
verpönt, gegen Pericarditis „unter Umständen" gestattet, desgleichen

sogar gegen Peritoneitis puerperalis, ohne daß es einem Sterblichen möglich wäre, einen rationellen Grund für diese widersprechenden Anschauungen aufzufinden.

Eine andere Inconsequenz besteht darin, daß, wo Wärmeentziehung indicirt ist, z. B. bei Meningitis, diese nur local, aber nie allgemein instituirt wird. Ich glaube, daß ich der Sache den richtigen Ausdruck gebe, wenn ich sage, daß das Wasser für den Medicinarzt ein Medicament, für den Wasserarzt eine Methode oder ein System repräsentirt, indem die Application der vollen Wasserkur nicht bloß die Anwendung des Wassers, sondern eine Menge physiologischer Heileingriffe in sich schließt, unter denen die Luft der nicht unbedeutendste ist. — Wollte ich meinen Gegenstand in medicinischer Weise behandeln, so wäre meine Aufgabe leicht und bald zu Ende gebracht. Die Art aber, wie von den Verfassern der Handbücher über Pharmacodynamik die einzelnen Heilkörper mit Empfehlungen und Anpreisungen in die Welt gesandt werden, kann unmöglich hier genügen. Zwischen Dem, was ein Arzneikörper in Krankheitsfällen zu leisten vermag, und der Empfehlung, die dem angehenden Arzte davon gegeben wird, liegt eine für das Denkvermögen schwer zugängliche Kluft, deren Dunkelheit durch die darin ruhende „Erfahrung" nur mäßig erhellt wird. Ganz entgegengesetzter Art ist Das, was man von der Wasserkur zu erwarten berechtigt ist. Dunkler Köhlerglaube wird zu ihrem Verständniß nicht erfordert, er würde schaden. Klar, wie das Hauptelement, muß es dabei dem Arzte jederzeit möglich sein, die Größe und Bedeutung der zu bekämpfenden Affection, die Tragweite seines Einwirkens und Erfolges genau zu ermessen, und wenn mir es nicht gelingt, diese Anschauung zu verbreiten, dann kann ich doch sagen, daß die Schuld nur an meiner Ungeschicklichkeit liegt.

Soll ich nun meine schwierige Aufgabe mit einiger Präcision lösen, so ist es unerläßlich, den höchst complicirten Vorgang, den man unter den Begriff „Entzündung" faßt, in seine Grundfactoren zu zerlegen, um Handhaben zu finden, theils für die daraus herzuleitende Therapie, theils um mich überhaupt verständlich machen zu können, wenn ich die hydriatrische Therapie der medicinischen gegenübersetze. Selbstverständlich könnte es keinen praktischen Werth haben, wenn ich mich in Erörterung der, auf beiden Seiten meines Weges hoch angehäuften, wissenschaftlichen Streitpunkte einlassen wollte, da die Therapie schwerlich hierbei Stützpunkte finden würde; vielmehr dürfte es genügen die wesentlichen Factoren des Entzündungsprocesses flüchtig zu skizziren.

Der organische Vorgang, der sich durch Schmerz, Geschwulst, vermehrte Wärme und Abänderung im Nutritionsproceß ausspricht, nimmt seinen Ausgangspunkt von einer Reizung. Irgend eine Noxa hat eine solche an einer gefäß- und nervenreichen Stelle bewirkt, es entsteht Schmerz, welcher durch die sensitiven Nerven in dem Centralorgane des Nervensystems zum Bewußtsein gelangt. Auf dem Wege der Synergie und des Reflexes wird, durch Vermittelung des organischen Nervensystems, das Gefäßsystem in Mitleidenschaft gezogen, und es treten an der Reizungsstelle eine Reihe pathologisch-anatomischer Vorgänge auf, die hier näher in's Auge zu fassen sind. Auf Grund mikroskopischer, an durchsichtigen Stellen lebender Thiere gemachter Erfahrungen, kann angegeben werden, daß auf eine Localreizung zunächst Gefäß-Verengerung mit beschleunigtem Blutlauf, später vermehrter Blutandrang, unregelmäßige Bewegung der Blutkörperchen, zuletzt Verlangsamung ihrer Reise und vollständiges Stillstehen in dem, mittlerweile erweiterten Gefäßrohre einzutreten pflegt. Aus den erweiterten und dadurch verdünnten Gefäßwandungen tritt Blutserum, in welchem sich die Hüllen der Blutkörperchen aufgelöst haben, leichter durch und mit diesem Blutsalze und Eiweiß und Faserstoff. Als das eigentliche pathognomonische Zeichen des Entzündungsprocesses wird ziemlich allgemein die Störung im Nutritionsprocesse angenommen, die unter dem Einflusse des in Reizung begriffenen, organischen Nervensystems in gesteigerter Attractionskraft von Seiten der die entzündete Stelle umgebenden Gewebetheile auf die Blutflüssigkeit besteht, und zu vermehrter Exosmose Veranlassung gibt. Diese, wiewohl von der Norm abweichenden Verhältnisse liegen den normalen Vorgängen übrigens noch so nahe, daß in diesem Stadium eine restitutio in integrum, ohne nachhaltige Störung, als leicht möglich anzusehen wäre, wenn keine weiteren, die Abnormitäten wesentlich fördernden Einflüsse sich kund geben. Und hier bin ich an der Stelle angekommen, den Stoff zu nennen, der dem Entzündungsproceß vorzugsweise das Specifische der krankhaften Erscheinungen verleiht, die als charakteristische Ausdruckserscheinungen desselben angesehen werden. Es ist dieses der Sauerstoff, der an die Blutkörperchen gebunden, mit diesen im normalen Zustande durch den ganzen Organismus reisend, überall der Erreger der organischen Stoffmetamorphose und gleichzeitig der Lebenswärme ist. Die über die Norm reichende Concentration der Blutkörperchen, an der in Entzündung begriffenen Stelle, die größere Attraction der Gewebselemente zur Blutmasse, gestatten es nicht länger, daß die vitalen Vorgänge in den Grenzen des Normalen sich bewegen: sie weichen davon ab, sie werden krankhafter Art. Zu-

nächst sind es die Zufälle der Röthung und Wärmesteigerung, die durch
seine Action zur Wahrnehmung gelangen, und letztere Eigenthümlichkeit
ist nicht blos eine subjectiv, sondern auch objectiv constatirbare. Als
Ursache der Röthung der in Entzündung befangenen Gewebstheile hat
man seither die Concentrirung vieler Blutkörperchen, Stauung derselben,
Auflösung ihres Farbestoffes im Blut-Plasma und Ueberführung desselben
in die Gewebstheile allgemein angenommen. Nachdem aber bereits *Claude
Bernard* nachgewiesen hatte, daß das venöse Blut der Nieren hochroth
ist, wenn sie ausscheiden, hingegen schwarz ist, wenn sie ruhen, so lag
die Vermuthung nahe, daß, sowie die Röthung des arteriellen Blutes
überhaupt, so auch die größere Röthung des venösen, von der Einwirkung
des Sauerstoffes abhänge. So fand er im arteriellen Blute der Nieren
19,46, im rothen venösen 16,26, im schwarzen venösen 6,40 % Sauerstoff.

Ester und *St.-Pierre* wiederholten die Versuche von *Claude Bernard*
und kamen bezüglich normaler Vorgänge zu ähnlichen Resultaten; dabei nicht
stehen bleibend, erregten sie durch Cauterisationen Entzündung an Hinter-
schenkeln von Hunden, untersuchten auf der Höhe derselben das Blut
beider Hinterschenkelvenen, bezüglich ihres Sauerstofgehaltes, mit dem
Endergebniß, daß auf 100 Volum Blut im kranken Beine der Sauerstoff-
gehalt 3,60 bis 6,14; im gesunden Beine aber nur 2,37 bis 2,41 betrug;
gleichzeitig fanden sie auch auf der entzündeten Seite den Kohlensäure-
gehalt im venösen Blute größer, als auf der gesunden. Zu gleichen
Resultaten gelangte Professor *Otto Weber* in äußerst feinen Untersuchungen mittelst eines thermoelectrischen Apparates, indem er die
Wundumgebung am Wärmsten, aber auch die Temperatur des benachbarten Venenblutes erhöht fand, ohne daß letzterer Umstand ihn (ebenso
wie *Billroth*) bestimmen konnte, mit *Zimmermann* übereinzustimmen, der
von dieser Wärmeerhöhung des venösen Blutes die Zunahme der Körper-
temperatur im Allgemeinen herleitete. Ueber letzteren Punkt äußert sich
O. Weber: „Bedenkt man nur, daß mit jedem Fieber eine Abmagerung
verbunden ist, die um so stärker ist, je intensiver das Fieber, oder je
länger es andauert, so kann es nicht zweifelhaft sein, daß im Fieber ein
gesteigerter Umsatz im Großen, weit über den Entzündungsherd hinaus,
stattfindet, daß in der That das Fieber in diesem Sinne ein Allgemein-
werden der Entzündung genannt werden kann, welche Ansicht schon von
älteren Aerzten ausgesprochen wurde. Daß diese Steigerung des allgemeinen Stoffwechsels durch eine Infection des Blutes, durch Producte
des örtlichen Processes, welche das Blut geradezu vergiften, geschieht,
wird durch die neuesten Versuche von *Billroth* und mir immer evidenter.

Wir können uns denken, daß diese Producte des Infects wie ein Ferment wirken und den Umsatz in allen Geweben, mit denen sie durch das Blut in Austausch gebracht werden, direct zu befördern im Stande sind".

In ähnlichem Sinne äußerte schon *Eisenmann* 1835: „Das Fieber ist eine allgemeine, aber schwache Entzündung: und die Entzündung ist ein örtliches, auf einen relativ kleinen Raum beschränktes, aber heftiges Fieber". Ich bleibe bei diesem Vergleiche noch einen Augenblick stehen, um eine für die Hydriatrie und Diagnostik wichtige Beobachtung von *Robert de Latour* (Union méd. v. 13. und 15. Febr. 1862) anzureihen. Bekanntlich kann das Verhältniß des Fiebers zu der daneben bestehenden Entzündung ein zweifaches sein, indem sowohl das Fieber das Primäre und die Entzündung der Folgezustand, als Dieses auch umgekehrt der Fall sein kann. In ersterm Fall nennt *R. de Latour* das Fieber ein essentielles, im andern ein symptomatisches. Als einen diagnostischen Unterschied für beide Formen fand er den Ausweis der Wärmevermehrung, indem nach seiner Beobachtung bei symptomatischen Fiebern die Temperatur nie 39° C. übersteigt, bei essentiellen aber 41° C. erreichen kann.

Die Ansichten der Physiologen über die Ursache der Wärmevermehrung bei Entzündungen und Fiebern sind noch nicht als abgeschlossen zu betrachten, insbesondere hat die Ansicht von *Traube*, daß die aus tonischer Contraction der Haargefäße hervorgehende Verminderung der Hautausdünstung und Lungenexhalation jene bedinge, allgemeine Zustimmung noch nicht gefunden.

Mantegazza fand, daß schon bei einfachen Congestivzufällen die Temperatur an den hyperämischen Stellen stieg. Eine bekannte Thatsache ist es, daß die Blutvertheilung wohl nie im Menschen eine gleichmäßige ist, daß die Organe vielmehr, die in vorzugsweiser Entwickelung oder Anstrengung und Erregung begriffen sind, blut- und wärmereicher sich ausweisen, als andere. Dieser Befund kann nicht die nothwendige Folge anatomischer Verhältnisse, oder der specifischen Einwirkung der vasomotorischen Nerven auf das Blut, sein, vielmehr wird es wahrscheinlich, daß er auf einer Attraction der Organbestandtheile gegen das Blut (Ansicht von *Virchow*) beruht.

Diese, allen Organen im gesunden Zustand inne wohnende, Eigenthümlichkeit, nach Maßgabe ihrer Thätigkeit das Blut anzuziehen und mit ihm in innigen Verkehr zu treten, bleibt auch inmitten eines krankhaft gesteigerten Nutritionsprocesses, als welcher ein Entzündungsproceß anzusehen ist, muthmaßlich in ihrer Wesenheit bestehen, so daß wir auch hier die Quelle der Wärme vorzugsweise in übergroßer Einwirkung des Sauerstoffes, nicht bloß auf die Organtheile, sondern auch die Blutflüssigkeit, also einen gesteigerten Verbrennungsprocess, als Ursache der Wärmeerhöhung bei fieberhaften Leiden, anzusehen haben.

In ähnlicher Weise dürfte die Pulsfrequenz auf die Einwirkung des qualitativ veränderten, mehr Sauerstoff und Wärme führenden Blutes auf die Herznerven, das locale Pulsiren der Arterien auf locale Reizung im organischen Nervensysteme zurückzuführen sein.

Zur Erklärung der Wärmeerzeugung, bei normalen Lebensvorgängen, zieht man verschiedene Factoren in Rechnung, unter denen die chemische Verbindung, die der, aus der atmosphärischen Luft aufgenommene, Sauerstoff eingeht, bei Weitem der wichtigste ist. *Dulong* und *Gavarret* berechneten, daß die auf diesem Wege gelieferte Wärme 92,3 % der menschlichen Wärme betrage.

Dr. *Auerbach* fand, daß die durch Verbrennung des Wasserstoffes gebildete Wärme approximativ 4-mal größer ist, als die aus der Verbrennung des Kohlenstoffes hervorgehende, indem das Verhältniß 38 : 8 ist. Vielleicht läßt sich aus diesem Verhalten der größere Durst, und die bei lange dauernden Fiebern relativ geringe Abmagerung erklären.

Werfen wir hiernach noch einen flüchtigen Blick auf den ganzen Vorgang, den wir mit dem Ausdruck Entzündung bezeichnen, so finden wir, daß die ursprünglich einfache Läsion immer mehr sich complicirt und am Ende so verwickelt wird, daß kein Mensch in dem Wirrsal der Erscheinungen Ursache und Wirkung zu scheiden vermag.

Die ursprünglich locale Läsion ruft durch Vermittelung der centripetalen sensitiven Nerven eine Reaction im organischen Nervensystem hervor: die gereizte Stelle wird zum Anziehungspunkt für die Blutmasse. Der hier concentrirte Sauerstoff geht mit den in Erregung begriffenen, benachbarten Gewebstheilen sowohl, als mit dem Inhalte der Blutflüssigkeit, insbesondere dem Eiweiß- und Faserstoffe, innige Verbindungen ein, wodurch dieselben zu gerinnen geneigter werden, weßhalb *Mulder* die sog. Crusta phlogistica Proteïnbioxyd und Proteïntrioxyd nennt. Das an der entzündeten Stelle veränderte Blut tritt zum Theil durch Venen zur Gesammtblutmasse über und bewirkt, einem Ferment ähnlich, Blutveränderungen, die sich ebenfalls durch ihre Neigung zum Gerinnen des Eiweißes und Faserstoffes charakterisiren, und in Gemeinschaft mit der, durch die gesteigerte Action des Sauerstoffes bewirkten, Wärmesteigerung die Erscheinungen in's Dasein rufen, die man unter den Begriff „Fieber" subsumirt.

Der ersten Einwirkung der krankhaften Blutmasse auf die organischen Nerven des Herzens folgt, als Rückschlag, Frost in Folge von krampfhafter Contraction in den peripherischen Capillargefäßen, welchem Krampf in den Gliedmaßen zur Seite geht, als Zittern, Zähneklappern, Gähnen etc. Je feindseliger der Stoff ist, der die gesammte Blutmasse vergiftete, desto heftiger der Frost; Eiter und Jauche, die z. B. nach Phlebitis in die Blutmasse gelangen, bewirken den heftigsten Schüttelfrost. Mit dem Nachlaß dieser Krampferscheinungen erweitern sich die Capillarien, es erfolgt vermehrte Wärmeausstrahlung.

Die Ernährung des Gesammtorganismus geschieht mittelst eines von der Norm abweichenden Blutes, und es liegt in der Natur der Sache, daß sich allenthalben, insbesondere vom Centralnervensystem aus, das Gefühl von Kranksein und Schwäche kund gibt. Weiterhin werden auch alle Se- und Excretionen abnorm ; und für eine wissenschaftliche Forschung verschließen die sich von allen Seiten begegnenden und kreuzenden Abnormitäten das klare Verständniß.

Das flüchtige Gemälde des Entzündungsvorgangs im Allgemeinen, das ich ausgeführt habe, um mich bezüglich der zu erörternden Behandlung verständlich zu machen, wäre noch durch Erörterung der Ausgänge des Entzündungsprocesses zu vervollständigen. Der Hauptaufgabe gegenüber können nur zwei Ausgänge hier von Interesse sein, der in Ausschwitzung und der in Zertheilung. Ich würde mich gegen meine Leser versündigen, wollte ich bei dem ersten Punkte länger verweilen, ich wende mich vielmehr zum Schlusse dieser flüchtigen Untersuchung, nachdem ich noch die Frage berührt habe, auf welche Weise Heilung erfolgen kann und welchen Heilplan der Arzt zu entwerfen hat, um diesem gemäß, die ihm geeignet scheinenden Eingriffe folgen zu lassen. Ich habe nicht nöthig, zu bemerken, daß nicht der Arzt, sondern die Natur heilt, daß die Stellung des Arztes der Art ist, daß er die Bedingungen herbeizuführen hat, unter denen es dem Organismus am Leichtesten möglich ist, unter Erhaltung einer Integrität, die abnormen Zustände zu beseitigen.

Im Allgemeinen lassen sich, dem Entzündungsprocesse gegenüber, einige allgemeine Indicationen aufstellen, die wohl allgemeiner Anerkennung sich erfreuen dürften.

Die 1. ist, die ursprünglich durch den krankmachenden Reiz gesetzte Läsion auf ein Minimum herabzusetzen, zu welchem Zweck die reizende Ursache (wo möglich) zu entfernen, weitere Reizungen, so weit dieses geschehen kann, fern zu halten sind.

Die 2. Aufgabe ist, die Einwirkung auf das sensitive Nervensystem und von diesem, auf dem Wege der Synergie und des Reflexes, auf das organische Nervensystem fern zu halten, oder möglichst herabzusetzen; mit andern Worten: die Betheiligung des Gefäßsystems, und insbesondere die Anstauung der Blutkörperchen und mit ihnen die des Verderben bringenden Sauerstoffes, zu verhüten.

Die 3. ist, den nachtheiligen Einfluß fern zu halten, den die am Entzündungsherde eingeleitete Blutveränderung auf die Gesammtblutmasse auszuüben droht. Weiterhin sind noch solche Erscheinungen zu beseitigen, von denen aus dem Organismus eine besondere Gefährdung werden kann.

Nach dieser Abschweifung wende ich mich direct zur Lösung meiner Aufgabe zu der

§ 8. Behandlung des Croup.

Ehe ich meine speciellen Anschauungen und Erfahrungen vortrage, darf es mir gestattet sein, einen Blick auf die seitherige Behandlungs-weise des Croup zu werfen, und zu fragen, wohin haben uns die zahl-losen Forschungen und Erfahrungen der größten Aerzte mehrerer Jahr-hunderte geführt? Welche Mittel, welche Methoden haben sich bewährt, welche nicht? Ich glaube im Sinne vielleicht der meisten Aerzte zu reden, wenn ich sage:

An der Behandlung des Croup bewährt sich die Regel: „je mehr Mittel und Methoden gegen eine Krankheit empfohlen sind, um so weniger ist von ihrem Werthe zu halten". Ferner: Es gibt kein einziges Mittel, keine einzige Methode, die sich der allgemeinen Zustimmung des ärztlichen Standes zu erfreuen hätte, und demgemäß gibt es kein einziges sog. Spe-cifikum gegen die Bräune. Und wenn ein solches angepriesen würde, welcher vernünftige Arzt könnte daran glauben? Auf welchen der Ent-zündungsfactoren sollte es sich beziehen? Die Schule hat sich stets, der Bräune gegenüber, auf den Standpunkt der Eklektiker gestellt. *Broussais* und *Rasori*, die iatrochemischen und iatromathematischen Principien, auch die der Specifiker finden sich vertreten und man kann sagen, alle hervor-ragenden Heilschätze der Materia medica haben, der Bräune gegenüber, die Probe bestehen müssen, sind oft äußerst belobt, zuletzt dem Danaiden-fasse der Obsolescenz überantwortet worden. So lange jedoch die Di-phtheritis als neuer causaler Factor sich nicht in die Tagesordnung, als frecher Eindringling, mischte, bestand eine gewisse Einhelligkeit unter den Schulen und Coryphäen der Wissenschaft, und die Divergenz bezog sich auf Fragen untergeordneten Ranges.

Die Diphtheritis brachte aber, namentlich in den letzten 20 Jahren,

eine solche Verwirrung in die Lehre von der Bräune, daß ein angehender
Schüler Aesculaps, der sich bei der Schule der Gegenwart Raths erholen
muß, leicht zu dem Resultat gelangen kann, mit dem Schüler des Me-
phisto auszurufen: „Mir wird von alle Dem so dumm" etc. Diejenigen
Aerzte nämlich, die in der Neuzeit vielfache Gelegenheit hatten, Diphtheritis-Epidemieen zu beobachten und Fälle von diphtheritischem Croup
in größerer Anzahl zu behandeln, haben mehrfach das Kind mit dem Bade
ausgeschüttet und die nicht diphtheritischen Formen geleugnet, haben
nirgends reine Entzündungsformen gesehen, und erfinden den Ausweg (z.
B. *Friedr. Pauli*), die Fälle von Croup, in denen kein einziges specifisches Zeichen der Diphtherie nachweisbar ist, als locale Diphtheritis, im
Gegensatze zu der constitutionellen, aufzuführen und kämpfen gegen das
von älteren Aerzten unter, ich möchte sagen, fast allgemeiner Einhelligkeit in die erste Schlachtlinie gestellte Verfahren, mit Blutentziehungen
vorzugehen. So spricht *Pauli* (Der Croup v. Dr. *Fr. Pauli*, Würzburg
1865, p. 109 Z. 9.): „Wo in einer Krankheit Athemnoth sich einstellt,
hat der medicinische Volksglaube von jeher das Heilmittel im Blutablassen
gesucht, und so konnte es nicht ausbleiben, daß auch im Croup, wie im
Pseudocroup, nach der Volksansicht Blutentziehungen in erster Reihe auf
dem Felde der Therapie standen. Was bei den Laien namentlich die
Athemnoth verlangte, statuirten die Aerzte durch Annahme von Entzündung. Die Blutentziehungen sollten nicht allein die Entzündung heilen,
sondern auch die durch sie hervorgerufene Membranbildung. Man kann
es nur dem, zur Zeit von der Antiphlogose umnebelten Geiste der Aerzte
überhaupt, sowie insbesondere der Verwechselung des wahren Croup mit
dem Pseudocroup beimessen, daß dieses Mittel so lange beim Croup in
einer gewissen Geltung sich zu erhalten vermochte, und trotz seiner Wir-
kungslosigkeit, ja offenbaren Schädlichkeit, in der allgemeinen, wie localen
Diphtheritis, selbst bis heute noch nicht gänzlich in den Bann gethan
wurde. Ein halbes Dutzend Blutegel am Halse heilt keinen Croup, wohl
aber beschleunigt es durch schnellere Erschöpfung der Kräfte den tödtlichen Ausgang" etc. Allgemeine Blutentziehungen, wenn gleich auch
sie in früheren Jahren große Lobredner fanden, sind wohl jetzt von der
Schule gänzlich verbannt, und gewiß für alle Zeiten, wenn die Hydriatrie
zu ihrer verdienten Würdigung gelangt sein wird. Gegen die örtlichen,
äußerlich am Halse oder Kopfe instituirten, habe ich, wie ich es aus eigener
Erfahrung weiß, zu erinnern, daß sie auf die Rückbildung des Entzündungsprocesses so gut wie gar keinen Einfluß üben. Die Ramificationen
der Capillargefäße erfolgen flächenhaft, nie in anderer Weise, und in den

Füllen, wo es möglich ist, die locale Blutentziehung in der Fläche des
entzündeten Organs vorzunehmen (z. B. bei Metritis in der Vagina, an
dem Collum uteri; bei Conjunctivitis in der Nähe des Auges), erweisen
sich Blutegel recht nützlich, ohne daß ich ihrer Anwendung in irgend
einem Fall principiell einen Vorzug hier vor der hydriatrischen Antiphlogose zugestehen will, da Letztere den möglichst wissenschaftlichen Ausbau
noch zu erwarten hat.   Aber, frage ich, warum hat man es nicht versucht, künstliche Blutegel zu construiren, um durch sie (etwa in der Form
eines langen *Troikarts*) nöthigenfalls in der Chloroformnarcose, möglichst
nahe an dem Kehlkopf eine Blutentziehung zu bewirken?   Die Blutentziehungen haben übrigens große Nachtheile; man entfernt mit den Trägern
des Sauerstoffes die Blutflüssigkeit leider! nicht aus dem in Stase begriffenen
Gebiete, sondern aus der frei sich bewegenden Masse, und mit ihr einen
namhaften Theil der Lebens- und zur Heilung sehr wichtigen Reactionskraft.   „Des Menschen Leben liegt in seinem Blute", sagt Hufeland.   Die
ganze Krankheit tendirt durch massenhafte Exsudatbildung zur Adynamie
und die Kunst befördert diese noch direct, daneben erweist sich nach
der Entziehung von Blut dieser Träger des Lebens viel dünner, permeabler,
daher zur Ausschwitzung viel geneigter.   Deßhalb haben sich bezüglich
der Pneumonie so viele Stimmen der Aerzte gegen Blutentziehungen ausgesprochen.   Auch die Anwendung medicinischer Hautreize, weit entfernt,
sie unwirksam nennen zu wollen, hat sehr bedeutende Nachtheile.   Die
ohnehin gemarterten Kinder werden dadurch aufgeregt, des Schlafs beraubt,
zum Weinen gebracht, da jede Bewegung den Schmerz an der gereizten
Stelle vermehrt.   Durch die entzündliche Hautreizung wird die entzündliche Blutverfassung gesteigert und die Erregtheit im Gefäßsystem erhöht.
Das sind Nebenwirkungen, die hoch anzuschlagen sind!

Einen sehr großen Werth hat man von jeher auf solche Mittel gelegt,
die in andern Provinzen des Nervensystems eine heftige Revulsion hervorrufen; das Brechmittel steht oben an, ihm folgt das Calomel und andere
Mittelsalze.   Das Brechmittel insbesondere ist vielleicht in der Gegenwart
das von allen Aerzten am meisten geschätzte, besonders weil man ihm, neben
seiner ableitenden, noch eine diaphoretische und eine eigenthümliche, ich
möchte sagen, mechanische, auf die Ablösung und Ausstoßung bereits gebildeter
Membranen gerichtete, Wirkung zuschreibt.   Ich will bei Beurtheilung dieses
Mittels ganz absehen von dem, gewiß nicht gering zu erachtenden, Nachtheil,
den insbesondere der Brechweinstein auf die Magen- und Darmschleimhaut
ausübt, ferner, auf den Nachtheil des Actes des Erbrechens, ja auch die
ostensible Gefahr bei Ueberfüllung der Kopfgefäße mit Blut, dem treuen

Begleiter des Croup, und nur zwei Fragen der Beantwortung vorlegen:
1. Vermag das Brechmittel die noch im Lauf begriffene croupöse Entzündung zu heben? oder mit anderen Worten: ist es schon beobachtet worden, daß das vor Darreichung des Brechmittels deutlich vernehmbare
Bräuneathmen kurze Zeit nach erfolgtem Brechacte unvernehmlich war?
2. Was ist von Brechmitteln in Absicht auf die Loslösung und Herausbeförderung der bereits gebildeten Pseudomembranen zu erwarten?

Schon *Joh. Müller* bemerkt, daß, wenn Revulsivmittel zur Beseitigung einer andern Affection in Anwendung kommen, nur dann durch
den gesetzten Gegenreiz eine vorübergehende oder dauernde Ablenkung
der Blutströmung von dem Krankheitsherd zu erwarten steht, wenn letzterer eingehender und nachhaltiger die reflectorische Thätigkeit im Gefäßsystem beansprucht, als der Krankheitsreiz. Eine Wirkung, die stärker
wäre als die Ursache, welche die eingetretene croupöse Entzündung im
Fortschritt hält, kann ich, unbeschadet der Anschauung und Erfahrung
anderer Aerzte, weder vom theoretischen noch praktischen Standpunkte
von dem Brechmittel erwarten. Stellen wir aber den Brechact in seinem
Mechanismus noch so günstig dem anderen Punkte gegenüber, dem, auf
mechanischem Wege zur Ausstoßung von Pseudomembranen beizutragen,
so wird die Möglichkeit der Realisirung dieser Heilabsicht doch nur in
höchst beschränktem Grade zu gewärtigen sein, nur in ganz besonderen
Fällen, und auch da nur mit höchst precärem Heilresultate.

Bei den allerdings nicht sehr zahlreichen von mir gemachten Sectionen von am Croup erlegenen Kindern, habe ich zum Theil Pseudomenbranen vorgefunden, deren Größe ihren Durchtritt durch die enge
Glottis und die viel weitere Canüle nicht zuließ; anderntheils waren die
Membranen, an beschränkten oder ausgebreiteten Stellen so fest mit ihrer
matrix verbunden, daß ihre Ablösung von dem Mutterboden eine namhafte, unmöglich vom Brechacte zu erwartende, Kraft erheischte. Kleinere
Fetzen solcher Membranen können sich, wie alle bewährten Beobachter
annehmen, ablösen und eliminirt werden, wenn sie durch neue Nachschübe vom Mutterboden geschieden, nur in lockerem Verbande mit der
secundären Membran vereinigt sind. Für rationell kann ich diese ärztliche Intention unmöglich halten, wie ich bei Besprechung der Ausgänge
der Krankheit angegeben habe. Sollte sie Dieses sein, so müßte vorher
die Entzündung vollständig gehoben, am Orte der Entzündung nicht die
Exsudatbildung, sondern die Resorptionsthätigkeit und zwar in hohem
Grade herrschend, das Exsudat also im Begriffe sein, sich vom Entstehungsboden abzulösen und nach chemischen Gesetzen zu zerfallen: Vor-

gänge, die nur bei hydriatrischer Behandlung beobachtet werden. Aber auch für diesen Fall hielt ich seine Entfernung noch für leichter zu ermöglichen, durch gewaltige Exspiration, wenn die vorausgegangene Inspiration so ausgiebig war, daß eine große Menge von Luft jenseits des Detritus eingeführt wurde. Dieses Verhältniß ist meines Erachtens eher durch ein kaltes Regenbad herzustellen, wobei die Stimmritze sich erweitert und die Inspiration die größte Ausgiebigkeit erlangt, als durch den Mechanismus des Erbrechens.

Weit weniger als den erwähnten medicinischen Heileingriffen ist der Empfehlung der großen Menge von Arzneistoffen, deren Werth vom iatrochemischen Standpunkte erwartet wurde, als dem Calomel, Nitrum, den Alkalien ein wissenschaftliches Verständniß abzugewinnen. Sie sollen der Neigung des Blutfaserstoffes, zu gerinnen, entgegenarbeiten. Selbst wenn sie ihr Mandat erfüllten, bliebe ihr Werth sehr zweifelhafter Art, da doch die Heilaufgabe die ist, die Ursache, die dem Blutfaserstoff die Neigung, zu gerinnen, verleiht, fern zu halten, mit andern Worten zunächst den Entzündungsproceß zum Stehen zu bringen. Ist Dieses aber geschehen, dann bedarf es keines Nitrums und Calomels, das frische klare Brunnenwasser leistet für sich allein das noch Fehlende. Ich schließe hiermit die Betrachtung über den Werth der medicinischen Heilmittel, wie sie die Schule als rationell statuirt, ab, und überlasse es dem Leser, die Licht- und Schattenseiten nach seiner Ansicht und Erfahrung zu erweitern, um schließlich die Frage zu erheben: kann ein Arzt, der einem ernstlichen Bräunefall gegenübersteht, auch bei accuratester wissenschaftlicher Erörterung aller denselben constituirenden Specialitäten, bei sorgfältigster Erwägung der ihm zu Gebote stehenden Mittel, eine innere therapeutische Beruhigung, das Gefühl von Sieges-Zuversicht finden, etwa wie ein tüchtiger Musiker, der sich anschickt, auf seinem vertrauten Instrumente eine Melodie vorzutragen, oder wie ein erfahrener Chirurg, der sich anschickt, eine Operation zu machen, die ihm oftmals geglückt ist?

Und wenn alle Aerzte der Welt Ja sagten, Tausende von Müttern und unzählige Leichensteine würden diese Behauptung Lügen strafen.

§ 9. Hydriatrische Behandlung der häutigen Bräune.

„Die ärztliche Kunst hat seit der hellenischen Zeit so gut wie keine Fortschritte gemacht: sie muß auf neuer Grundlage aufgebaut werden."   *Schönlein.*

Die oben ausgesprochene Heilansicht suche ich in der Weise zu realisiren, daß ich durch locale und allgemeine Wärmeentziehung die ur-

sprüngliche Reizung in ihrer Reflexwirkung herabsetze, durch Reizung
der Haut den Blutstrom vom Entzündungsherde ablenke, gleichzeitig
auf diesem Wege, sowie durch enorme Wärmeentziehung, theils der
Action des Sauerstoffes ein neues Feld biete, theils die Resorption im
äußersten Grade bethätige, mit einem Worte, sämmtliche Entzündungsfactoren auf retrograden Weg bringe. Ich führe bei gesteigerter Wärme (also dem 1. und 2. Stadium) den ersten Angriff so
aus, daß unter allen Umständen die Entzündung sofort auf den Weg
der Rückbildung treten, in nicht sehr vorgerückten Fällen aber während
des Angriffs weichen muß. Mit andern Worten: In der Hälfte der Fälle
wird das mit Bräune-Zeichen behaftete Kind nach dem ersten Angriff ohne
solche aus dem Bade erhoben, in anderen Fällen muß der Angriff meistens
in gemäßigtem Grade, ein- oder mehreremale wiederholt werden. Das
Verfahren im 3. Stadium unterscheidet sich hiervon blos dadurch, daß
dem Hauptangriff gewöhnlich mehrere kleinere — dem Stande der Wärme
entsprechend und in der Absicht, ihre Production zu heben — vorangehen müssen und daß man sich hierbei auf die dynamische Seite stützt.

Den Schwerpunkt des Verfahrens finde ich in der Tiefe und Nach-
haltigkeit des Angriffs, der bis zu der Grenzlinie des auf diesem Wege,
vernünftiger Weise Erreichbaren reicht; ich würde sagen, ich greife die
Sache auf Tod und Leben an, wenn dieser Ausdruck nicht zu dem Miß-
verständnisse führen könnte, als ob das Verfahren selbst, das, wie sich
zeigen wird, das unschuldigste von der Welt ist, irgend eine neue Gefahr, dem ohnehin bedrohten Patienten, bringen könnte.

Es ist wichtig, daß, ehe man zur Operation schreitet, alle Gegen-
stände, deren man vom Anfang bis zum Schluß bedarf, bereit liegen,
und zwar:

1) Ein Badgefäß, das der Wasserersparniß halber, am Besten länglich
   und so geräumig sein muß, daß Patient nicht blos mit ausgestreckten Füßen darin sitzen kann, sondern auch noch für die
   Manipulationen der Badedienerschaft einen gehörigen Spielraum in
   der Rundung beläßt. Es soll zwischen sechs bis acht Zoll tief sein.
2) Vier lange, dicke Handtücher oder Servietten.
3) Ein Betttuch (besser zwei).
4) Eine Gießkanne mit abnehmbarem Sieb.
5) Ein gutes Bett, insbesondere eine Federdecke.
6) Eine wollene Decke, oder etwas Aehnliches.
7) Eine Quantität heißen Wassers.
8) Ein Gefäß mit Wasser von 10^0 R.

9) Ein solches mit Wasser von 2 — 8° R. (zur Abkühlung der Umschläge).

10) Kaltes und heißes Wasser in Reserve.

Die Ausführung des Bades ist mindestens zwei Personen zu übertragen, es ist aber gut, wenn man über 6 — 8 zu verfügen hat, besonders gut, wenn dieselben jung, kräftig und willig sind. Personen, die sehr rauhe Hände haben, oder keiner großen Kraftanstrengung fähig sind, benütze man, um Handreichungen zu machen, Umschläge zu wechseln, aber nicht bei den Frictionen.

Wichtig ist es auch, dafür Sorge zu tragen, daß den Badedienern möglichste Bequemlichkeit geboten werde; wo es geht, soll die Badewanne auf eine Unterlage gestellt werden, so daß das Personal, wenigstens zum Theil, sitzend seine Aufgabe ausführen könne. Die Verunreinigung des Zimmerbodens wird durch, über denselben ausgebreitete alte Decken, verhütet. Die Badeoperation ist, womöglich bei einer Zimmertemperatur von 14 — 16° R., aber nie in der Nähe eines warmen Ofens, vorzunehmen. Gut ist es, die Zimmerthüre abzuschließen, sobald die Entkleidung des Kranken beginnt. Entweder muß der Arzt, oder in seiner Abwesenheit ein wohl unterrichteter Badediener die Leitung der Operation übernehmen. Den Zeitraum, der mit Herbeischaffung der Baderequisiten verstreicht, benutze ich eines Theils zur möglichst genauen Untersuchung des Falls, (namentlich der Ausbreitung der Affection auf die Lungen, des Pulses, der Wärme, Anamnese, Constitution), theils zu einer kleinen Vorkur. Bei Letzterer verfolge ich den Plan, eine in allen Theilen möglichst gleichmäßige Temperatur herzustellen, den Körper durch Erhöhung seiner Eigenwärme möglichst reactionsfähig zu machen, endlich eine Localkur zu instituiren. Patient wird in seinem Bettchen möglichst warm zugedeckt, die Extremitäten werden durch Frictionen erwärmt, 6 — 8 Linien dicke, in Wasser von 2—8° R. getauchte, fest ausgedrückte Compressen über Kehlkopf und Luftröhre, resp. auch um die etwa afficirten Lungen (bei ausgesprochener Kopfcongestion auch sehr sorgfältig um diesen) gelegt und bei beginnender Wiedererwärmung gewechselt. Mittlerweile wird das Badegefäß, als welches man sich auch einer etwa 2¹/₂ Fuß langen, 8—10 Zoll tiefen, runden Bütte (eine tiefere würde dem Badepersonale unbequem sein) bedienen kann, mit Badewasser, das nach später anzugebenden Kriterien auf 18—26° R. gebracht werden muß, so weit angefüllt, daß es dem darin mit ausgestreckten Füßen sitzenden Kinde eben über die Oberschenkel reicht. Eine mit Wasser von 10—12° R. angefüllte Gießkanne steht zur Hand. Kalte Compressen zu Umschlägen um Kopf und Hals befinden sich in dem mit möglichst kaltem Wasser angefüllten Gefäße. Sind nur zwei zum Reiben brauchbare Personen vorhanden, so erhalten sie die Weisung, sich rechts und links vom Kinde zu setzen, und es hat die rechts Sitzende den Rücken und die rechte Seite, die Andere die linke und vordere Seite fortwährend, und mehr oder weniger nachdrücklich, mit dem Badewasser zu frottiren. Beide müssen, um nicht zu sehr zu ermüden, ihren Platz zeitweise wechseln, oder alternativ ausruhen. Der Badediener unterstützt beide, nimmt den Wechsel der Umschläge und die Operationen mit der Gießkanne vor. Das Verfahren wird nach demselben Plan geordnet, wenn man über 4—8 Personen zu verfügen hat, was sehr erwünscht ist. Nunmehr erfolgt die Entkleidung des Kindes nach dem Princip, demselben seine Wärme möglichst zu erhalten, also so rasch wie möglich, und so viel dies geschehen kann, unter der Decke. Hiernach wird das Kind flüchtig mit abgeschrecktem Wasser (Badwasser) mittelst eines Schwammes oder feuchten Tuches über Gesicht, Brust, Rücken benetzt, im Bade niedergelassen und mit frischen Kopf- und Halsumschlägen versehen. Zu Kopfumschlägen wähle ich zwei lange dicke Compressen, wovon die eine vom Hinterhauptshöcker horizontal — über die Stirne bis zur Nasenwurzel geführt, die andere über den Scheitel ausgebreitet wird. Aber hier kann vielleicht manchem Leser eine Besorgniß rege werden: Wie nun, wenn das Kind stellenweise oder am ganzen Körper mit Schweiß bedeckt ist? Antwort: Dieses Vorkommniß kann und darf an dem Verfahren nicht das Mindeste ändern, und ich erinnere nur daran, daß in vielen Wasserheilanstalten künstliche Schweißerregung mit nachfolgendem kaltem Bade zu den täglichen Vorkommnissen gehört.

Sofort setzen sich alle Hände der Badediener in Bewegung, um ruhig und gelassen, mit mehr oder weniger Nachdruck alle nicht mit Compressen bedeckten Körperstellen einzureiben, nach dem Grundsatz, die sich am Langsamsten erwärmenden am Meisten und Nachdrücklichsten zu bedenken. Auch die zeitgemäße Benetzung des Kopfes ist geboten in den Fällen, wo von kalten Kopfumschlägen um dessentwillen abgesehen wird, weil keine ausgesprochene Kopfcongestion besteht. Am Schnellsten erwärmt sich die Hals-, Magen- und Unterleibsgegend, dann die des Herzens, der Brust und des Rückens, weit langsamer gelangen die Extremitäten, am Spätesten die Füße zur Reaction. Sind drei Minuten des Bades vorüber, dann ist für den Arzt der schönste Moment gekommen zur Feststellung der Diagnose, den er in folgender Weise zu benutzen suchen muß. Er nimmt die Gießkanne zur Hand, läßt mit dem Bade pausiren,

das Kind zum Stehen erheben, ermahnt zur größten Stille und applicirt
in der Dauer von 3—4 Secunden eine kalte Regendouche über den ganzen
Körper; richtet hiernach seine ungetheilte Aufmerksamkeit auf folgende
drei Punkte. Er beobachtet das Athmen nach seiner Qualität, Stärke
und nach dem Ort, von dem das specifische croupöse Athmungsgeräusch
ausgeht. Dann wirft er einen Blick auf die Bewegung des Brustkastens,
seine Elasticität etc. Schließlich beobachtet er die Haut bezüglich des
Grades der Röthung und Reaction, die auf das Regenbad gefolgt ist. Es
bedarf keiner vollen Minute, um über diese drei Punkte klaren Aufschluß
zu gewinnen. Das Kind wird hiernach wieder zum Sitzen gebracht und
die Frictionen nehmen, wie angegeben, ihren Fortgang. So oft der Badediener einen Nachlaß der Hautreaction gewahrt, wird ein tüchtiges kaltes
Gießbad applicirt. Letzteres erfolgt anfangs in Pausen von ca. 5 Minuten;
mit dem Nachlaß der Körperwärme etwa alle 3 Minuten. Findet der
Badediener, daß die Reaction der Haut auch auf die Gießbäder nachläßt,
dann untersucht er das Badwasser nach seiner Temperatur und Menge.
Durch die von dem Kranken und den Händen der Badediener abgegebene
Wärme hat sich seine Temperatur gesteigert, aber durch die Verdunstung
des Wassers und die kalten Gießbäder gemindert, während seine Quantität zugenommen hat. Das Bad wird der Menge nach auf den alten
Stand, die Temperatur etwa auf 2 Grad höher als im Beginn des Bades
gebracht, Letzteres in der Absicht, den Eintritt des Hautfrostes möglichst
hinaus zu schieben. Sehr wärmearme Kinder kann man jetzt (oder besser
vom Anfang an) mit einem Betttuch umhüllen (der Kopf muß natürlich
frei bleiben) und solches denselben bis zum Schlusse des Bades belassen.
Sind 35 Minuten verflossen, so wird nach einer Regendouche abermals
(und weiterhin alle 10 Minuten) eine Pause gemacht und die Wahrnehmungen bezüglich der erwähnten drei Punkte erhoben. Das Bad wird
beschlossen einige Minuten, nachdem das Bräuneathmen unvernehmbar geworden ist, oder wenn der Organismus des Kranken seine Stimme in die
Wagschale legt und die Beendigung gebieterisch fordert. Die bisherige
Methode hatte den Zweck einer strengen Antiphlogose; die Haut sollte
möglichst congestionirt, der Action des Sauerstoffes ein anderes Feld geboten werden, als das Gewebe des erkrankten Organs, die Pseudomembran
durch die auf's Aeußerste getriebene Resorption entfernt, resp. zur Necrose
gebracht werden. Bei kräftigen Kindern erlaube ich mir, wenn das Bad
45—50 Minuten gewährt hat und eine Aussicht für baldiges Verschwinden des Bräunezeichens nicht besteht, eine Revulsivmethode einzuschalten
und von 7 zu 7 Minuten mehrmals zu wiederholen. Das siebförmige

Ende wird hierzu aus der Gießkanne entfernt und mit Wasser von 10 bis 12° R. eine kräftige Douche (aus der Gießkanne) während 5 — 6 Secunden auf Hinterhaupt und Nacken applicirt. Wollen endlich die Croupzufälle auch so nicht weichen, so lasse ich die Douche 1 — 3mal, jedesmal circa 5 Secunden lang, direct gegen den Kehlkopf und bei Laryngealcroup gegen die Luftröhre und den obern Theil der Brust richten.

Ehe ich in der Schilderung der Badprocedur vorschreite, muß ich mich über einige Punkte genauer erklären.

A. Temperatur des Wassers.

Das zu Umschlägen zu verwendende soll möglichst kalt, das für Gießbäder bestimmte bei sensibeln Personen von 12° R., bei torpiden von 8 — 10° R. sein. Ist die Reactionsfähigkeit nach großem Wärmeverlust gesunken, dann darf das zu Gießbädern und der Douche zu verwendende Wasser nicht über 10° R. haben, während gleichzeitig die Temperatur des Badewassers, wie bereits erwähnt, um circa 2° R. erhöht werden muß. Nach meiner Erfahrung bringt man das eigentliche Badewasser in der Temperatur von 18 — 23° R. zur Anwendung, und applicirt die niedere Temperatur bei vollsaftigen, kräftigen, die höhere bei chloranämischen. Ich weiß nicht, ob und wie *Prießnitz* bräunekranke Kinder behandelt hat, vermuthe aber aus analogen Fällen, daß er zum eigentlichen Bade (abgeschreckte Wanne) Wasser von höchstens 14 — 16° genommen, statt der Gießbäder Eintauchungen in, mit kaltem Wasser (circa 8° R.) gefüllte, Vollbäder applicirt hätte. Meine seitherigen Erfahrungen haben mich nicht bewegen können, von der beschriebenen Methode abzugehen. Da die größtmöglichste Wärmeentziehung zu bewirken in der Heilabsicht liegt, so könnte es scheinen, daß kühles oder sogar kaltes Wasser sich besser zu Bädern eigne als abgeschrecktes. Ich habe gefunden, daß hierbei die allgemeine Frostreaction vorzeitig eintritt, daß bei einer Temperatur von mehr als 23° R. die Dauer der Bäder unnöthigerweise verlängert, die Wiederholung öfters gefordert werden muß.

B. Verhalten der Kinder im Bade.

Die meisten Kinder verrathen beim Eintritt in das Bad Angst und wollen entfliehen, wimmern und weinen, fahren unter dem Eindruck der kalten Regendouche besonders lebhaft auf, finden aber hernach ihr Bad viel angenehmer, weil wärmer als das Regenbad. Manche behaupten ihre Renitenz bis zum Schlusse des Bades, Andere schicken sich geduldig in das Unvermeidliche, Andere lassen sich Alles gefallen, reiben sich das Wasser selbst ein, thun Alles, damit ihnen geholfen werde. Die Athmungserscheinungen sprechen sich in folgender Weise aus. Die durch die fortwährende Hautreizung angeregte erhöhte Thätigkeit aller Repirationsmuskeln macht, daß die Athemzüge langsamer, aber tiefer erfolgen, weßhalb es scheint, als sei der Zustand während des Bades schlimmer geworden. Auf diesen Umstand mache ich alle Anwesenden vor dem Bade aufmerksam mit dem Beifügen, daß die Besserung erst mit der 35. Minute wahrnehmbar werde, was auch im Allgemeinen richtig ist. Leichtere Bräuneanfälle sind mit der 50. Minute, schwerere erst nach einem Bade von $1^1/_2—1^3/_4$ Stunden behoben. Je schwerer die Erkrankung war, desto lohnender ist es, das Kind ohne alle Bräunezeichen aus dem Bade erheben zu können. Auffallend ist, daß der Husten sich sehr selten während des Bades und meistens nur dann vernehmen läßt, wenn sich das Kind verschluckt hat; von Stickanfällen während des Bades habe ich nie eine Wahrnehmung gemacht. Die Veränderungen, die an der Haut vorgehen, sind folgende: In dem ersten Zeitabschnitte wird dieselbe immer reicher an Blut, besonders nach Einwirkung des Regenbades und erlangt eine marmorirt rothblaue Färbung, die aber bald in scharlachrothe übergeht. Letztere nimmt ab, kehrt, doch mit nachlassender Stärke, auf die folgenden Regenbäder zurück. Wird das Bad bis ins Extreme fortgesetzt, dann bleibt die Haut blaß, ja eine bläuliche Färbung gibt an den Augen, Lippen, den sichtbaren Schleimhäuten etc. sich kund; die Wärme der Haut, und damit gleichen Schritt haltend, ihre Reactionsfähigkeit, haben abgenommen. Auch ein anderer Zustand hängt hiermit zusammen. Wenn Kinder bisher renitent waren, beständig protestirten, zu entfliehen strebten etc., so hört mit dem Nachlaß der Körperwärme jeder Widerstand auf, sie werden vollständig apathisch. Nach großen Wärmeentziehungen fand ich stets die Haut blaß, welk, schlaff, fast durchsichtig, wie bei Hydrämie, und das Colorit immer mehr ins Bläuliche umgeschlagen; es wäre aber ein großer Irrthum, dieses Blau- oder Venöswerden hier von Suffocationszufällen herleiten zu wollen, da es doch unter allen Verhältnissen, z. B. bei Meningitis, Pleuritis etc. vorkommt, wenn den Bädern eine extreme Ausdehnung gegeben wird. Diese Schilderung bezieht sich auf Kinder, die eine gesunde Constitution haben, und ich bemerke hierzu, daß eine durchgreifende Wärmeentziehung das beste Kriterium für Beurtheilung constitutioneller Verhältnisse ist. Wärme und Kraft sind in ihrer Rückwirkung auf den Organismus identisch, und so darf es nicht Wunder nehmen, daß, je mehr sich die allgemeine Frostreaction geltend macht, die Patienten schlaffer, indolenter, gleichgiltiger werden, und in ihrem ganzen Wesen und Benehmen das Bild der Erschöpfung. in Anbetracht der Sensibilität, das der vollständigsten Indolenz und Anästhesie zur

Schau tragen. Von einem Menschen, der zum Bade wohl vorbereitet, nach geringem Wärmeverlust schon Frostreaction zeigt, oder dessen Haut durch eine kalte Begießung (besser kaltes Vollbad) nicht, oder sehr unvollständig eine active, arterielle Reaction wahrnehmen läßt, kann mit aller Bestimmtheit behauptet werden, „hier ist Etwas faul im Staate Dänemark". Hieraus wird der Ausspruch von *Prießnitz* verständlich: „ich taxire meine Patienten nach den Augen und dem Rock" (Haut), und wieweit der große Mann es in dieser Beziehung brachte, wird einigermaßen daraus ostensibel, daß Alle, die ihn näher kannten, von ihm behaupteten, daß er bezüglich der Prognose einer Cur sich fast nie geirrt habe. Soll ich nun zwei extreme Linien ziehen in Anschung der Fähigkeit, Wärmeverluste zu ertragen, so kann ich sagen, daß ein Mädchen, das an Hydrocephalus acutus litt, in den ersten 48 Stunden 10 Stunden lang im Bade saß; daß bei chloranämischen, atrophischen Kindern (Asphyxie ausgeschlossen) oft nach 10 Minuten das Bad beendigt werden muß, und kaum, oder nur in der Dauer von 1—2 Minuten wiederholt werden kann. Ich kehre zu unserm Patienten zurück, dessen Bad beendet ist, um nach dieser Excursion die Schilderung der Nachbehandlung, insbesondere des Reactionsverfahrens, das mindestens ebenso viel Ausdauer und womöglich eine noch weit größere Sorgfalt verlangt, als das Bad selbst, folgen zu lassen.

Das aus dem Bade, dessen Schluß ein flüchtiges Regenbad bildete, erhobene Kind wird von allen Umschlägen befreit, mit einem trockenen Betttuche umgeben und sorgfältig abgetrocknet, in eine wollene Bettdecke bis an den Kopf eingehüllt, auf ein gutes Lager gebracht, das womöglich von 2 Seiten zugänglich sein muß, und mit einer dicken Federdecke zugedeckt, und nun folgt das Reactionsverfahren, nachdem dem Kranken zur Erfrischung kalte Milch angeboten wird, die mit großer Hast acceptirt wird. (Schon bei Schilderung des Bades hätte ich anführen sollen, daß während desselben Wasser oder Milch mehrmals gereicht werden muß).

C. Princip und Methode.

Das Blut soll fortwährend und nachhaltig, also bis zur Herstellung des Kindes, die Strömung nach der Haut behalten, also centrifugal von dem Krankheitsherd sich abwenden. Vom Blute aus soll, wo möglich, der Wiederersatz der verlorenen Wärme erfolgen, die Action des Sauerstoffs soll sich in der Wiederherstellung der Hautwärme (besser der verlornen Wärme überhaupt) erschöpfen, und die zu dieser Verbrennung nöthigen Kohlen- und Wasserstoffverbindungen aus den Elementen des Bluts und der Organe entnehmen. Zu diesem Zwecke muß, bevor die

Herstellung der Wärme zum Normalgrade erfolgt ist, die Ausstrahlung derselben nach außen möglichst verhütet werden, weil sonst fortwährend Frostreaction mit nachtheiligen Folgen eintreten müßte. Läßt sich diese Wiedererwärmung in einer der Zeitdauer des Bades gleichkommenden Dauer des Reactionsverfahrens nicht, oder nur unvollkommen bewerkstelligen, dann darf durch Zufuhr von Wärme von Außen, (warmes Getränk, warme Krüge oder Tücher) das Supplement gegeben werden. Es ist nicht ohne Interesse, zu erforschen, wie andere Wasserärzte sich in ähnlichen Fällen benehmen. Wie *Priesßnitz* sich bei Kindern der unerläßlichen Reaction versicherte, davon ist mir Nichts bekannt geworden. Erwachsene nahmen ein Luftbad, wurden abgetrocknet, zu Bett gebracht, mäßig warm bedeckt, auch wohl einige Minuten frottirt oder mußten, wo Dieses nur einigermaßen möglich war, active Bewegungen vornehmen. Andere Wasserärzte hüllen den unabgetrockneten Kranken in ein trockenes Betttuch und umgeben ihn noch vom Kopf abwärts mit einer eng angelegten wollenen Kutte, bringen ihn zu Bett und bedecken ihn mit einer Federdecke.

Da die Haut fortwährend, wenn auch in gemäßigtem Grade, ausdünstet, so bildet sich allmälig ein warmer Wasserdampf um dieselbe, welcher, da sein Entweichen verhindert ist, die Wiedererwärmung der Haut befördert. Ich habe auch diese Methode versucht, aber nicht zuverlässig gefunden, wohl aber stets erfahren, daß mit der Zunahme der Reaction die Localreizung abnimmt, aber auch umgekehrt. Letztere sich stets mehren gesehen, wenn der von den Füßen ausgehende Nachlaß der Reaction sich aufwärts ausgedehnt hatte. Die Gebrüder *Vick* in Rostock ziehen den Kranken feuchte Strümpfe an und trockene darüber, legen zu Seiten derselben mit warmem Sand angefüllte Krüge, und bedecken ihn mit einer Federdecke. Diese Methode hat jedenfalls den Vorzug, daß sie die bequemste ist, ich hoffe aber, daß meine Leser mich verstanden haben in dem Punkt, daß ich die Zuführung der Wärme von Außen nur dann zulässig finde, wenn die Erwärmung von innen heraus nicht, oder nur sehr schwierig, zu ermöglichen ist. Ich zweifle sehr, ob andere Wasserärzte so sehr bestrebt sind, die Frostreaction so weit hinaus zu bringen und das Bad über eine Stunde hinaus etc., ja bis zu $1^3/_4$stündiger Dauer zu verlängern. In dieser Vermuthung werde ich bestärkt, dadurch, daß ich bei Erzählung eines Falles von Meningitis (in den Gräfenberger Mittheilungen) von der Höhe des hydriatrischen Olymps herab censurirt worden bin, auf welchen Punkt ich zurückkommen muß.

Das Kind, welches in seiner Enveloppe und gut bedeckt bleiben muß, wird so gelagert, daß die Badedienerschaft möglichst leicht ihre Aufgabe lösen kann. Hals und Unterleib erwärmen sich von selbst, wegen der vielen Blutbahnen, die über- und nebeneinander verlaufen; auch Brust und Rücken bedürfen keiner besonderen Berücksichtigung, wohl aber die Extremitäten. Die zwei kräftigsten Personen übernehmen die Sorge für Wiedererwärmung der untern Extremitäten, andre die für die obern. Selbstverständlich darf man keinen Theil entblößen. Die Manipulationen, durch die man am Schnellsten zum Ziele gelangt, sind folgende: Man reibt die Extremitäten mit trockner, warmer Hand, die man unter die wollene Decke führt („Leben auf Leben" — *Prießnitz*); oder man bewegt die wollene Decke mit mäßiger Kraft über den Extremitäten hin und her, oder man reibt mit Frottirhandschuhen von Flanell, türkischer Leinwand, Pelz etc.; oder man macht kleine gymnastische Bewegungen, z. B. Rollungen, Drückungen; oder endlich, man combinirt diese Methoden. Ist man nach einer Stunde nicht zum Ziele gelangt, so führt man Wärme hinzu, durch warme Krüge etc. Hat man auf die eine oder andre Art seinen Zweck erreicht, dann lasse ich die wollene Decke unter den Füßen anziehen, so weit, bis deren oberer Rand den Hüften gleichsteht, die so entblößte Brust, den Hals und unter Umständen den Kopf mit Umschlägen bedecken, das Kind mit einem Hemd und wollener Jacke bekleiden, mit Milch erfrischen und wieder zudecken. Sind Erscheinungen von Bronchopneumonie vorhanden, ist das Fieber lebhaft, läßt sich aus der Dauer des Bades und der ersten Wiedererwärmung auf eine kräftige Constitution schließen, dann wird eine in kaltes Wasser eingetauchte, stark ausgedrückte Serviette zweimal gefaltet und in der Breite von der Achselhöhle bis zum untern Rippenrand um den Brustkorb geführt, mit trockner Leinwand überdeckt und mit Schleifen befestigt. Bei entgegengesetzten Verhältnissen genügt ein einfacher feuchter Leibumschlag (Neptunsgürtel), der von der Achselhöhle bis zu den Hüften reicht, gleichfalls trocken überdeckt, und nur ca. alle 3 Stunden erneuert wird, während jener, nach Maßgabe der Wiedererwärmung alle $1/2$—2 Stunden, der Halsumschlag alle 5—15 Minuten frisch angelegt wird. Das Verhalten des Kindes während des Reactionsverfahrens ist der Art, daß es in gesunden, tiefen Schlaf versinkt, und daraus nur dann durch die Frictionen momentan erweckt wird, wenn dieselben ihm, etwa an wund geriebenen Stellen, großen Schmerz verursachen. Manche scheint auch das Gefühl von Hunger und Durst wach zu rufen, da sie in dieser Beziehung befriedigt (durch Milch, Wasser, etwas Schleim), sofort wieder in tiefen

Schlaf versinken, wenn nicht, wie es scheint, die Erinnerungen an das Geschehene Traumerregungen erweckten. Es wäre sehr gewagt, weil gefährlich, in der dem Kinde zu widmenden Sorgfalt nachzulassen, und die Reaction an den Extremitäten aus dem Auge zu verlieren. Man bedenke, daß sowohl das kranke Organ, als die starkerregte Haut durch Vermittlung der sensitiven Nerven Anziehungskraft auf die Blutströmung ausüben, und daß beim Erkalten der Peripherie selbst dann eine Blut-concentration am Krankheitsherd und Recrudescenz des Croup von Neuem eintreten könnte, wenn bereits alle Croupzeichen entfernt waren, wie es mir mehrmals an entfernten Orten begegnete, in denen ich keine Bade-diener belassen konnte. **Daher ist alle ¹/₄—¹/₂ Stunden eine neue Untersuchung und resp. Erneuerung des Reactionsverfahrens vorzunehmen.**

D. Verfolg der Behandlung bis zur Herstellung des Kranken.

Ich nehme an, daß der erste Angriff zur Beseitigung der Bräune-zufälle nicht ausreichend war, obgleich aus der extremen Dauer desselben nicht auf den Eintritt des 3. Stadiums geschlossen werden konnte. Es steht hiernach zu erwarten, daß der 2. Angriff, den man sofort vornimmt, sobald der Stand der Reaction und Wärme denselben zulässig erscheinen läßt, zum Ziele führen wird. Nach meiner Erfahrung sind die Zwischen-zeiten der sich folgenden Bäder nach dem 1. 4, nach dem 2. 6, nach dem 3. 8 Stunden, und bemerke ich, daß man vorzugsweise die Zeit der Exacerbation erwartet, also Abends 6—8 Uhr. Die folgenden Bäder werden in derselben Weise und ganz nach den Grundsätzen gegeben wie das erste, vielleicht mit der alleinigen Ausnahme, daß man dem Bade-wasser eine etwas höhere Temperatur (doch nicht über 24⁰ R.) gibt. Ich kann mich keines Falls erinnern, der bei den Zeichen des 2. Stadiums, bei ausgesprochener großer und abnehmender Wärmeentfaltung, nicht in Genesung übergegangen wäre.

Nach Beseitigung der Bräunezeichen tritt ein neues Princip für das Handeln des Arztes in den Vordergrund: **er soll seinen Sieg fest-stellen, ohne den Kranken zu sehr abzuschwächen.** Wer sich eine klare Vorstellung davon machen kann, wie groß und durchgreifend der Eindruck ist, welcher auf alle, die entzündliche Diathese constituirenden Factoren gemacht worden ist, wird die Möglichkeit einer Recidive kaum und nicht anders als unter der Voraussetzung begreifen können, daß eine grobe Fahrlässigkeit begangen wurde. Alles dies stimmt vollkommen mit der Erfahrung überein. Selbstverständlich muß der Arzt von jetzt in nach anderm Princip verfahren, da weder rauher Husten, Auswerfen von Membranstücken noch andre Zufälle (nach beseitigtem Bräuneathmen) auf die Weiterbehandlung den mindesten Einfluß ausüben dürfen; die Macht des Feindes ist gebrochen und auf retrograden Weg gebracht, der Stillstand der Flucht, eine neue Concentration der feindlichen Macht, muß um jeden Preis verhütet werden. Letztere spricht sich aus in der Größe des fortbestehenden Fiebers, speciell in der sich kund gebenden Wärmegröße, und dem Verhalten des Pulses. Zur Realisirung dieser Absicht ist es meistens genügend, Abends ein Bad zu geben in der Dauer, daß Pulsfrequenz und Wärme zum Normalgrad, oder etwas unter denselben herabgestellt werden, und es genügt hierzu, das Bad mit dem beginnenden Nachlaß der Reaction, also geraume Zeit vor der Frostreaction, zu beendigen, und die leicht zu bewerkstelligende Reaction dauernd herzustellen. Die Zeitdauer der Bäder, nach gehobener Krankheit, wird 15, 10, 5, 3 Minuten betragen, also eine immer kürzere werden müssen. Ob man in 24 Stunden 2 Badoperationen vornehmen lassen soll, oder nur eine, hängt von dem Grade des Fiebers, insbesondere von der (aus der mehr oder weniger rasch nach dem letzten Bade erfolgten Reaction und der Größe derselben zu erschließenden) Wärmeproductionskraft ab, und es mag als Regel gelten, lieber etwas zu Viel, als zu Wenig zu thun, um so mehr, als auf diesem Wege keine Gefahr liegt, und der Wächter der Gesundheit, das zu sehr afficirte Gemeingefühl, unter Zittern und Zähneklappern gegen fernern Verfolg der Wärmeentziehung Verwahrung einlegt. Manchem Arzte wird hierbei der Gedanke kommen, daß ich nicht auf thermometrische Resultate die Anzeige für die Dauer der Bäder gründe, und ich will hier, auf das darüber Gesagte mich beziehend, zwei Gründe geltend machen, erstens, daß nach relativ enormen Wärmeentziehungen die Gefahr vor Verkühlungen sehr groß ist, folglich thermometrische Untersuchungen, wegen der unvermeidlichen Entblößung und Störung der Reaction, nur auf Kosten der Gesundheit des Kranken gemacht werden können, sodann, daß ich noch keine Berechtigung fühle, auf meine Erfahrungen Heilindicationen zu gründen, da diese weder hinlänglich zahlreich noch in ihrem Ausspruch verwerthbar erscheinen. Zur Verständigung über letzteren Punkt sei es erwähnt, daß nach durchgreifenden Bädern die einzelnen Körperstellen die verschiedensten Temperaturgrade nachweisen, dieselben aber mit jeder Viertelstunde und gewöhnlich in umgekehrter Weise sich ändern. Finde ich z. B. um 12 Uhr die Wärme der Achselhöhle von 25^0 C., die im After von 39^0, so stellt sich eine Stunde später erstere auf 28, letztere auf 37^0 etc. etc. Es ist daher schwer, in diesem Verhältniß einen soliden Maßstab zu gewinnen, da nach jedem Bad die Haut wärmer, die Schleimhäute kälter werden.

Eine jede acute Krankheit findet bei richtiger hydriatrischer Behandlung ihren Abschluß in einer subjectiv und objectiv deutlich ausgesprochenen Krise, welche besonders in dem Fall einen scharfen Abschnitt darstellt, wenn das Krankheitsbild möglichst einfach, also ohne constitutionelle, dyskrasische Färbung und ohne intercurrente ältere Krankheit erscheint. Die Zufälle, die ihren Eintritt voraus verkünden, prägen sich folgendermaßen aus: Die Localreizung ist seit einiger Zeit auf dem Rückgang, das Fieber in Abnahme, insbesondere hat die Haut das Stechende, Trockne, Spröde verloren, und ist weich, locker und geöffnet geworden, die Pulsfrequenz nähert sich dem Normalen, während die Radialarterie etwas groß und leicht comprimirbar geworden ist. Patient versinkt Abends früh in einen ruhigen, erquicklichen Schlaf, während dessen Morgens 2 Uhr die Haut in ganzer Ausdehnung duftend und feucht wird. Am Morgen findet man den Kranken in allen Stücken gesund, gewöhnlich Niederschlag in dem saturirten Urin, den Puls ungewöhnlich rar, und nach mehreren Tagen folgt ein juckendes Eczem oder Furunkelausschlag. Ich bin darauf gefaßt, bei fast allen Medicinern, und merkwürdiger Weise dem größten Theile der Wasserärzte, auf Widerspruch zu stoßen und die Aufklärung zu vernehmen, daß die Hippocratische Krisenlehre als überwundener Standpunkt und nur noch als interessante Antike zu betrachten sei. Alles das hindert mich nicht, stehen zu bleiben, ja, noch einen Schritt weiter gehend zu behaupten, daß, sobald die Hydriatrie einen legitimen Sitz an Universitäten errungen haben wird, welchen Plan s. Z. Dr. *Andresen* erstrebte, es eine tägliche, Kunst und Künstler ehrende Aufgabe des Herrn Professors sein wird, nicht bloß den Tag, sondern die Stunde der Krise voraus zu verkünden, und halte mich für berechtigt zu diesen oppositionellen Behauptungen, weil ich diesem Gegenstande eine besondere Aufmerksamkeit gewidmet habe. Ferner halte ich den Wasserärzten gegenüber die Ansicht aufrecht, daß alle chronischen, auf Dyskrasien beruhenden, der hydriatrischen Kunsthilfe zugänglichen Krankheiten zu ihrer vollen Beseitigung in mehr oder weniger acute Form übergeführt werden müssen, und daß stets eine objectiv nachweisbare Krise den Abschluß der Affection charakterisirt, ohne damit zuzugestehen, daß jede exanthematische Efflorescenz eine kritische Bedeutung habe. Erst einer exacten klinischen Behandlung der Hydriatrie wird die definitive Entscheidung dieser Streitfrage zu unterbreiten sein. Vielleicht ist es manchen Collegen interessant. Etwas über das Verhalten des Pulses nach durchgreifenden wärmeentziehenden Bädern zu vernehmen.

Angenommen, daß die zu bekämpfende fieberhafte Krankheit der vollständigen Resolution fähig ist, so laufen nach solchen Badeingriffen zwei Erscheinungen parallel. Die Haut verliert in gleichem Grad nach einem solchen die elektrisch stechende Hitze, als der Puls die Frequenz und Härte. Im Reactionsstadium heben sich beide, aber nicht zu der früheren Höhe, und so mindern sich beide Zustände wellenförmig, (steigend aber mehr abnehmend), bis sie nach eingetretener Krise etwas unter dem Normalen stehen. Einmal sah ich bei einem Typhusfall nach dem ersten Bade den Puls von 168 auf 85 Schläge fallen.

E. Behandlung im 3. Stadium.

Zustand des Kranken und Heilprincip. Die Exsudatbildung ist so weit vorgeschritten, daß wegen mechanischer Verstopfung der Luftwege, der Zweck der Respiration nur unvollständig erreicht wird, die Sauerstoffaufnahme und Wärmebildungsfähigkeit verkürzt sind. Hierdurch, sowie durch die Ueberanstrengung der Respirationsmuskeln und den Säfteverlust, den die Blutmasse in der Exsudatbildung erlitten hat, ist der Zustand durch große Schwäche charakterisirt.

Aber! könnte man fragen, existirt denn überhaupt noch für eine nicht operative Therapie ein Hoffnungsschimmer, den von Erstickung bedrohten Kranken aus seiner gefährlichen Lage befreien zu können? Wo? und wie soll der Arzt den Hebel einsetzen, bei einem Organismus, der kaum noch einen festen Punkt darbietet? Ich denke, daß unter allen Umständen der Arzt zunächst darauf ausgehen muß, die Kräfte des Kranken zu unterstützen, daneben durch Entfernung der Pseudomembranen der Erstickungsnoth vorzubeugen. Meine reiche Erfahrung gewährt mir das Recht zu behaupten, daß Letzteres ganz wohl möglich, der Arzt daher in jedem Falle verpflichtet ist, von Heilversuchen nicht eher abzustehen, bis die Erscheinungen der Agonie unverkennbar eingetreten sind. Versinnlichen wir uns die Lage des Kranken. Der Entzündungsproceß glimmt fort wie ein Feuer etwa in einem Ofen, dem nach Abschluß der Thüre nur ein Minimum von Luft zugeführt wird, das aber bei freiem Verkehr mit der Luft wieder hell auflodert. Hätten wir es in der Macht, ohne Operation, etwa durch Brechmittel Membranstücke zu entfernen, so wäre für den Augenblick wohl Etwas, im Principe aber gar Nichts gewonnen, da hiernach die Entzündung einen neuen Anlauf nehmen und die entfernten Membranstücke bald ersetzen würde. Die einzige Möglich-

5*

keit der Heilung ist vielmehr darin zu suchen, daß der Entzündungsproceß vollständig zum Abschluß geführt, an der Entzündungsfläche die
Resorption zum höchsten Ausdruck gebracht, die Reactionskraft möglichst
unterstützt werde. Denken wir uns aber diese Indication auf nur eine
Stunde realisirt, so muß es plausibel erscheinen, daß das Exsudat neuesten
Datums theilweise resorbirt, im Uebrigen außer allem Zusammenhang
mit dem Mutterboden tritt, als Detritus physikalischen Gesetzen anheim-
fällt. Die atmosphärische Luft bewegt es mit vielem Schleim, unter hörbarem Rasseln, auf und ab, mit Husten kann es leicht herausbefördert
werden. Jede Expectoration wird das Eindringen der Luft bis zu den
Lungenzellen mehr und mehr ermöglichen, hier dem Sauerstoff den Ein-,
der retentirten Kohlensäure den Austritt ermöglichen, daher die Erstickungsgefahr verscheuchen. Alsbald muß sich das Krankheitsbild namhaft um-
gestalten: die Symptome der Cyanose müssen weichen, natürlicher Lebens-
turgor, erhöhte Wärme hervortreten, natürlich mit der Gefahr, daß auch
der Entzündungsproceß von Neuem aufleben kann. Bezüglich der Cur-
eingriffe müssen wir uns vorhalten, daß der von Cyanose befallene Organismus keine namhafte Wärmeentziehung verträgt, daß die Erregbar-
keit des Hautnervensystems in dem Grade gesunken ist, daß nur von
ganz mächtiger Erregung desselben Reaction zu erwarten steht, hauptsächlich aber, daß nur in dauernder, activer Ablenkung des Blutstroms
nach der Haut der letzte Rettungsanker zu suchen ist. Erreichen wir
aber unsern Zweck in einem oder mehreren Angriffen, dann haben wir
den Strick durchschnitten, der den Strangulirten zu tödten drohte. Wenden wir uns zur praktischen Seite der Frage, so präsentiren sich uns
zwei Wege, die zum Ziele führen können, indem man sich nämlich des
ganz kalten (8⁰ R.) oder ganz warmen Wassers (30—32⁰ R.) bedient.
Die erstere nenne ich die Gräfenberger Methode, weil sie (nach den Gräfenberger Mittheilungen) von *Prießnitz* geübt worden sein soll, später
sich Herrn *Schindler* in Gräfenberg, zuletzt Herrn Dr. *Winternitz* in
vier Fällen ganz probat erwies. Hiernach wird Patient mit frischem Wasser
im Gesicht überwaschen, entkleidet, dann in ein mit frischem Wasser ge-
tränktes Tuch von den Schultern bis abwärts unter die Füße eingehüllt,
auf einen Tisch gelegt, nachdem vorher eine Matraze und ein Wachstuch
darüber ausgebreitet worden, und in dieser Einhüllung so frottirt, daß
nicht das Tuch über die Haut hin- und herbewegt wird, sondern blos
die Hand des Badedieners diese Bewegung ausführt. So oft eine Körperstelle sich erwärmt, wird von Neuem frisches Wasser aufgespritzt und
mit dem Reiben fortgefahren bis zum Nachlaß der Reaction. Ich habe

dieses Verfahren mit einiger Modification in folgender Weise vielfach nachgeahmt: Nach flüchtiger Ueberwaschung des Gesichts wird der (möglichst unter der Bettdecke) entkleidete Kranke in ein in Wasser von 5° R. eingetauchtes Betttuch eingehüllt und in einem 1 Zoll hoch mit lauem Wasser angefüllten Gefäße aufrecht gehalten, und mit dem Betttuche, das auch selbst etwas bewegt werden kann, kräftig frottirt. Sobald sich Erwärmung einstellt, wird das Betttuch entfernt und eine kräftige calte Regendouche direct über den ganzen Körper applicirt, ein frisch eingetauchtes Betttuch umgehangen und so fortgefahren, bis die Reaction nachläßt, also vor der vollen Frostreaction. Die Vorzüge der von mir beliebten Modification finde ich in der leichteren Ausführbarkeit, der dabei möglichen Reinhaltung des Zimmers, zumeist in der directen Einwirkung auf die Hautnerven. Die Methode mit warmem Wasser habe ich in folgender Weise exercirt und werde später eines zur Heilung gelangten Falles gedenken, der an der Grenzlinie des Erreichbaren lag. Das Kind wird in einem mit Wasser von 30° R. etwas reichlich angefüllten Halbbadgefäße sitzend niedergelassen, mit dem Badwasser so lange allerorts eingerieben, bis die Haut möglichst warm ist, rasch in ein daneben befindliches Gefäß gebracht, darin stehend erhalten, erhält ein kräftiges Gießbad von 8—10° R., wird in's warme Bad zurück versetzt und so fortgefahren, bis die Reaction nachläßt. Welcher von beiden Methoden der Vorzug gebührt, müssen fernere Erfahrungen entscheiden; jedenfalls empfiehlt sich die letztere vorzugsweise bei von Natur chloranämischen, sehr heruntergekommenen Kranken, während unter entgegengesetzten Verhältnissen und bei etwas regerer Reactionskraft die Gräfenberger Kur mehr verspricht. Extreme Fälle verlangen große Aufmerksamkeit und Sorgfalt beim Bad und fast noch größere bei der Nachbehandlung; und jeder Arzt, dem das Schicksal seines Clienten am Herzen liegt, muß nothwendig einige Stunden opfern und selbst Hand anlegen, um jeden Augenblick anzuordnen, was geschehen soll; nämlich: 1) die Diät. Für gewöhnlich empfehle ich einen Theil Rahm mit drei Theilen Milch und Zucker; für spätere Stunden auch Fleischbrühe, Obst, Eier etc.

2) Sorge für ausgiebige Reaction, in der eben bewährten Weise. Das Zuführen von Wärme an die untern Extremitäten dürfte unumgänglich sein.

3) Anlage und Erneuerung der Localumschläge. Im 3. Stadium des Croup fehlt nie Lungeninfiltration: es genügt daher nicht, blos die Kehle und Luftröhre mit Compressen zu bedecken, sondern es muß auch der Brustkorb naß eingehüllt werden, jedoch nicht eher, als bis die Reaction

eingetreten ist. Aus der Größe der Letztern entnimmt man den Maßstab für Bestimmung der Dicke der feucht-kalten Umschläge, die Häufig-
keit der Erneuerung derselben und der Temperatur des dazu zu ver-
wendenden Mediums. Je blut- und wärmeärmer das Individuum, desto
weniger darf an Verwendung von Schnee und Eis, an Dicke der Leinwand, an häufiges Erneuern gedacht werden, da nämlich das organische
Leben an der Entzündungsfläche wohl gedämpft, aber nicht vollends unterdrückt werden darf. Gewöhnlich genügt die Verwendung von Wasser
von 8° R. zu Umschlägen, die Leinwand des auf die Kehle zu legenden
Umschlags mag sechstheilig, der Brustumschlag eintheilig sein, erstere
alle 10—15 Minuten, letztere alle 1—2 Stunden durch neuen ersetzt
werden.

4) Das Einathmen warmer Wasserdämpfe, ein Mittel, auf das ich in
diesem Stadium großes Vertrauen setze. Das bloße Aufstellen von mit
kochendem Wasser angefüllten Gefäßen, selbst auf erwärmtem Ofen, genügt nicht. Ich lasse ein Wachstuch über Hals und Brust des Kranken
und einen Theil des Bettes ausbreiten, in heißes Wasser getauchte Schwämme
ausgedrückt darauf legen, ein mit heißem Wasser gefülltes offenes Gefäß möglichst nahe dem Kinde bringen, und das Ganze mit einem Tuche
überspannen. Ich zähle hierbei auf schnelleren Zerfall des vom Mutterboden getrennten Exsudates und leichtere Expectoration des Detritus.

Dem Arzte ist mittlerweile eine ausgezeichnete Gelegenheit geboten,
die Größe der Krankheit aufs Genaueste auszumessen und den Ausgang
genau vorher zu berechnen. Von allen Zeichen aber, die man geneigt
sein könnte als prognostische anzusprechen, als Puls, Kräftestand, Re-
spirationsbefund etc., behauptet den ersten Rang die mehr oder weniger
schnell und vollkommen eintretende Reaction der Haut. Ist dieselbe in
30—60 Minuten von innen heraus — also ohne künstliches Zuführen
von Wärme — gleichmäßig erfolgt; behaupten sogar die Füße eine leid-
liche Temperatur; zeigt sich die Haut arteriell geröthet, marmorirt; steigt
die Hauttemperatur nicht blos über die bei dem Bade behauptete, sondern über die normale: dann ist die Wahrscheinlichkeit der Herstellung
sehr groß, unter entgegengesetzten Verhältnissen erscheint die Prognose
schlimm, vielleicht hoffnungslos. Natürlich sind zur Feststellung der
Prognose auch die Erscheinungen in den Respirationsorganen, dem Gefäßsystem, Kräftestande etc. genau zu erheben und gebührend zu würdigen.

Das Auftreten siegverkündender Reactionserscheinungen, seien sie
auch noch so matt ausgeprägt, fordert zu energischer Fortsetzung der
Behandlung auf. Hierbei müssen wir uns erinnern, daß wir es mit einem

Entzündungsproceß zu thun haben, dessen Recrudescenz möglich, ja in dem Falle wahrscheinlich ist, wenn Patient gute Constitution und Ernährung zeigt und durchgreifende Wärmeentziehungen nicht stattgefunden haben.

Die Krankheit ist im Begriffe, aus dem 3. in das 2. Stadium zurückzutreten und muß demgemäß auch nach der für das 2. Stadium angegebenen Norm behandelt werden, aber doch mit der Rücksicht, daß man dem Badwasser anfangs eine höhere Temperatur (26—24° R.) gibt: man gewinnt hierbei Zeit für Vervollständigung der Resorption. Ich habe zwar in namhafter Anzahl Fälle gesehen, bei denen die gesunkene Wärme und suffocativen Zufälle nur eine flüchtige, sog. dynamische Einwirkung des Wassers zu erlauben schienen, auf die aber bald eine solche Hautturgescenz nachfolgte, daß das allgemach bis auf 24° R. abgekühlte Bad eine Stunde lang und darüber prolongirt werden konnte: Patient im 3. Stadium der Bräune in's Bad gebracht, wurde bräunefrei in's Bett zurückversetzt. Gewöhnlich sind bei sehr vernachlässigten Fällen erst einige kürzere, dann 2—3 lange, dann wieder mehrere kürzere Bäder zur Herstellung erforderlich, nach dem oben angegebenen Schema. Die mächtige Wirkung der geschilderten thermischen Eingriffe kann noch erhöht werden, wenn man eine kalte Douche damit verbindet, indem man etwa im ersten Bad den Strahl auf das Hinterhaupt, im zweiten auf Kehle und Luftröhre richtet. Beide Eingriffe beziehen sich auf wuchtige Erregung des Nerv. Vagus (namentlich des R. Recurrens), der Stimmbänder und Muskeln, des Kehlkopfs und der Luftröhre, die in Folge von Ueberanstrengung und durch die Rückwirkung des Exsudates (Oedem der Stimmbänder?) in Atonie versetzt wurden. In 2 Fällen hat die Douche auf die Kehle ersichtlichen, augenblicklichen Erfolg gehabt. Aehnliche Wirkung zeigt die kalte Kopfdouche beim Hydrocephalus acutus. Dieselbe ist indicirt, wenn durch ausgiebige thermische Proceduren die Entzündung gebrochen, die Resorption angebahnt ist, ihr Fortschreiten aber durch Druckerscheinungen sich gehemmt zeigt. Auch hier leistet sie oft Großes.

So wie es schon vorgekommen ist, daß eine Armee nach siegreichem Kampfe dadurch zu einer Niederlage kam, daß sie den Sieg nicht ausnutzte: so möchte ich jedem therapeutischen Kapitel als ein „Ceterum censeo" die Ermahnung beifügen, besonders bei allen vorgerückten Fällen, dem Reactionsverfahren alle Sorgfalt und Ausdauer zu widmen: es geht dies von mir gefühlte Bedürfniß aus der Erfahrung hervor von den traurigen Folgen, die jede Fahrlässigkeit nach sich zieht. Wie oft habe ich gesehen, daß die Angehörigen derartiger Kranker, nachdem sie sich von

der vorschreitenden Besserung derselben überzeugt hatten, selbst dann
sich nachlässig erwiesen, wenn ich sie fort und fort anspornte! [1])

F. Ausgang in den Tod.

Jede Kunst hat ihre Grenzen, und die Kunst, die am Wenigsten einer
Erweiterung in's Unendliche fähig ist, das ist die des Heilens. Die Erscheinungen, unter denen bei hydriatrischer Behandlung die Schlußscene
erfolgt, sind folgende: Bei sehr vorgerückter Asphyxie durch Exsudatbildung kann ein Versuch von 5 Minuten den Arzt von der Unzulänglichkeit jeder Hilfeleistung überzeugen. Der geringe Grad von Körperwärme,
der noch besteht, verschwindet auf ein flüchtiges Gießbad, ohne daß Reaction nachfolgt, wohingegen die Dyspnoe, Cyanose und Hydrämie sich
mehr ausgeprägt zeigen, und die durch die Kohlensäurevergiftung eingeleitete Anästhesie durch die Wärmeentziehung noch vermehrt wird.

In andern Fällen kommen Andeutungen der Reaction, man kann zwei,
ja drei Bäder machen, und dennoch folgt die Schlußscene nach, wenn
nicht auf operativem Wege Hilfe geschafft wurde; immer aber nicht in
so herzzerreißender Weise als bei der Medicinkur, weil, wo erstere einigermaßen zur Geltung kam, die Adynamie und Anästhesie, durch die
Asphyxie eingeleitet, durch die Wärmeentziehung und frustrane Erregung
des in ungleichem Kampfe befangenen Organismus erhöht wurden. Den
Eltern und Angehörigen des Kranken gegenüber hat der Arzt durchaus
keinen bösen Stand, vorausgesetzt, daß er bei einem Heilversuch unter
zweifelhaften Verhältnissen dieselben vor dem Bad auf die mögliche Alter-
native und die Zeichen aufmerksam macht, die als Vorboten günstigen
Verlaufs anzusehen sind; der Ausgang zum Schlimmen kündigt sich meistens
so volltönig an, daß die unerfahrensten Zuschauer sehr frühzeitig ihr Urtheil feststellen, und der Fall wohl nie vorkommen kann, daß ein Kind
im Bade aushauche. Ein solcher Fall ist mir weder bei der Bräune noch
in andern Fällen begegnet.

Bei Beschreibung chirurgischer Operationen pflegt immer die Frage
erörtert zu werden, welche gefahrdrohenden Zufälle während oder nach
der Operation eintreten können, und wie ihnen zu begegnen sei. Soll ich
analog hier verfahren, so weiß ich nur des Hirnschlages zu erwähnen,
nicht weil ich ihn jemals beobachtet hätte, sondern weil manche Aerzte

---

[1]) Wenn in einigen der später vorzuführenden Krankheitsfälle die dort angegebene Behandlung mit den hier ausgesprochenen Principien nicht durchaus im
Einklange steht, so muß ich bemerken, daß letztere aus dem neuesten Decennium
stammen, jene ältern Datums sind.

vermuthen, daß die Kälte das Blut nach innen treiben müsse. Dieser
Umstand könnte wohl in dem Falle möglicherweise eintreten, wenn ein
mit Hirnentzündung oder lebhafter Kopfcongestion behafteter Kranker
ohne Kopfumschläge in ein Bad gesetzt würde, welches sich dicht an
einem heißen Ofen befände. Ich nehme daher hier Veranlassung, vor
einem solchen Mißgriff zu warnen und zu bemerken, daß das Zimmer beim
Baden solcher Kranken nicht wärmer als $14-16^0$ R. sein darf. Bei Kindern, die sehr arm an Blut und Wärme sind, tritt weit eher die entgegen-
gesetzte Neigung ein; die Badeoperationen lenken den Blutstrom von den
Centren ab und der Haut zu, es kann daher vorkommen, gerade wie beim
Ansetzen trockner Schröpfköpfe in den Nacken, daß eine Ohnmacht wegen
Blutmangels im Kopfe eintritt. Wenn solche droht, genügt Horizontal-
lage, Vorhalten von Wein, um augenblicklich den Fehler gut zu machen.
Um die Besorgniß wegen Apoplexia cerebralis sanguinea zu verscheuchen,
könnte ich eine Reihe von Fällen anführen, in denen die von dem ge-
annten Leiden Betroffenen sofort in ein abgeschrecktes Bad gebracht
wurden, und nach mehreren Bädern Heilung fanden.

Noch will ich hier anführen, daß mich in den ersten Jahren, speciell
der Bräune gegenüber, ein andrer Umstand sehr besorgt machte, nämlich
die Anstrengung der Kehle bei lange fortgesetztem Lamentiren und Weinen
der Kinder, die sich im Bade befinden. Dieses Verhalten ist mir nicht
erinnerlich bei Kindern, die im vorgerückten dritten Stadium stehen und
mit großer Dyspnoe und Asphyxie kämpfen. Die Athemnoth und Kohlensäurevergiftung bestimmt sie, das Aeußerste zu ertragen, um aus ihrer
Noth zu kommen; gleichzeitig sind sie bereits indolenter geworden, und
selbst die Wärmeentziehung wirkt hier anästhetisch. Bezüglich Anderer
ist meine Wahrnehmung folgende: von 10 Kindern weinen 5 nur im Anfang oder gar nicht, 4 weitere im Anfang und bei jeder Begießung, das
10. weint und lamentirt, protestirt und wehrt sich vom Anfang bis zum
Schluß. Jedesmal bemerkte ich noch und zwar ganz besonders in Fällen
der letztern Art, daß die aphonisch heisere Stimme von der 35. Minute
an reiner, von der 50. ganz rein wurde, niemals bemerkte ich ein gegen-
theiliges Verhalten. Seit 20 Jahren lege ich auf das Schreien oder Nicht-
schreien der Kinder gar keinen Werth, sehe es aber gern, wenn sie sich
tüchtig zur Wehre setzen.

§ 10. Physiologischer Rückblick.

Bei Schilderung des hydriatischen Heilverfahrens habe ich es nicht
unterlassen, die specielle Heilabsicht, die ich jeden Augenblick verfolgte,

vorzuführen, und indem ich mich hierauf beziehe, erachte ich es genügend
für Aerzte, einige Sätze aus der Physiologie in kurzer Andeutung in's
Gedächtniß zurückzurufen. Auf dem Gebiete der Physik ist die Aufgabe,
Wärme in Kraft und Kraft in Wärme umzuführen, als gelöst anzusehen.
— Vom physiologisch-chemischen Standpunkte aus betrachtet, führen im
menschlichen Organismus Wärme- und Kraftverbrauch zu demselben Resultate, das sich in Abnahme des Körpergewichtes, in Abspannung, Er-
müdung, Erschöpfung im Gemeingefühl, und bei objectiver Betrachtung
und vom chemischen Standpunkt, im Befund vermehrter Körperschlacken
in den Producten der Excretionen, kund gibt. Wollte man demnach für
die ganze Summe der organischen Kräfte im menschlichen Organismus
einen Maßstab suchen, so würde ein solcher am Einfachsten in dem Vermögen, in einem gewissen Zeitraume Wärmeeinheiten zu reproduciren,
approximativ gegeben sein. Bleibe ich speciell bei der Minderung des
Gewichtes und der Kraft durch Wärmeverluste stehen, so habe ich nur
daran zu erinnern, daß dieselbe durch Verbrennung, d. h. durch innige
Verbindung von Organbestandtheilen mit dem an den Blutkörperchen haftenden und von den Capillargefäßen aus sich geltend machenden Sauerstoff der Luft bedingt ist; sowie daß der complicirte organische Apparat,
durch den, nach unergründlichem Gesetze, die Erhaltung des Körpers in
seiner Form, Mischung und seinem Urprincipe ermöglicht ist, eine den
Verlusten entsprechende, auf Wiederersatz gerichtete Kraftentfaltung zeigt.
Mit andern Worten: Jedem Wärmeverluste läuft in den Grenzen, in denen
Gesundheit, d. i. der Normalzustand des Organismus, möglich ist, eine
organische Thätigkeit zur Seite, die auf Wiederersatz tendirt. Auf dieses
Gesetz ist die allgemein anerkannte Erfahrung zurückzuführen, daß Menschen
in der heißen Zone weit weniger Nahrung bedürfen als in der kälteren,
daß im Winter das Nahrungsbedürfniß größer ist als im Sommer, auf
Bergen größer als in Thälern, daß in den Polargegenden der Genuß von
kohlenstoffreichen Substanzen, als Thran, Branntwein etc. weit besser ertragen wird, als im Süden. Wärmeverluste werden nicht bloß ausgeglichen durch Verbindung des Sauerstoffes mit den sog. Respirationsstoffen,
sondern auch mit stickstoffhaltigen Proteïnstoffen, ferner den unoxydirten
Metalloïden Phosphor und Schwefel, wie die in ziemlicher Anzahl vorliegenden directen Versuche von *Bœcker*, *Falk*, *Lehmann*, *Johnson*, *Genth*
u. A. ergeben.

Bœcker fand (ebenso *Becquerel* und *Falk*) bei gewöhnlicher Lebensweise und vermehrtem Wassergenuß eine Vermehrung des stickstoffreichen
Harnstoffs, der Chlor- und Phosphorverbindungen, wohingegen die Zer-

setzungsproducte des Urins: Harnsäure, Ammoniak, Salmiak, Oxalsäure
sich vermindert zeigten; dabei wurde der Stuhl befördert, die Ausschei-
lung der Kohlensäure durch die Respirationsorgane (wahrscheinlich durch
vermehrten Druck des Wassers auf die Blutsäule) vermehrt gefunden, desgleichen die Zahl der Athemzüge, wohingegen der Puls retardirter wurde.

Dr. *Genth* fand gleichfalls, daß der Genuß vielen Wassers die Ausscheidung des Harnstoffs und der Schwefelsäure vermehre, die Harnsäure
fast zum Verschwinden bringe. Der Genuß vielen frischen Wassers ist,
vom chemischen Gesichtspunkte aus betrachtet, einem kühlen oder kalten
Bade gleichzusetzen, da das in der Temperatur von ca. 10—12⁰ C. aufgenommene Wasser mit dem Urin in der Temperatur von ca. 36⁰ C. ausgeschieden wird, folglich auf seiner umständlichen Reise durch alle Provinzen des Organismus letzterem eine namhafte Wärmemenge entzog. Es
ist kaum anders zu erwarten, als daß auch Wärmeentziehung äußerlich
im Körper des Menschen, in Form von Bädern, deren Temperatur geringer ist, als die Blutwärme, ähnlichen Erfolg zeigen müsse, indem der
dadurch gesetzte Wärmeverlust nur auf dem Wege der Oxydation des
Blutes und der Organtheile ausgeglichen werden kann. Directe Versuche
liefern auch hierfür die Bestätigung. *Lehmann* (Arch. f. wiss. Heilk.
III, 1) fand bei Sitzbädern von 15 Minuten und 12—7,5⁰ R. innerhalb
3 Stunden einen Mehrverlust von 321 Grammes, wovon 191 auf den
Urin und 69 auf Lungen- und Hautausscheidung kamen, im Vergleich zu
den Verlusten in gleichem Zeitmaß, wenn nicht gebadet wurde. Von den
festen Stoffen des Urins wurden durch das Baden der Harnstoff und die
feuerfesten Salze wesentlich vermehrt, die Harnsäure vermindert, ja oft
zum Verschwinden gebracht, ähnlich, wie Solches *Genth* bezüglich des
reichlichen Wassergenusses fand. Da in gleicher Zeit auch der Respirationsproceß belebter, und davon abhängig, die Ausscheidung der Kohlensäure vermehrt, folglich der Verbrauch an Brennmaterial ein größerer ist,
so geht daraus unwiderleglich hervor, daß der Arzt, indem er sich zum
Herrn und Lenker der Wärmeverhältnisse im Körper macht, auf alle organischen Vorgänge direct oder indirect und wohlgemerkt, in rein physiologischer Weise die mächtigste Einwirkung vollbringen kann. Hiermit ist aber keineswegs die Wirkungssphäre des Wasserarztes abgegrenzt:
ein gleich wichtiger, natürlich auf das Engste mit der Wärmeentziehung
verbundener Stützpunkt, ist für seine Heilabsicht das Nervensystem.
Die unendliche Menge der sensitiven Hautnerven, desgleichen ein Theil
der Nerven der Reproductionsorgane steht der Erstwirkung seines An-
griffes zu Gebote, und auf dem Wege der Synergie und des Reflexes übt

er gewaltig auf die Centralorgane des Nervensystems, von hier aus auf das organische Nervensystem und die Blutbahnen ein; mit andern Worten: die richtige Anwendung seines Mediums erlaubt ihm eine mächtige Einwirkung auf die Statik und Dynamik des Nervensystems, indirect auf die Blut- und Säftebewegung, und alle weiterhin davon abhängigen organischen Beziehungen. Ich sollte denken, ein Arzt, der diese Verhältnisse reiflich erwägt, und mit dem gegenwärtigen Stande der Wissenschaft in Zusammenhang bringt, müßte zu der Ueberzeugung gelangen, daß eine, auf die oben ansgesprochenen Principien aufgebaute, mit möglichster Sorgfalt ausgeführte Wasserkur von ungeheurer Tragweite und durchaus specifischem Charakter, einem Entzündungsprocesse gegenüber, sein müsse. Alle in Betracht kommenden Verhältnisse sind klar, durchsichtig, fordern von ihm nichts Aehnliches, wie den Glauben an die Heilkraft eines neu empfohlenen Arzneimittels, weil sie auf chemisch-physiologischem Boden wurzeln; und geben ihm eine Waffe in die Hand, deren Handhabung leicht zu begreifen, die ihn seinem Gegner, dem Krankheitsreiz, nicht blos ebenbürtig, nein mächtiger erscheinen läßt, wenn er sich mit Nachdruck und Geschick ihrer bedient. Ich glaube es mit manchen Collegen zu fühlen, daß in dem Modus der Behandlung nur ein Punkt liegt, der anstößig erscheint, die Wärmeentziehung bis zum Extremen, und ich will gerne noch einmal auf diesen Umstand zurückkommen, um womöglich die letzte Besorgniß zu zerstreuen. In keinem Punkte besitzt der menschliche Organismus eine so wunderbare Elasticität als in dem, die Verhältnisse der Organisation so zuzurichten, daß derselbe, ohne Gefährdung des organischen normalen Zusammenhangs, die größten Schwankungen der Temperatur des ihn umgebenden Mediums zu ertragen vermöge. Ein Russe erträgt eine Lufttemperatur von −30° R., nimmt dabei ein Schwitzbad von 45° R. und hiernach ein Regenbad von 6−8° R. ohne Gefährdung seiner Existenz. Der Mensch erfreut sich seines Daseins am Eismeer wie unter dem Aequator, im strengsten Winter wie heißesten Sommer, und es scheint fast, daß die Angewöhnung, in ausgedehnter Temperaturscale zu existiren, der Erkräftigung des Körpers förderlich ist. Jäger z. B. bringen im Winter oft den ganzen Tag im Freien zu, fühlen hiernach das Bedürfniß, den Wärmeverlust durch eine reichliche Kost, insbesondere den Genuß von Spirituosen zu ersetzen, lieben daneben auch sehr warme Zimmer. Allgemein hält man ihre Lebensweise, die nachweislich die größte Lebensdauer erlaubt, für sehr gesund. Der Verlust einer großen Menge von Wärme und der Wiederersatz stellen daher durchaus keine pathologischen Zustände dar, die sich ohne Benachtheiligung nicht oft erneuern dürfen, sondern physiologische, d. h. solche, deren Rückwirkung auf den Organismus, durch Wiederaufnahme eines, dem verbrauchten Material entsprechenden Quantums von Speise und Trank vollständig ausgeglichen werden kann. Wo Wärme- und Kraftverbrauch gleichzeitig einwirken, da bedarf es eines enormen Brennmaterials zur Herstellung der Verluste an organischer Substanz. Ich war bei einer Fischerei anwesend, die von 2 kräftigen Männern ausgeführt wurde, bei einer Lufttemperatur von 16—18° R., während das Wasser ca. 17° R. hatte, stellenweise aber fast kalt war. Die Operation, bei der die Fischer gewöhnlich bis an die Knie, oft auch tiefer im Wasser standen, begann Morgens 10 Uhr und endete mit Unterbrechungen Abends nach 7 Uhr. Die Fischer hatten darauf aufmerksam gemacht, daß der Aufenthalt in kühlen Bächen außerordentlich „zehre", und daß es darum nöthig sei, von innen heraus tüchtig einzuheizen. Sie tranken 22 Flaschen Wein und ½ Flasche Rum, ohne betrunken zu sein!

Wie nun aber, wenn, nach enormen Wärmeverlusten von außen, kein Ersatz geboten wird? Der erste Ersatz wird von dem Brennmaterial des Blutes, der weitere von dem der Organsubstanz geliefert, und es kommt wirklich erfahrungsgemäß schließlich dahin, daß der Instinkt, und oft mit Ungestüm, selbst bei Schwererkrankten, nach Ersatz von Außen verlangt, ein Verhältniß, das nur möglich ist, wenn der Resorptionsproceß sehr bethätigt war, das Blut einen namhaften Theil seiner plastischen Bestandtheile eingebüßt hat, und sogar die Organbestandtheile angegriffen sind. Wie wäre es unter solchen Verhältnissen möglich, daß die Entzündung noch Fortschritte machen könnte! Vielleicht wird Mancher denken, ob man nicht durch mehrere kürzere Bäder dasselbe Ziel erreichen kann, wie durch ein zum Extremen geführtes? Ich für meinen Theil habe nie den Muth gehabt, ein solches Experiment zu wagen. Meine Gründe für das gegentheilige Verfahren sind folgende:

1) Die Bräune ist eine von den Krankheitsformen, bei denen die Kunst im schönsten Lichte strahlt. Sich selbst überlassen, wäre ein damit behaftetes Kind so gut wie verloren. Bei hydriatrischer Behandlung setzt man das mit den Bräunezeichen behaftete Kind in's Wasser und hebt es ohne solche, frisch und gesund, in der Mehrzahl der Fälle, hervor. Kann es etwas Schöneres geben?

2) Seitdem ich mit der diphtheritischen Form bekannt geworden bin, habe ich mich überzeugt, welche große Fortschritte die Exsudatbildung in wenigen Stunden oft macht, deßhalb halte ich es, bei der Bräune nicht blos, sondern bei allen sog. croupösen Krankheits-

formen für höchst wichtig, Alles aufzubieten, um mit dem ersten
Angriff einen mächtigen Vorsprung vor dem Krankheits-
gange zu bekommen. Einem schwächeren Angriff gegenüber
behielte die Krankheit Zeit fortzuschreiten, vielleicht bis zu dem
Grade, daß sie absolut unentfernbar geworden wäre. Habe ich
dieselbe zum Weichen gebracht, so bin ich Herr der Lage: wenigstens
in den ersten Stunden bin ich sicher, daß bei richtig geleitetem
Reactionsverfahren eine Verschlimmerung unmöglich ist.

3) Ich halte ein Bad von äußerster Dauer für eben so unschuldig und
gefahrlos, als ein weit kürzeres, dahingegen sind 2 kürzere Bäder
dem Kind wie den Angehörigen weit lästiger und unangenehmer
als eines, hätte ein solches die 3fache Dauer.

Alle Aerzte, die schon häufig Gelegenheit hatten, sog. Neurophlogosen
zu behandeln, dürften dem Principe nach mir beipflichten in dem Bestreben, durch den ersten Heilangriff dahin zu gelangen, daß die Krankheit in allen Factoren zum Rückschreiten gebracht werde, wenn sie die
Ueberzeugung gewinnen könnten, daß in dem ärztlichen Eingriff selbst
keine Gefährdung liege. Zum Ueberfluß will ich hier noch mit wenig
Worten zwei Fälle anreihen, in denen die nachtheiligsten Folgen, die ich
nach extremen Bädern beobachtete, eingetreten waren.

Ein Mädchen von 4 Jahren, schwächlicher, erethisch-scrophulöser
Constitution, blutarm, war in Pflege bei seiner sehr bejahrten, schwer-
hörigen, in kümmerlichen Verhältnissen lebenden Großmutter. Letztere
gewahrte nicht eher, daß fragliches Kind an der häutigen Bräune erkrankt
war, als bis heftige Erstickungszufälle eintraten, worauf ich berufen
wurde. Das Kind wurde in ein Bad von 23° R. gebracht und mit
äußerster Ausdauer behandelt, bis zum Verschwinden der Crouprespiration,
die übrigens erst nach 1 3/4 Stunden erfolgte. Natürlich war es nicht
möglich, durch bloßes Frottiren Reaction zu bewirken; es mußten warme
Krüge an die Füße, warme Tücher an die Arme gelegt werden. Das
Benehmen des Kindes in der letzten halben Stunde des Bades war vollständig apathisch. Zu Bette gebracht, schlief es sofort ein, trotz aller
Frictionen, es erwachte, wenn Hunger und Durst sich geltend machten,
schlief nach deren Befriedigung wieder ein: Hunger und Schlaf kämpften
gegen einander. Am 3. Tage hiernach war die Haut noch so wärmearm,
daß es unmöglich war, eine kleine Hautstelle, die durch Verreiben eines
Tropfens Wasser abgekühlt war, durch bloßes Frottiren zu erwärmen.
Dabei war der Glanz der Augen, der Ausdruck des Gesichtes, kurz, das
ganze Benehmen durchaus wie bei einem gesunden Kinde. Was war die

Folge dieser wirklich extremsten Wärmeentziehung? Fünf Tage blieb das Kind bis zu seiner vollständigen Erholung zu Bette, dann war es nicht mehr im Zimmer zu halten.

Weniger einfach war folgender Fall: Ein vom Croup befallenes Kind wurde zunächst mit Blutegeln, Brechmitteln, Hautreizen etc. und zwar 24 Stunden lang behandelt, als ich, wegen Erfolglosigkeit dieser Kur, consultirt wurde. Das Kind, welches durch diese Kur, insbesondere den Blutverlust, den 12 Blutegel bewirkt hatten, sehr erschöpft war, stand im Anfang des 3. Stadiums. Die Eltern erkannten wohl, daß das Aeußerste gewagt werden müsse, sollte das Kind gerettet werden, und störten, wiewohl sehr ängstlich, mich nicht darin, daß ich das Bad bis zum äußersten Termine fortsetzte. Das Kind war gerettet, konnte jedoch erst nach 6 Wochen vollständig laufen. Ohne die vorausgegangene Kur wäre eine so große Erschöpfung der Kranken, die übrigens in meiner Erfahrung ohne Seitenstück dasteht, gewiß nicht eingetreten. Die physiologische Erörterung der localen Anwendung der Kälte auf die in Entzündung begriffenen Organe bedarf keiner großen Auseinandersetzung, da sie schon seit Jahrtausenden, wenn auch mehr gegen traumatische Läsionen, eingebürgert ist. Ich nehme an, daß sie in dreifacher Beziehung nützlich und unersetzlich ist, da sie zugleich wärmeentziehend, tonisirend und anästhetisch wirkt. Durch die erstere Eigenschaft tritt sie der local zerstörend wirkenden Action des Sauerstoffs entgegen, wehrt der Eiterbildung und mindert die Expansion der congestionirten Theile. Eine Menge von Physiologen haben gefunden, daß auf locale Anwendung der Kälte eine heftige Contraction in den Capillargefäßen erfolgt, wodurch der Anschoppung der Blutkörperchen, der Erschlaffung und Erweiterung der Gefäßwandungen und der Transsudation der Blutflüssigkeit begegnet wird. Nicht minder hoch schlage ich die anästhetische Wirkung der Kälte an, die Jedermann bekannt ist, von welcher namentlich die Zahnärzte (mittelst eines Schwefelätherapparates) einen ausgedehnten Gebrauch machen, und es scheint mir fast, daß die Kälte das beste Anodynum ist. *Valentin* fand, daß beim Eintauchen des Ellbogens in Eiswasser die Fingerspitzen empfindungslos wurden; man muß hieraus schließen, daß die directe Einwirkung der Kälte auf die Nervenstämme Letzteren die Fähigkeit, sensitive Empfindungen fortzuleiten, benimmt, oder daß sie durch Erregung heftiger Contractionen in der Blutbahn die Ernährung derselben verkürzt. — Nur unter dem Eindrucke einer gewissen Wärmegröße vermag das Nervensystem in normaler Weise zu functioniren; eine mächtige Steigerung vermehrt, eine Minderung setzt die Excita-

bilität herab; wie Dies von dem Vorgange des Erfrierens einzelner
Glieder bekannt ist. Dahingegen bewirkt eine nur flüchtige Einwirkung der Kälte auf die Hautnerven, besonders wenn sie mit mechanischer Reizung sich verstärkt, die mächtigste Reaction auf das organische
Nervensystem und die Blutbahn. Die Haut wird hochroth, sehr sen-
sibel, insbesondere gibt sich das Gefühl feiner Nadelstiche kund, das entweder auf elektrische Vorgänge oder gesteigerte Wirkung des Sauerstoffs,
schwerlich aber auf vermehrte Ausscheidung dyskrasischer Stoffe — welche
Annahme auf dem Gräfenberge herrscht —, zu beziehen ist. Bei diesem Vorgang ist die gesteigerte Sauerstoffwirkung eine physiologische, bei Entzündungsvorgängen eine pathologische. Nach exorbi-
tanter Wärmeentziehung erscheint der Einfluß des Sauerstoffs als ein absolut geminderter, da dessen Verbrauch zur Deckung des enormen
Wärmeverlustes über die Grenzen der, in gleichem Zeitraume möglichen,
Restitution lief; und eine andere davon abhängige Erscheinung ist die,
daß ohne jede Vermittelung durch suffocative Vorgänge Cyanose hervortritt. Die große Apathie, die nach enormem Wärmeverlust zu Tage
tritt, hat ihren Grund in mangelhafter Einwirkung des Sauerstoffs und
hervortretender Cyanose des Blutes — und im Verlust der oxydirten
Organbestandtheile. Ob die Anästhesie bei localer Kälteeinwirkung auf
denselben Grund zu reduciren ist, oder auf die Structur der bezüglichen
Nerven, bleibt noch zu erforschen; für unsern Fall ist sie von Wichtigkeit, da sie die Uebertragung der Reizung von dem entzündeten Organ
auf das organische Nerven- und Gefäßsystem mindert. Ich mache darauf aufmerksam, daß es eine sehr lobenswerthe Arbeit sein wird, das
Verhalten das Organismus, besonders der Nerven- und Blutflüssigkeit
nach enormen Wärmeverlusten, zu untersuchen, da mir wenigstens directe derartige Untersuchungen nicht bekannt sind. — Schließlich noch
ein Wort über den Neptunsgürtel. Derselbe wirkt wärmeentziehend
und dadurch antiphlogistisch; er wirkt reizend und erregend und hierdurch ableitend vom Kopf und der Brust; durch den directen Reflex
bethätigt er die reproductive Thätigkeit in den Unterleibsorganen. Wird
er bei Kindern von der Achselhöhle bis zur Mitte der Oberschenkel oder
den Knieen herabgelegt, dann versinken dieselben alsbald in tiefen, ruhigen
Schlaf, wegen der physiologischen Ableitung vom Gehirne.

§ 11. Casuistik.

1. Fall. *R. J.*, ein Mädchen von 8 Jahren, aus K—h, relativ sehr groß
und stark, von blondem Haare, theilte die Neigung, bei der geringsten Erkältung
von Husten oder Heiserkeit befallen zu werden, mit ihrem Vater, welcher ver-

sicherte, in seiner Jugend wiederholt Bräuneanfälle überstanden zu haben. Als
Ursache der zu schildernden Krankheit ist offenbar eine Verkühlung anzuklagen,
zu der ein plötzlicher und sehr großer Temperaturwechsel (das Thermometer war
gerade vorher von 24° R. auf 8° R. gefallen) die nächste Veranlassung gab. Als
erste Krankheitssymptome machten sich geltend Fieber, Heiserkeit, Husten, Stimmlosigkeit; daneben Schnupfen. Ein Jahr früher war die Schwester ebenfalls an
der Bräune erkrankt gewesen und durch die Wasserkur hergestellt worden. Die
gute Wirkung der Kur veranlaßte die Mutter, unserer Patientin kalte Compressen
auf Kehlkopf und Luftröhre zu legen und sie beharrlich zu erneuern. Am folgenden
Tage empfing sie den Besuch des Hausarztes, welcher aus einem sehr entfernten
Zimmer das Kind busten hörend, sich zu jenem begab und seinen Verdacht, daß
ein Bräuneanfall vorliege, bestätigt findend, die Eltern von der großen Gefahr
ihres Kindes informirte. Der Arzt, ein geistreicher und erfahrener Mann, hatte besondere Veranlassung gehabt, jenes Leiden zu studiren, da alle seine Kinder hierzu
disponirten und mehrere dem Croup erlegen waren. Der Vater unserer Patientin
äußerte zu seinem Hausarzt und Freunde unverhohlen, daß er bei Hirnentzündung
und Bräune alles Vertrauen auf die Wasserkur setze, worauf jener Arzt erwiederte:
„Eilen Sie so viel wie möglich!" — jener Ort war nämlich 3 Stunden von Königstein entfernt. Etwa 5 Stunden später hinzugekommen, fand ich folgenden Zustand
vor: Patientin hatte eine heiße Haut, der große, volle Puls machte 124 Schläge
in der Minute, während in gleichem Zeitraum 28 Athemzüge erfolgten; der Gaumen
war etwas geröthet, ohne diphtheritische Ablagerungen, der Kehlkopf war beim
Druck schmerzhaft, desgleichen die Tracbea bis herab gegen das Brustbein. Die
Brustorgane schienen frei zu sein, außer mäßigen Schleimrasseln links unter der
Clavicula, hörte man nichts Abnormes. Die Hustenanfälle waren ziemlich häufig, der
Hustenton war weder ganz krähend, noch ganz amphorisch, mehr heiser und umschlagend, die Stimme beim Sprechen vollständig klanglos. Ausdrücklicher noch
als diese Zeichen bekundete die Beschaffenheit der Respiration das Stadium der
Krankheit. Beim leisesten Athmen hörte man das pathognomonische Croupgeräusch,
unverkennbar, und erkannte durch das Gehör, daß der Ausgangspunkt desselben
und die Stenose im Kehlkopfe zu suchen sei. Die Prognose war günstig zu stellen,
da Patientin relativ alt und von guter Constitution war, da die Inspirationen von
keiner besonderen Anstrengung der Muskeln begleitet waren, die Wärme der Haut
erhöht sich zeigte und cyanotische Erscheinungen fehlten. Ueberhaupt erwähne
ich dieses Falles nur wegen der großen Besorgniß, die derselbe dem Hausarzte
einflößte, und der großen Betheiligung von Nachbarsleuten, die sich auf die Nachricht, daß eine so schauderhafte Operation „auf Tod und Leben" unternommen
werden solle, eingefunden hatten, und endlich wegen der augenscheinlichen Wirkung
der Kur, die so frappant war, daß auch die Personen, denen sich anfangs die
Haare sträubten, sich schließlich des Ausdruckes der Ueberraschung nicht er-
wehren konnten. Beim Anblick der Vorbereitungen bekamen viele Zuschauerinnen
Gänsehaut und leichten Frostanfall, und configurirten ihre Mienen, als gelte es
einer Tragödie, sie sahen und hörten aber nur eine Comödie. Patientin, an's Baden
gewöhnt, benahm sich recht muthwillig. Das Bad währte 48 Minuten, da bis dahin
die pathognomischen Erscheinungen und zwar in folgender Reihenfolge verschwunden
waren. Das Bräuneathmen in 35 Minuten, die Aphonie in 40, die Heiserkeit beim
Husten in 44 Minuten. Der Puls war von 124 auf 90 Schläge in der Minute (also

in einem Bade von 48 Minuten um 34 Schläge) herabgegangen, dabei weich geworden, die Respiration von 28 auf 24 Athemzüge. Dieser Kranken nahm ich
keinen Anstand, zu erlauben am folgenden Morgen auszugehen. Ein weiteres Bad
war nicht nöthig.

Dieser Fall stellt nach meiner Eintheilung den Anfang des 2. Stadiums eines
Laryngealcroups dar.

2. Fall. Aufsteigender Cronp bei der Tochter eines Collegen aus Fft.
Ein Mädchen von 4 Jahren, von blondem Haare, wohlgenährt und fett, von
einem Vater stammend, der in seiner Jugend selbst sehr häufig mit Bräunezufällen
zu kämpfen hatte (mehrere seiner Geschwister waren dem Croup erlegen), und noch
immer jeden Rückschlag einer Verkühlung in den Respirationsorganen fühlt, ver-
kühlte sich, bekam Fieber und Neigung zum Weinen.   Alsbald bemerkte die Mutter,
daß sich die Stimme änderte, klanglos und heiser wurde und da auch der Hustenton ihr sehr verdächtig vorkam, so theilte sie Dies ihrem Manne mit, der mich,
obgleich 4 Stunden entfernt wohnend, berufen ließ.   Ich fand, nach circa 4 Stunden
hinzugekommen, während welcher Zeit verschiedene Mittel, insbesondere das Einathmen warmer Dämpfe, warme Milch, Brechmittel u. dergl. angewandt worden
waren, die Kranke in folgendem Zustande: Die Wärme des Kindes war kaum vermehrt, sein Puls klein, von 118 Schlägen (in der Minute), der Pharynx mäßig geröthet, der Percussionsschall auf beiden Seiten der Brust matt, vesiculäres Athmen,
verhältnißmäßig nur an wenigen Stellen bronchiales Athmen, Pfeifen und Rasseln
an vielen Stellen wahrnehmbar.   Brachte man, wenn das Kind in größter Ruhe
athmete, das Ohr dem Kehlkopfe nahe, so hörte man das Durchstreichen der Luft
durch den Kehlkopf fast wie im gesunden Zustande; ob wirklich schon eine die
Kehle beengende Ausschwitzung vorhanden sei, darüber konnte man fast zweifelhaft sein, mir schien die von dort drohende Gefahr weit unbedeutender, als die
vom Zustand der Lungen zu erwartende.   Mein College, welcher sein Urtheil bei
tiefen Inspirationen gebildet hatte, war sehr bedenklich, um so mehr, als die Lippen
und Wangen eine starke bläuliche Färbung angenommen hatten, die Stimme des
Kindes ganz klanglos war.   Ich sagte ihm, daß wir in dem Momente, wo das
Kind im Bade eine Begießung erhielte, bald zu einer Diagnose gelangen würden:
so war es denn auch.   Kaum war das Kind in das Halbbad (von 20° R.) getreten
als es einige tiefe Athemzüge that, wobei die Schwierigkeit des Durchtritts der
atmosphärischen Luft durch die Luftröbre und Kehle so deutlich hervortrat, daß
wir uns verlegen ansahen. Außer den angegebenen Zeichen beunruhigte mich
nämlich der Umstand, daß die Hautwärme sich rasch verlor, daß die Cyanose
hiernach noch lebhafter hervortrat, und daß mir es schien, daß das Bad vor vollständiger Behebung der Bräune beendigt werden müsse.   Das erste Bad betreffend
so mußte ich in der reizenden Wirkung des kalten Wassers und der Ableitung
des Blutstroms mehr Stütze suchen, als in der wärmeentziehenden Eigenschaft
Zu diesem Zwecke ließ ich die Temperatur des Bades auf 22° erhöhen und sehr
oft Begießungen mit Wasser von 10° R. vornehmen und zwar (mit einer Gießkanne)
über den ganzen Körper.   Als das Kind 33 Minuten im Bade sich befand, stellte
sich der 2. Frost so gewaltig ein, daß es nach 2 Minuten daraus entfernt werden
mußte.   Die oben beschriebene Reactionsverfahren wurde eine Stunde lang fortgesetzt, bis die Füße des Kindes sich erwärmten.   Mit den Krankheitserscheinungen
nahm die Sache folgende Wendung: Während des Bades weinte und wimmerte das

sind fortwährend, aber es hustete nicht ein einziges Mal. Der Resorptionsproceß im Kehlkopf machte so außerordentliche Fortschritte, daß zuletzt selbst während einer Begießung mit kaltem Wasser, wobei die Inspiration stets bis zum äußersten Grade ausgiebig ist, das Verengerungsgeräusch nicht mehr zu vernehmen war, die Heiserkeit der Stimme zeitweise einem normalen Klange Platz machte. Der sich regende Appetit wurde durch kaltes Wasser und kalte Milch befriedigt. Um jede Recidive zu verhüten, um die Resorption der Exsudate aus allen Bronchien möglichst zu befördern, wurde für den Abend die Wiederholung des Bades beschlossen und ausgeführt, hierbei war merkwürdig, daß die Wärme des Körpers sich so vermehrt hatte, daß das Kind 45 Minuten im Bade verbleiben konnte, ohne zu erschöpft zu sein, wie nach dem ersten Bade, eine Erscheinung, die bereits gründlich erörtert ist. Das Kind erholte sich sehr rasch, da dessen Verdauungsorgane in gutem Zustande waren, und durch die Kur nicht gelitten hatten. Ohne Zweifel repräsentirt dieser Fall eine von unten nach oben fortgeschrittene Bräune, da sowohl die auscultatorischen Erscheinungen, insbesondere das Mißverhältniß der Cyanose zu dem Bräuneathmen, als das Verhalten der Körperwärme beim 1. und 2. Bade und das frühzeitige Aufhören des Bräuneathmens für diese Anschauung unwiderleglich sprachen. Die Erscheinungen im Kehlkopfe repräsentirten das 2. Stadium, und zwar in seinem Anfang, das 3. die übrigen. Demnach ist die oben ausgesprochene Eintheilung nur für die absteigenden Formen maßgebend, während beim aufsteigenden beim Beginn des Laryngealcroups die Cyanose schon weite Fortschritte gemacht haben kann. Eine Schwester des fraglichen Kindes wurde gleichfalls, und zwar während sie am Keuchhusten litt, von einem heftigen Bräuneanfall heimgesucht, und durch die Wasserkur hergestellt.

3. Fall. Diesen Fall, welcher ebenfalls sich als Bronchialcroup charakterisirt, wähle ich aus, wegen des zarten Alters des befallenen Kindes, seines beständigen Winmerns und Weinens mit seinen Folgen, dem Verhalten des Hustentons nach beseitigtem Croup, und endlich der unerwartet schnellen Reconvalescenz. *J. M.* aus B., ein Knäbchen von sehr armen Eltern, war 11 Monate alt, von torpid scrophulösem Habitus, bewohnte mit seinen Angehörigen den ganzen Winter über ein niedriges, enges Zimmer, in dem alle Haushaltungsarbeiten betrieben wurden, das auch als Schlafzimmer, und was noch schlimmer war, als Küche diente. Unter diesen Verhältnissen verweichlicht, brachte man es im März, zur Zeit wo es in der Dentition begriffen war, zum ersten Male an die Luft, wobei es, trotz warmer Einhüllung, sich eine Erkältung zuzog. Hierauf bekam das Kind 2 Tage nach einander, Nachmittags 4 Uhr, einen Fieberanfall, zu dem sich Hustenanfälle mit amphorisch-rauhem, croupösem Tone gesellten und die Aufmerksamkeit mehrerer Nachbarsleute wach riefen, die nicht säumten, die Eltern auf die drohende Gefahr aufmerksam zu machen, was meine schleunige Berufung zur Folge hatte. Ich fand den Kopf des Kindes heiß, die Haut des übrigen Körpers von wenig erhöhter Temperatur, der kleine Puls machte 144 Schläge in der Minute, die Stimme war rein; befragt, wo es ihm wehe thue, deutete es auf den oberen Theil der Luftröhre. Sehr deutlich ausgesprochen war das, von Stenose herrührende, Bräuneathmen, und eine vermehrte Anstrengung der Respirationsmuskeln war unverkennbar. Patient wurde mit Halsumschlägen versehen in ein Halbbad von 21° R. gesetzt, mit Wasser von 10° R. fleißig begossen, und so behandelt, wie oben angegeben. Fortwährend suchte das Kind, die Sache sehr ungemüthlich findend, zu entfliehen, wimmerte

und weinte in Einem fort, bis zum Schlusse des Bades, welches Verhalten mich besorgt machte, da ich von der Anstrengung der Stimme Verschlimmerung fürchtete. Nach 35 Minuten sah ich mich genöthigt, obwohl das Bräuneathmen noch sehr vernehmlich war, das Bad zu beschließen. Natürlich bestand der Croupton beim Husten noch fort; der Puls war auf 132 Schläge herabgegangen. Unerwartet rasch und ausgiebig stellte sich die Hautreaction ein, und nach Verlauf von 4 Stunden war die Vornahme des 2. Bades geboten. In diesem Bade verweilte Patient 1 Stunde 15 Minuten, jammerte die ganze Zeit über ohne Unterbrechung, so daß seine Stimme zuletzt heiser wurde, und das Bräuneathmen war vollständig verschwunden. Sofort nach dem Bade wurde die Nase feucht, der Husten rasselnd, förderte auch Auswurf aus der Kehle, der aber stets verschluckt wurde. Während des Reactionsverfahrens erhielt Patient zeitweise kalte Milch, versank bald in tiefen Schlaf, und war vom folgenden Tage an nicht mehr im Bette zu erhalten, sah etwas blaß aus, war aber so munter wie kaum einmal in seinem Leben. An den 3 folgenden Tagen erhielt er zur Vervollständigung der Kur Abends noch ein kurzes Halbbad und Brustumschlag. Die Rauhigkeit des Hustentons hörte ca. 30 Stunden nach dem 2. Bade vollständig auf. Als Krise erschien nach 2 Tagen spontaner leichter Schweiß, später ein leichtes Eczem.

4. Fall. Angina membranacea laryngea. — Vorgerücktes 3. Stadium. *J. G.* aus B., ein Knabe von 5 Jahren, braunem Haare, in früherer Zeit nie wesentlich krank, von ziemlich reiner und kräftiger Constitution, wurde im Februar, zu einer Zeit, wo die Grippe herrschte, Frost, Schnee und Regen wechselten, von Schnupfen, Husten und Heiserkeit unerwartet befallen. Die in großer Dürftigkeit lebenden Eltern pflegten ihr Brod meistens von dem heimathlichen Heerde entfernt zu verdienen, und so kam es, daß nur die älteren Geschwister unseres Patienten dessen Unwohlsein gewahrten, der Sache aber um dessenwillen keine Bedeutung beilegten, weil Patient, wie immer, munter und lustig war. In der folgenden Nacht nahm die Heiserkeit zu, der Hustenton wurde krähend heiser und es blieben auch einzelne Hustenanfälle mit Erstickung nicht aus. Natürlich blieben die Geschwister, von denen das älteste 9 Jahre zählte, ganz theilnahmlos hierbei. Am folgenden Morgen währte Husten und Heiserkeit fort, der Knabe athmete mühsam, aber Niemand achtete darauf, da er sonst munter war, spielte, sogar mit Appetit aß und trank. Am Abend nach Haus zurückgekehrt, fand der Vater Patient fiebernd, stimmlos und sehr mühselig athmend, ließ ihm warme Tücher um den Hals legen und heiße Milch reichen, was aber nicht hinderte, daß die Nacht über mehrere Stickanfälle mit großer Heftigkeit sich einstellten. Das Pfeifen beim Athmen wurde lauter, das Fieber heftiger, das Athmen so beschwerlich, daß Patient sich zeitweise bewogen sah, sich aufzusetzen und mit den Armen anzustemmen, um besser athmen zu können. Gegen Mittag berufen, kam ich bald hinzu, konnte aber schon aus dem, vor der Zimmerthüre deutlich hörbaren Bräuneathmen die Natur des Uebels, wie auch sein Stadium ermessen. Außer den erwähnten Symptomen fand ich vollständige Stimmlosigkeit, krächzend aphonischen Ton beim Husten, den linken oberen Lungenlappen infiltrirt (matte Percussion, fast nur bronchiales Athmen). Kopf und Hals waren mit klebrigem Schweiß bedeckt, die Hauttemperatur in geringem Grade erhöht, Puls klein, 120 mal in der Minute anschlagend, die Respiration zu ungleich, um sie zählen zu können, Stuhl normal, die Venen an den Lippen und Augen traten etwas hervor. Im Gefühle der großen Gefahr, in der er schwebte,

ieß Patient, ohne jede Renitenz, Alles über sich ergehen. Im Halbbad von 23⁰ R.
rurde er behandelt, wie für das 3. Stadium angegeben ist, insbesondere fleißig mit
:altem Wasser übergossen; das Bad mußte aber, ehe eine Stunde verflossen war,
»eendigt werden. Die Schwierigkeit, Wärme zu reproduciren und zu reagiren, stellte
ich bei der Nachbehandlung in so hohem Grade heraus, daß erst nach 7 Stunden,
lso Abends 8 Uhr zum 2. Bade geschritten werden konnte, in welchem Patient
ine volle Stunde verweilte. Am folgenden Morgen gegen 5 Uhr nahm er das
. Bad, welchem eine Ausdehnung von 75 Minuten gegeben werden konnte. Mit
iesem Bade verband ich abwechselnd Uebergießung über Scheitel und Nacken und
ie directe Douche auf den Kehlkopf. Jedermann überzeugte sich, daß hiernach
as Bräuneathmen von seiner Stärke eingebüßt hatte, aber auch, daß es noch in
.eutlichem Grade fortbestand, wohl aber war die Dyspnoe sehr gemindert.

Zum 4. Bade wurde gegen Mittag, zum 5. Abends 7 Uhr geschritten, in der
.emperatur von 21 und 23⁰ R., ersterem die Dauer von einer Stunde, letzterem
ic von 45 Minuten gegeben; nach letzterem erfolgte trockene Einpackung, und da
iernach ein gelinder Schweiß ausgebrochen war, eine flüchtige Abwaschung im
Ialbbad. Das mit Milch und Wasser erfrischte Kind verfiel hiernach in festen
.chlaf, und kam gegen Mitternacht, also 36 Stunden von Beginn des ersten Bades
.n gerechnet, in allgemeinen Schweiß, der sich als kritischer erwies, indem Patient
.m Morgen nicht blos von aller Dyspnoe, sondern auch vom Bräuneathmen voll-
tändig frei war, wiewohl die Stimmlosigkeit, der heisere kichernde Ton bei den
eltenen, leichten und mit Rasselgeräuschen vermischten Hustenanstößen noch be-
tchen blieb. In diesem Falle erhob ein Badediener ein Hautstückchen, das Patient
.ach zu hastigem Trinken, unwillkürlich mit Husten ausgeschleudert hatte. Die
Veiterbehandlung beschränkte sich auf 2 (Morgens und Abends) feuchte Ein-
.acknugen mit nachfolgendem Halbbad von 23⁰ R., der Application einer Leibbinde,
nd eines dünnen Umschlages um die Kehle, der nur alle 4 Stunden erneuert
·urde. Die Stimmlosigkeit ging in Heiserkeit über und auch letztere verlor sich
1 4 Tagen, worauf Patient vollständig hergestellt war. Aus der vollständigen
\phonie, der jedenfalls consecutiven, relativen Betheiligung der Lungen und des
Jefäßsystems, dem hauptsächlich, als vom Kehlkopf ausgehenden Bräuneathmungs-
eräusch, schließe ich, daß der Fall ein Laryngealcroup war. Fälle ähnlicher
\rt, in denen 5—7mal zur Badeoperation geschritten werden mußte, bevor
as Bräunezeichen beseitigt war, könnte ich eine Menge anführen, einen
ogar, wo erst das 9. Bad von dem Aufhören des Bräuneathmens gefolgt
var. Sie charakterisiren sich insgesammt dadurch, daß die Zeitdauer der
Jäder anfangs eine progressive, dann eine stabile, dann eine abnehmende
st; z. B. 15, 25, 60, 75, 60, 45, 25 Minuten. Der angeführte Fall
st der Typus derjenigen, wie sie auf dem platten Lande zur Behandlung
:ommen; in der Stadt kommt man weit öfter mit dem 1. Bad zum Ziel.
\ls Grundform führe ich folgenden Fall an, bei dem es mir gelungen
st, einige thermometrische Beobachtungen anzustellen, die nicht ganz ohne
nteresse sind.

5. Fall. H. A. aus K., ein Knäbchen von 1½ Jahren, von reiner Constitution,
·on dunkelbraunem Haare, gut genährt und kräftig entwickelt, erkrankte am

3. Mai in Folge einer Erkältung an der Bräune. Als unzweifelhafte Ursache derselben stellte es sich heraus, daß das Kind 2 Tage vorher mit seinem Vater auf einen Acker gegangen war und mehrere Stunden lang, bei rauher Witterung, auf nassem Boden sich herumgetrieben hatte. Am 3. Tage Morgens bemerkten die Eltern zwar kein Unwohlsein an dem Knäbchen, aber eine rauhe heisere Stimme bei dem Reden und Husten, Nachmittags 4 Uhr aber stellte sich heftiger Fieberfrost ein, dem eine bedeutende Hitze folgte; und nun vernahm man das Bräuneathmen, die Stimme wurde heiser und unverständlich. Die später herbeigerufene Hebamme erkannte die Krankheit für Bräune und veranlaßte meine Berufung Abends ½9 Uhr. Ich fand das Kind in Fiebergluth mit vollem, kräftigem Pulse, der 144mal in der Minute schlug, bei 36 Athemzügen; das durch Kehlkopfstenose bedingte Bräuneathmen sehr deutlich und schon vom Vorzimmer aus unterscheidbar, den Hustenton in der Mischung von Heiserkeit, Aphonie und Rauheit, die Temperatur (stets im After untersucht) 40,2 C., im Halse leichte Röthung, aber von Diphtheritis, die damals nicht mehr herrschend war, keine Spur zu sehen. Das Kind erhielt dicke kalte Compressen um Hals und Kopf, wurde in ein Halbbad von 21° R. gesetzt und von 4 Personen abwechselnd frottirt, und von 5 zu 5 Minuten mit Wasser von 10° flüchtig übergossen. Da ich diese Operation leitete, so kann ich von dem Erfolg sagen, daß in den ersten 10 Minuten die Respiration tiefer und ausgiebiger wurde, und das Bräuneathmen schärfer hervortreten ließ, daß von da ab bis zur 25. Minute bei der durch die Procedur im Allgemeinen und die Regenbäder insbesondere gesetzten Aufregung, es die höchste Ausprägung erhielt, dann bis zur 32. Minute die ursprüngliche Stärke behauptete, und von der 35. Minute allmälig abnahm, so daß nach der 45. Minute auch von den Eltern constatirt wurde, daß nach einstündigem Bade das Bräuneathmen so gut wie verschwunden war. Das Bad wurde auf 70 Minuten ausgedehnt, die Stimme hatte auch da noch einen rauhen, heisern Klang. Während des Bades hatte das Kind nicht ein einziges Mal gehustet. Nach dem Bade wurde das Kind mit einem trockenen Tuche umhüllt und abgetrocknet und während dieser Procedur mit dem Leibe auf den Oberschenkel des Badedieners gelegt, dabei das Thermometer in den Anus eingeführt und eine Viertelstunde lang beobachtet. Es stieg auf 35,1 C. Puls und Respiration fast wie vor dem Bade (doch hat letztere Beobachtung keinen besonderen Werth wegen der Gemüthsbewegung, in welcher Patient sich befand). Mit einem Brust- und Halsumschlag versehen, wurde Patient zu Bette gebracht, trank tüchtig kalte Milch und frisches Wasser, und schlief alsbald fest ein, trotzdem daß die Eltern die Hände unter die Decke führten und stundenlang die Extremitäten frottirten. Am folgenden Morgen fand ich die Wärme etwas, aber nicht wie vor dem 1. Bade, gesteigert (leider! erlaubte Patient die Einführung des Thermometers nicht), der inzwischen weicher gewordene Puls machte 128 Schläge, die Respiration war ruhiger, das Bräuneathmen nicht mehr deutlich wahrnehmbar, dahingegen die Stimme noch rauh und heiser. Das um ½6 Uhr vorgenommene Bad währte 30 Minuten. Da Patient schon während des Abtrocknens einschlief, so war eine exacte Untersuchung des Pulses und der Temperatur möglich; ersterer, der leicht comprimirbar war, schlug 100mal in der Minute, letztere zeigte 37,6° C. im Anus, die Respiration war unregelmäßig, vom specifischen Bräunezeichen war Nichts mehr zu vernehmen. Das Verhalten des Patienten während des 1. und 2. Bades war ein durchaus ruhiges, das nur während der Uebergießungen von einem flüchtigen Aufschrei unterbrochen

wurde, und die Mutter (erst seit Kurzem in Königstein wohnhaft), welche unter der größten Besorgniß, unter fortgesetztem Weinen und Schluchzen dem 1. Bade ihres einzigen Kindes beigewohnt hatte, war sehr überrascht, daß dasselbe nach dem 1. und noch mehr nach dem 2. Bade nicht blos nicht erschöpft, sondern viel munterer und zum Spaßmachen aufgelegter war, sein gesundes Aussehen wieder erlangt hatte, mit Heißhunger über die dargereichte Milch herstürzte, und kaum zu Bette gebracht in ruhigen Schlummer versank; gegen Mittag wurde noch ein Bad von 28 Minuten, und Abends ein solches von 24 Minuten gemacht. Beim Schreien und tiefen Einathmen konnte man immer noch den heisern und amphorisch-rauhen Ton der Stimme vernehmen. Vor dem Abendbad war der Puls 124, weich, die Wärme (im Anus) 39,1° C.; nach dem Bade zeigte das Thermometer 37,5° und nach 5 weiteren Minuten 37,4°, Puls 108. Abends ¼ vor 9 Uhr Wärme 38,5° C. und ebenso ¼ nach 9 Uhr; Puls 112. Respiration 28. Am 5. Mai, nach vollständig ruhiger Nacht war Patient frei von allen Bräunezeichen, der Puls (wahrscheinlich unter dem Einfluß von Gemüthsbewegungen) 118, Respiration 32, Wärme 38,9. Patient wurde hiernach noch 5 Minuten lang gebadet, dann 2 Stunden lang zu Bett gebracht, dann auf sein inständiges Bitten angekleidet, worauf er umherlaufen durfte. Nach dem Urtheile seiner Eltern entwickelte er hiernach eine Munterkeit und einen Humor, wie nie in seinem Leben, so daß nun auch die Mama von ihrem eingerosteten Vorurtheil gegen die Wasserkur gründlich geheilt war. Vielleicht verdient es einer Erwähnung, daß Patient das 1. Bad Anfangs mit großer Apathie, fast ohne jede Klage ertrug, allmälig aber sensibler wurde, zuletzt um sich schlug, sich kräftig zur Wehre setzte und mit besonderem Argwohn nach der Gießkanne schielte.

Ohne frühzeitiges und sehr energisches Einschreiten würde dieser Fall höchst wahrscheinlich einen sehr rapiden Verlauf genommen haben. Den einzigen Fall mit tödtlichem Ausgang, der innerhalb 23 Jahren hierselbst vorgekommen, will ich hier folgen lassen.

6. Fall. Das fragliche 3½jährige Mädchen gehörte einer in größter Dürftigkeit lebenden Wittwe (Kl. aus K.), die mit einem Herzfehler und Lungenemphysem behaftet, sehr oft das Bett hüten mußte, wenigstens keine größere Anstrengungen ertrug, an. Unsere Kranke theilte mit ihren Geschwistern das Loos einer torpid scrophulösen Constitution, war nichts desto weniger ziemlich gut genährt, von blühender Gesichtsfarbe und dunkelem Haare. In den ersten 3 Lebensjahren nie wesentlich krank, wurde sie. 3 Monate vor fraglicher Krankheit, von Stechen in der linken Seite, Husten und Fieber befallen, hütete 3 Wochen lang das Bett, ohne irgend eine Kur gegen ihr Leiden zu gebrauchen und schleppte sich hiernach noch mehrere Wochen, mehr krank als gesund, herum, ging auch zeitweise aus, allein die Mutter fand sie in einigen Punkten gegen früher wesentlich verändert. Die frische, hellrothe Farbe ihrer Wangen war einer mehr bläulichen Farbe gewichen, welches Colorit auch die Lippen und Nägel zeigten. Das Kind blieb kurzathmig, so daß das Erklimmen der Stiege ihm fast unmöglich war, daneben bestand noch fortwährend ein, besonders zur Nachtzeit, quälender Husten, und die Ernährung war sehr mangelhaft.

An einem Samstag Abend bemerkte die Mutter, ohne sich eine specielle Ursuche der Verschlimmerung der Krankheit vorführen zu können, daß der Ton der Stimme klangloser wurde, und in der darauf folgenden Nacht stellte sich sechsmaliges Erbrechen ein, dabei Frieren und später Hitze. Am Sonntag morgens war die Stimme beim Sprechen, mehr noch beim Husten, aphonisch heiser, Patientin erhielt heiße Milch zum Trinken; im Uebrigen wurde der Vorfall nicht beachtet. Am Montag Abend stellte sich heftiger Krampfhusten mit Athemnoth ein, alsbald erholte sich aber Patientin, wurde unerwartet munter, zeigte Lust zum Spielen und trank ihre Milch mit Appetit, die Mutter redete sich ein, daß die Krankheit eine gute Wendung genommen habe, und daß der Rothlauf zu Ende sei. Deshalb erlaubte sie sich am Dienstag Morgen auszugehen und kam erst mit einbrechender Nacht zurück. Nunmehr fand sie zu ihrem Schrecken das Kind in Hitze, mit Athemnoth kämpfend, in Angst und Aufregung und vollständig stimmlos. Gegen 9 Uhr Abends stand ich dem Kinde gegenüber, als es eben einen heftigen Hustenparoxysmus zu bestehen hatte, und konnte aus dem heisern, kichernden Hustentou. sowie aus dem sehr lauten Bräuneathmen ohne Mühe die Natur und den vorgeschrittenen Grad der Erkrankung erschließen. Wenn es, wie nach jedem Hustenstoß, weinte, so vernahm man nur einzelne krächzende Laute; die Stimme war erloschen. Das Kind war mäßig warm, stellenweise mit klebrigem Schweiß bedeckt, Lippen und Wangen bläulich, die Augäpfel etwas hervorgetreten, der Puls machte 158 Schläge in der Minute, sehr gedämpfter Percussionsschall über der linken Brusthälfte, besonders nach abwärts, auf der rechten vesiculäres, mit Rasselgeräuschen untermischtes, Athmungsgeräusch; in der Ausdehnung des linken untern Lungenlappens nicht einmal Bronchialathmen vernehmbar, wohl aber unter und neben dem linken Schulterblatte; die Hals-, Brust- und Bauchmuskeln in großer Anstrengung begriffen, zur Unterhaltung der mühsamen Respiration. Die Erwägung der Anamnese, dieser fast trostlose Befund fielen wie Blei auf meine Nerven, doch hielt ich es für Feigheit, von jedem Heilversuche abzustehen, so sehr die Badefrau davor warnte. Ich ließ das mit einem Halsumschlag versehene Kind in ein Halbbad von 23° bringen, und behandelte es, wie es oben für das 3. Stadium angegeben wurde, fand aber schon große Beunruhigung über die Wahrnehmungen beim Einsetzen des Kindes in's Bad und nach dem 1. Gießbad: Das Bräuneathmen und die Dyspnoe waren so groß, daß die Badefrau sich nicht dazu verstehen wollte, das Bad fortzusetzen, da das Gesicht blau wurde und die Gesichtsmuskeln beim Athmen sich in Bewegung setzten. Nach einer kräftigen Begießung wurde das Kind nach circa 10 Minuten aus dem Bade entfernt. Als Erfolg des Bades stellte sich heraus: die Respiration wurde etwas leichter, der Husten etwas seltener, die Aphonie und das Bräuneathmen blieben unverändert, der Anfangs ruhigere Puls kam allmälig auf 162 Schläge. Um nun noch das Aeußerste zu wagen, nahm ich noch 2 kräftige Badediener hinzu und ließ in Zwischenräumen von 4 bis 5 Stunden noch 2 energische Badeversuche machen, wovon der 1. bis zu 35, der 2. bis zu 25 Minuten ausgedehnt werden konnte, und erhielt hiernach die Mittheilung, daß die Bräune im Abnehmen sei, das Kind sich aber nicht erholen könne. In der That fand ich das Bräuneathmen noch kaum hörbar, die Dyspnoe dauerte fort, die Reaction war selbst durch Zuführung der Wärme nicht herzustellen, die Zeichen an der Stimme waren unverändert. Was mir am meisten Sorge machte, war: daß die Cyanose zugenommen hatte. Das Urtheil konnte kein anderes sein, als: der Sauerstoff des Blutes ist zur Ausgleichung des Wärmeverlustes verbraucht, die Infiltration der

Luugenzellen ist — weil älteren Datums — auf dem Wege der Resorption nicht zu bewältigen, deshalb schreitet die Cyanose und Blutintoxication vor. Käme mir nochmals ein solcher Fall zur Behandlung, so würde ich jedenfalls die Gräfenberger Methode versuchen, das Kind bei offenem Fenster baden und mit seinem Bett, gut bedeckt, an die freie Luft bringen lassen. Ob das Kind auch hierbei gerettet worden wäre, ist ebenso zweifelhaft, als wahrscheinlich Genesung erfolgt sein würde, wenn die Infiltration neueren Datums und der Resorption noch zugänglich gewesen wäre. Die Dyspnoe wurde zur Orthopnoe, das Kind verfiel in Sopor und athmete aus 36 Stunden nach Beginn des 1. Bades. Section: Die Venen der Schädelhöble von Blut strotzend; die rechte Herzkammer dilatirt und mit Blutgerinnseln angefüllt, viel Serum im Herzbeutel. Von der Stimmritze au hing eine Membran der feinsten Art 10 Linien tief frei in die Trachea herab, ihre Befestigung bestand nur im oberen Drittheile; die Schleimhaut der Trachea war an den Stellen infiltrirt, an denen sie nicht von der Pseudomembran bedeckt war, oder bedeckt werden konnte. Der linke untere Lungenlappen war vollkommen hepatisirt und in großer Fläche mit der Pleura verwachsen. An dem linken oberen Lungenlappen befanden sich emphysematöse Stellen; in den Bronchien der rechten Lunge fand sich zäher Schleim in großer Menge vor.

Da eine eigentliche hydriatische Casuistik, die Behandlung bräunekranker Kinder betreffend, noch ganz in ihren Anfängen ist, so kann ich es mir nicht versagen, noch 2 Fälle hier anzuführen, die ich während der ganzen Dauer der Kur genau verfolgte, wenn gleich sie keine besonders heftige Fälle darstellen, vielmehr der Art sind, wie sie dem Arzte in größeren Städten zumeist zur Behandlung kommen dürften, indem sie den Anfang des 2. Stadiums repräsentiren.

7. Fall. Der 2jährige L. B. wurde in der Nacht vom 1. zum 2. Februar von seiner Mama nackt auf der Bettdecke liegend erblickt, während die Zimmertemperatur sehr frostig war. Von dieser Veranlassung leitete sie es ab, daß am folgenden Mittage das Kind eine fließende Nase bekam und mehrmals mit rauhem, bellendem Tone hustete, dabei mit heiserer Stimme weinte und als Ausgangspunkt des Schmerzes genau auf den Kehlkopf hinwies. Gegen Abend verschlimmerten sich die Zufälle sehr rasch; die Hauttemperatur stieg, das Athmen wurde „schärfer", der Husten rauher und erschreckender, und gegen 11 Uhr erwachte Patient unter großer Angst und Erstickungsnoth und heftigem Hustenanfall aus dem Schlafe, setzte sich auf, wurde roth und blau im Gesicht, stemmte die Aermchen auf und sah sich ängstlich nach Hilfe um. Der Anfall muß sehr heftig gewesen sein, denn in einer Gesellschaft zufällig anwesend, versprach ich in 5 Minuten zu kommen, allein diese Frist wurde mir nicht gewährt. Bei meiner Ankunft war mittlerweile der Paroxysmus vollständig vorüber, das Knäbchen, welches hellbraunes Haar, dicken, pastosen Körperbau, bei floridem Aussehen hat, und sehr fett und behäbig ist, sah wieder ganz beruhigt aus, athmete mit dem deutlich hörbaren Bräunegeräusch, hatte einen weichen Puls von 132 Schlägen bei 28 Athemzügen (in der Minute) und hatte noch fortwährend, wie namentlich bei dem Paroxysmus, Drang zum Stuhl, der aber ohne Befriedigung blieb. Das in den Anus eingeführte Thermometer zeigte 37,9. Der

Hustenton war amphorisch, bellendheiser, auch beim Sprechen und Weinen des Kindes trat Heiserkeit zu Tage. Patient, welcher sehr folgsam war, gestattete eine Untersuchung des Halses, welche das Resultat ergab, daß die vom Larynx ausgehende Infiltration und Röthung der Schleimhaut, sich verjüngend, über die Schleimhaut des Rachens bis zu dem Gaumen sich verbreitete; nirgends eine Andeutung eines Exsudates oder Geschwüres. Das stenotische Athmen wurde, als im Kehlkopf seine Entstehung findend, deutlich unterschieden. Die Percussion ergab zwar an allen Stellen ein approximativ normales acustisches Resultat: d. i. es bestand eine gewisse Dämpfung des Tones, aber sie war nirgends pathologisch scharf ausgesprochen. Ganz damit in Uebereinstimmung fand ich das Ergebniß der Auscultation: überall vesiculäres Athmen, aber matt und verschwommen hörbar.

Die Herstellung der fraglichen Affection kostete ganz bestimmt weniger Zeit, als die Schilderung der Behandlung. Letztere bestand darin, daß der mit Kopf- und Halsumschlage versehene Kranke in ein Halbbad von 20° R. gebracht, von mehreren Dienern kräftig frottirt und mehrmals mit Wasser von 10—8° R. flüchtig übergossen wurde. Auf das erste Begießen trat das croupöse Athmen sehr lebhaft hervor; das Heben des Brustkorbes hierbei schien mir mit der Anstrengung beim Athmen nicht ganz im Einklange zu stehen. Patient benahm sich ganz ordentlich im Bade, war bemüht, zeitweise sich selbst zu reiben, schrie nur auf, wenn ein Gießbad applicirt wurde. Die specifischen Symptome liefen in folgender Weise ab: Zunächst wurde der Husten, der in den ersten 10 Minuten häufig war, von da ab seltener, das Rauhe und Bellende des Tons minderte sich so, daß mit der 30. Minute fast der Normalton zu hören war. In dieser Zeit hatte auch das Bräuneathmen sich so weit verloren, daß selbst nach einem Gießbad solches kaum oder weugigstens nicht deutlich zu vernehmen war; gewiß ist, daß es nach der 35. Minute nicht mehr bestand, weshalb das Bad nach der 40. Minute beschlossen werden konnte. Ich hebe noch den Umstand hervor, daß während des ganzen Bades, so oft eine kleine Pause gemacht wurde, ein gewisses Hautzittern, Frösteln von Anfang bis zum Schlusse sich kund gab, was bei reizbaren Kindern in dieser Weise stets der Fall ist und mit der eigentlichen Frostreaction, dem s. g. 2. Frost, der sich viel lebhafter ausspricht und gewöhnlich mit cyanotischen Erscheinungen einhergeht, von Anfängern in der Hydriatrie nicht verwechselt werden darf. 10 Minuten nach dem Schluß des Bades zeigte das in den Anus eingeführte Thermometer 34,1° C., der Puls 118. Die Wärmeentziehung war eine relativ sehr große, denn die Nachbehandlungsfrictionen mußten über 1 Stunde lang fortgesetzt werden, bevor vollständige Reaction eingetreten war. Wie wichtig die nachhaltige Erzielung der letzteren ist, geht daraus hervor, daß während des Reactionsverfahrens der Hustenton wieder bräunneartig wurde, indessen das Bräuneathmen nicht hörbar war; ersterer Ton entsteht in Folge von Congestion und Infiltration des Schleimhautgewebes, das Bräuneathmen wird erst bei ausgebildeter Stase und begonnener Exsudatbildung wahrnehmbar, ist daher mit Recht als specifisches diagnostisches Zeichen anzusehen. Auch später kam noch mehrmals Croup-Hustenton vor; es war Das stets ein Beweis, daß die Congestion in der Haut nach-

ließ, die in der Kehlkopfschleimhaut sich von Neuem steigerte, und es
ist überhaupt über Alles wichtig, die Reaction nach allen Seiten, nachhaltig und möglichst activ zu bewerkstelligen, wenn man den errungenen
Sieg nicht leichtsinnigerweise fahren lassen will. Ich erinnere hierbei die
Aerzte noch ganz besonders daran, daß, wenn man keinen wohlunter-
richteten, pflichttreuen Badediener bei dem Patienten zurücklassen kann,
man sich nie darauf verlassen soll, daß die Angehörigen des Kranken dem
Nachbehandlungsverfahren die richtige Sorgfalt widmen werden, auch
wenn man die Wichtigkeit desselben, und die Art, wie solches zu instituiren,
noch so sehr an's Herz gelegt hat. Ein Grund hierfür liegt darin, daß
gar vielen Menschen, besonders aus der arbeitenden Klasse — ich möchte
sagen, nicht blos die Uebung, sondern sogar die Befähigung abgeht,
Wärmeunterschiede, besonders wie deren hier zu erheben sind, wahrzunehmen, und ich wiederhole es immer und immer, daß bei der catarrhalischen Kehlkopfbräune eine Recrudescenz der Bräunezeichen, eine Recidive
der Entzündung nur bei großer Fahrlässigkeit möglich ist. Dieser unbestreitbare Erfahrungssatz läßt das hydriatische Verfahren vor dem medicinischen wahrhaft großartig erscheinen, es gereicht wie den Kranken und
ihren Angehörigen, so auch den Aerzten zum größten Troste und krönt
das erstere als wahres antiphlogistisches Specificum. — Am folgenden Morgen
fand ich Patient, welcher die ganze Nacht hindurch in tiefem Schlafe verbrachte,
frei von Bräune mit mäßig erhöhter Wärme. Bemerken will ich, daß nach 5 Minuten
der Puls 136 Schläge machte, daß derselbe aber nach einer Viertelstunde, nachdem
ich Patient beruhigt hatte, auf 108 Schläge fiel: die Furcht vor einem 2. Bade
hatte also den Puls um 28 Schläge beschleunigt. Patient erhielt noch 1 Bad von
7 Minuten; in der folgenden Nacht öffnete sich die Haut und die Herstellung desselben war eine vollständige.

S. Fall. R. O., 6³/₄ Jahr, Sohn eines Beamten, hatte circa 14 Tage lang
Schnupfen und Husten, letzterer hatte Nachts zuweilen einen rauhen Ton, und
behielt diesen vom 26. zum 27. Januar continuirlich. Am Nachmittag letzteren
Tages wurde die Stimme umschlagend und heiser, es erfolgte 1maliges Erbrechen,
um 6 Uhr Anfall von heftigem Krampfhusten mit dem ausgesprochenen, den Eltern
wohlbekannten heftigen Croupton. 1 Stunde später hinzugekommen, vernahm ich
deutliches Bräuneathmen, amphorischen Hustenton, fand die Haut schwitzend, eine
flammigte Röthe vom Larynx aufsteigend, den etwas härtlichen Puls von 150 Schlägen
in der Minute, Wärme der Achselhöhle 36,8 C. In dem Halbbade von 20° R. verblieb Patient unter fortwährendem Protestiren, Lamentiren 49 Minuten, nachdem
bereits mit der 40. Minute das Bräuneathmen nicht mehr hörbar war. Der Puls
fiel auf 102 Schläge.

Ich hatte Patient bereits 1 Jahr früher an einem weit vorgerückteren Bräune-
anfalle behandelt und es erfolgte ebenfalls während des Bades (von 60 Minuten)
Heilung, unerachtet Patient, der mit zunehmender Besserung sich immer heftiger
zur Wehre setzte, wie ein Rasender schrie. Er hatte sich nämlich herausge-

nommen, den Badediener gröblich zu beleidigen, worauf ich ihn so lange mit der Gießkanne bestrafte, bis er um Verzeihung bat.

Die Eltern, welche ich auf das Bräuneathmen aufmerksam machte, bemerkten mir, daß das Kind schon geraume Zeit früher in F. einen Bräuneanfall mit Bräune- athmen gehabt habe und durch Brechmittel, Bäder, Hautreiz etc. davon befreit worden war.

Es zeigt dieser Fall, daß das Schreien beim Baden zur Behebung der Bräune Nichts schadet, besonders aber, daß ein Kind mehrmals von der genuinen Bräune befallen werden kann.

9. Fall. Die 4¼-jährige Tochter des Kaufmanns S. war vor circa 2 Jahren bei der in K. herrschenden Diphtheritisepidemie von der diphtheritisch-entzündlichen Bräune befallen und nur mit Mühe durch 4 Bäder davon befreit worden. Am 13. Februar wurde sie, nachdem sie drei Tage lang am Schnupfen und Husten ge- litten, von Müdigkeit, Frost und Hustenanfällen mit Croupton befallen, es gesellte sich furchtbare Hitze dazu, und ich fand am Abend Röthung im Halse, glühend heiße Haut, einen Puls von ca. 180 Schlägen, aber kein Bräuneathmen, dahingegen schien mir die in den Lungen circulirende Luftwelle verkürzt zu sein und über dem Rücken linkerseits war nur sparsames und undeutliches vesiculäres Athmen zu vernehmen. Kaum war das Kind in das Bad gebracht, so hörte man, be- sonders nach der ersten kalten Infusion, sehr deutliches Bräune- athmen, das erst nach ca. 35 Min. verschwand. Das Bad wurde nach 45 Min. beschlossen und es genügten noch 2 kurze Bäder zur vollständigen Herstellung des Kindes. Bei einiger Vernachlässigung hätte dieser Fall, in Anbetracht der Heftigkeit des Fiebers, sehr verderblich werden müssen. Er beweist, daß das Wasser das beste diagnostische und therapeutische Mittel ist, und daß ein von diphtheritischer Bräune befallenes Kind später auch noch vom genuinen Croup heimgesucht werden kann.

10. Fall. Aufsteigender Croup im 3. Stadium. Ein Mädchen von 6¾ Jahren, hellem Haar, gracilem Körperbau, erethisch-skrophulöser Constitution, aber ziem- lich gut ernährt, hatte ich bereits zweimal an Meningitis, einmal an Caries am rechten Oberschenkel ärztlich behandelt. Nachdem es seit 2 Jahren voll- ständig gesund war, klagte es seit 4 Wochen über Husten und Schnupfen, besuchte die Schule, aber hütete sich — aus Furcht vor weiteren ärztlichen Eingriffen, die geringste Klage auszusprechen. Die Mutter ist darüber außer Zweifel, daß die neueste Erkrankung dadurch entstand, daß das Kind mit nassen Füßen mehrere Stunden in der nugenügend eingeheizten Schul- stube zugebracht habe. Nachdem schon seit mehreren Tagen Abends leichte Fieberbewegungen bestanden hatten, und der Husten zur Nachtzeit mit croupösem Ton erfolgt war, stellte sich in der Nacht vom 24. zum 25. December mäßige Hitze und zunehmende Dyspnoe ein und veranlaßte die Eltern, dem Kinde eine nasse Leibbinde anzulegen. Am folgenden Tage athmete das Kind sehr beschwerlich, allein die Weihnachtsfreuden beherrschten Alt und Jung so vollständig, daß die drohende Gefahr der Kranken erst mit dem Eintritt des ersten Suffocativanfalls klar wurde. Ich wurde schleunigst berufen, ertheilte, da ich augenblicklich zu kommen verhindert war, einem Badediener den Auftrag, ein durchgreifendes Bad zu machen. Das Kind war eben aus seinem Bade, das 1 Stunde 50 Min. gewährt

hatte, erhoben worden, als ich Abends 5 Uhr hinzutrat. Der Zustand der Patientin war folgender: Das Gesicht zeigte einen Anflug von Cyanose, namentlich an der Unterlippe, den Nasenflügeln, um die Augen; die Respiration gestaltete sich zur Orthopnoe, da das Kind die Aermchen aufstützte und alle willkürlichen Respirationsmuskeln auf das Aeußerste anstrengte, um Luft durch die verengten Wege zu treiben. Der Brustkorb selbst wurde hierbei auf- und abgeschoben, machte aber an keiner Stelle eine bemerkbare Excursion, während an den Respirationsbewegungen sogar die Gesichtsmuskeln sich betheiligten. Pectoralfremitus war nirgends zu constatiren. Die Percussion lieferte tympanitischen Ton über den ganzen Rücken des Kindes, dagegen ergab sie nach vorn, besonders unter den Schlüsselbeinen, sehr matte Resonanz. Nur sehr undeutlich und wie aus der Ferne kommend, hörte man Murmeln in den größeren Bronchien, rechts unter der Clavicula gar keine Luftbewegung, links am gleichnamigen Orte leises Bronchialathmen, ohne alles Rasseln. Beide Mandeln waren etwas geröthet und ödematös aufgetrieben: von Diphtheritis keine Spur, wie denn auch kein anderer Fall von Diphtheritis seit Langem hier beobachtet worden war. Der Puls schlug 156mal in der Minute, war klein und weich; 36 Athemzüge erfolgten in der Minute, als das Kind eine Zeit lang im Bette sich befand. Das specifische Bräuneathmen bildete sich weniger in dem Kehlkopf als in der Luftröhre und war bei der In- und Exspiration sogar aus weiter Entfernung zu constatiren. Die Stimme war aphonisch heiser, der Hustenton durchaus amphorisch.

Diagnose: Patientin hatte wahrscheinlich seit einer Reihe von Jahren an subacuter Bronchopneumonie gelitten, die sich in den letzten Tagen unter Exsudatbildung bis in die Luftröhren ausbreitete, zuletzt den Kehlkopf erreichte, in Folge dessen der heftige Suffocativanfall mit Aphonie eintrat. Das Ergebniß der Untersuchung der Brust und des Fieberzustandes lassen darüber keinen Zweifel, daß ein aufsteigender Croupfall vorlag, der gewiß erst im letzten Moment seiner Heilbarkeit zur Behandlung gelangte. Meine ganze Hoffnung hing an einem Umstand, dessen prognostische Bedeutung hier mehrmals hervorgehoben werden soll. Trotz des Bades von 1 Stunde 50 Min. erwärmte sich das Kind doch außerordentlich schnell, ja sogar an den Füßen. Schon daß das Bad fast volle 2 Stunden währen konnte, beweist zur Genüge, daß hier die Wärmeentziehung zur Vermehrung der Wärmeproduction beigetragen, die Athemfläche sich vergrößert, folglich die Rückbildung der Entzündung Fortschritte gemacht hatte. Der acute Zustand hatte sich, wie erwähnt, aus einem subacuten, ja vielleicht chronischen, herausgebildet; für diesen Fall war anzunehmen, daß vollständige Heilung überhaupt nicht, oder durch längere Kur erst zu erzielen sei, da es bei hydriatrischen Kuren als feststehende Regel gilt, daß mit der Dauer eines entzündlich exsudativen Processes die Schwierigkeit und Zeitdauer bis zu vollständiger Rückbildung in geradem Verhältnisse steht.

Abends 10 Uhr, unmittelbar vor dem 2. Bade, fand ich den Puls 150, die Respiration 36; ½ Stunde nach dem Bade, welches 75 Min. währte, war der Puls 144, die Resp. von 28 in der Minute und abermals eine halbe Stunde später der Puls 126, die Resp. 28.

Nach dem Bade glich sich der Wärmeverlust abermals in sehr kurzer Zeit aus. Das tracheale Croupathmen war noch sehr laut, die Dyspnoe aber gebessert, das Resultat der Untersuchung der Brust ergab, daß das Murmeln in den Bronchien lauter, die Ausschreitungen der Brust sich in etwas bemerklich machten. Unter der linken Clavicula hörte man gar kein Athmungsgeräusch; die Herztöne waren aber über der ganzen rechten Brusthälfte sehr deutlich hörbar.

Der Kranken ist es erlaubt, Wasser, süße und saure Milch mit Rahm und Schleimsuppen zu genießen. Nach gründlicher Reinigung des Zimmers (insbesondere von Staub) werden Gefäße mit heißem Wasser auf den Ofen gestellt und ein in heißes Wasser getauchter Schwamm so auf ein Wachstuch gelegt, daß der aufsteigende Wasserdampf eingeathmet werden mußte.

Am 26. December. Es wurden 3 Bäder genommen von 60, 45 und 35 Min. und zwar Morgens 7 Uhr, Mittags 12 Uhr und Abends 7 Uhr. Puls und Respiration verhielten sich folgendermaßen:

Morgens 8 Uhr (nach dem Bade), Puls 127, Resp. 28.

Mittags 12 Uhr (vor dem Bade), Puls 124, Resp. 26.

Abends 11 Uhr (nach dem Bade), Puls 100, Resp. 20.

Von 8 Uhr Abends an begann die seither mäßig warme, aber trockne Haut sich zu öffnen, die ganze Nacht über bestand ein mäßiger, aber klebriger Schweiß, als eigentliche Krise, da Nachlaß der Wärme nud Pulsfrequenz mit feuchtem Rasseln auf der Brust und dem beginnenden massenhaften Auswurf einer gelblich weißen zähen Masse zugleich eintraten. Mittlerweile war der Puls so klein geworden, daß er an der Art. radialis nicht mehr gefühlt werden konnte, deßhalb ließ ich Patientin neben Milch auch Fleischbrühe und ein Ei reichen.

Nichts war interessanter, als die Fortschritte der Rückbildung der Krankheit von einer Tageszeit. zur andern zu constatiren. Der Hustenton war immer noch rauh, aber mit Schleimrasseln verbunden. Mit dem Verschwinden der Dyspnoe hielt das Anwachsen der in die Lunge eindringenden Luftsäule gleichen Schritt. Ein Bronchus nach dem andern öffnete sich dem Durchtritt der Luft, und nun begannen auch die Rippen bei den Athembewegungen ihr Spiel.

Am 27. December: Die Haut bleibt geöffnet, der Appetit ist vorzüglich, die Reconvalescenz schreitet vor. An verschiedenen Stellen hört man schon vesiculäres Athmen.

Mit Recht gilt der Schmerz für den treuesten Wächter der Gesundheit. Hätte hier eine Complication mit Pleuritis vorgelegen, dann würden die, nichts weniger als nachlässigen, Eltern, sich weit früher nach ärztlicher Hilfe umgesehen haben. Jeder Arzt aber dürfte für sich die Pflicht herleiten, bei jedem mit Fieber verbundenen rauhen Husten die Brustorgane einer gründlichen Untersuchung zu unterwerfen. In vorliegendem Falle war der Bronchotrachealcroup bereits in das asphyctische Stadium eingetreten, als die Affection den Kehlkopf erreichte. Vergleicht man das Lumen der Stimmritze mit dem der Trachea, so wird es einleuchtend, daß bei Kehlkopfbräune das stenotische Athmungsgeräusch weit eher zum Vorschein kommen muß, als beim aufsteigenden Croup. Der denkende Arzt wird unter solchen Verhältnissen sich veranlaßt sehen, das Stethoscop auf das Manubrium sterni und die Trachea fleißig aufzusetzen und beim leisesten Auftreten der Stenose.mit aller Energie einzugreifen, da er sich vorhalten muß, daß hier nur von der durchgreifendsten Antiphlogose Hilfe zu erwarten steht, daß von der Tracheotomie nur Wenig zu erwarten ist, während dieselbe wahrscheinlich schon für sich allein beim Laryngealcroup Rettung bringt, wenn die Canüle frühzeitig in die exsudatfreie Trachea eingesetzt wird. Neben diesen Erwägungen wird der überlegende Arzt zur Selbstbeantwortung die Frage sich vorlegen:' Welches ist die beste Methode zur Bekämpfung jeder anderen Pneumonie — ja jeder anderen Entzündungsform?

§ 12. Andere Methoden der Wasseranwendung gegen die Bräune, die in den letzten Jahren empfohlen wurden.

a) Anwendung kalter und erregender Umschläge über die Kehle und den Nacken. Ich habe vor ca. 30 Jahren einen Bräuneanfall dadurch unterdrückt, daß ich Schnee auf den Kehlkopf und den oberen Theil der Luftröhre auflegte. Dr. *Erlenmeyer* empfiehlt die sog. erregenden Umschläge über jene Theile. Kalte Compressen werden mit trocknen Tüchern überdeckt, seltner erwärmt und nicht gerade in Eiswasser getaucht. Dr. *Luzinsky* (Journal für Krankheiten 1850, 9 u. 10) empfiehlt die Localanwendung der Kälte bei fleißigem Genuß des kalten Wassers, stets in kleinen Quantitäten. Ein gleiches Verfahren rühmt *Borgmann* (Journ. f. Kinderkrankh. 1 u. 2). *Preiß* erwähnt in seinen physiolog. Untersuchungen, daß er einem Kind mittelst der Hinterhauptsdouche das Leben gerettet habe. Daß man nur im 1. Stadium und auch hier nicht mit Sicherheit· Etwas hiervon erwarten darf, ist klar.

b) Die von *Lauda, Bednar* und *J. M. Roser* (Die Erfolge des Wassers als Heilmittel) empfohlene Methode des Dr. *Harder* in St.-Petersburg. Sie wird folgendermaßen geübt: Das Kind wird mit einem Badeschwamm über den ganzen Körper mit kaltem Wasser gewaschen, dann in eine Badewanne (Halbbad) gesetzt, und mit frischem Wasser nochmals überwaschen. „Ist auf diese Weise" — spricht *Lauda* — „der ganze Leib des Kindes gut abgekühlt, worauf ich vorzüglich dann sehe, wenn die Bräune einen höheren Grad erreichte, so gieße ich mit der hölzernen Kanne das frische Wasser massenhaft in kurzen Pausen das eine Mal über den Kopf, das andere Mal über den Nacken des Kindes und fahre auf diese Art fünf Minuten und nach dem Grade der Bräune auch noch länger, und auf's Höchste 10 Minuten hindurch, fort. Während dieser Begießungen, wobei man jede Maß aus der Kanne auf Einmal und plötzlich ausstoßen muß, reibt gelinde mit der flachen Hand, die eine Gehilfin den Rücken, die andere die Brust und den Bauch der Kinder. Hiernach wird das Kind abgetrocknet, bekleidet, zu Bett gebracht, erhält Umschläge und Clystiere mit Eiswasser."

Ich habe hiergegen zu erinnern, daß eine Heilweise, die weder auf das Alter, noch die Constitution des Kranken, noch auf das Stadium der Krankheit Rücksicht nimmt, kaum für eine wissenschaftliche gelten kann. Die beschriebene Methode ist eine revulsive. Sie eignet sich nicht dazu, um durch Steigerung der Resorption den Croup zu heilen, da, wenn sie auch eine kräftige und nachhaltige Reaction auf der Haut anbahnt, doch die Wärmeentziehung zu gering ist, um der Transsudation des Blutplasmas und seiner organisatorischen Tendenz genügend entgegenzuarbeiten. *Lauda* scheint aber das Hauptgewicht auf die Incitation aller die Expectoration befördernden musculösen Gebilde zu legen, da er angibt, daß fast stets größere und kleinere Membrantheile ausgehustet wurden. Ich habe bereits angegeben, daß ich auf diese Ratio medendi überhaupt und besonders dann Wenig halte, wenn nicht vorher die Resorption bis zum möglichsten Grade eingewirkt hat.

c) *C. A. W. Richter*, einer der angesehensten hydriatrischen Schriftsteller, empfiehlt folgende Methode:

Im 1. Stadium erhält das Kind einen nassen, mit trockner Umhüllung versehenen Umschlag um den Hals, und wird dann zu Bett gebracht. Mit einem ähnlichen erwärmenden Umschlag umgibt man die Füße, jeden Fuß einzeln. Nach 3—4 Stunden nimmt man den Halsumschlag des Kindes weg, und wäscht unmittelbar darauf den Hals, Nacken und die Brust des Kindes bis zur völligen Abkühlung der Theile mit kaltem Wasser, und erneuert darauf den Umschlag und setzt ein kaltes volles Lavement. Im 2. Stadium läßt man das Kind sofort naß einpacken, legt einen dicken, unverhüllten, nassen Umschlag um den Hals, und ein nasses Tuch um den Kopf. Ist Erwärmung eingetreten, so folgt der Einpackung sogleich ein Halbbad von 16° R., bei fortwährender Uebergießung mit demselbem Wasser über Nacken, Schultern, und unter starkem Frottiren der Extremitäten 5—8 Minuten lang. Dem abgetrockneten, in's Bett gelegten Kinde wird wieder ein kalter Umschlag um den Hals, ein erwärmender um den Unterleib und die Füße gelegt, und ein Lavement gesetzt. Das Verfahren wiederholt man alle 3—4 Stunden, besonders dann, wenn sich wieder F i e b e r b e w e g u n g e n und H u s t e n a n f ä l l e zeigen, unterläßt aber die Einpackungen und Bäder, ersetzt die kalten Umschläge um den Hals durch die oben angegebenen erwärmenden, sobald sich eine Andeutung zum Schweißausbruche zeigt, und die Respiration durch den sich lösenden Schleim rasselnd wird. Im 3. Stadium erhält das Kind ein Halbbad von 16° R. und wird darin einigemal mit kaltem Wasser, über Nacken, Schultern und Kopf mit einigen Eimern kalten Wassers unter tüchtigem Frottiren der Arme und Beine, übergossen." Er fügt hinzu: „Hierbei habe ich mehrere Male die p a t h i s c h g e b i l d e t e M e m b r a n in einem erfolgenden heftigen Hustenanstoße a u s w e r f e n s e h e n, wodurch die Kinder sichtlich dem unvermeidlichen Tode entrissen wurden." *Putzar* (Neuere Wasserheilkunde) wendet erwärmende Umschläge um Brust und Hals an, die 2—3 Stunden, nach Umständen 1/4—1/2 Stunden lang liegen bleiben, dann wird das Kind feucht eingeschlagen und zugewartet, bis das Kind reichlich s c h w i t z t. Hierauf heißt es weiter: „Nach dem Schweiße folgt eine Abwaschung mit lauem Wasser und sorgfältige Abtrocknung, und nun bringt man das Kind in ein trocknes Bett, w e l c h e s es in den ersten s i e b e n T a g e n nicht verlassen darf, während welcher Zeit auch die Umschläge fortzusetzen sind", denn, sagt Derselbe weiter, „es bleibt im glücklichen Falle eine außerordentliche Reizbarkeit z u r ü c k". Wir werden bald hören, was man auf dem Gräfenberge hierüber sagt. Der Gräfenberg ist die Geburtsstätte der rationellen Wasserheilkunde, der hydriatrische Parnaß, und mit besonderer Pietät werden von allen Freunden dieser Heilweise die von dort stammenden Aussprüche entgegen genommen. Hören wir, was die von *Joseph Schindler* und Dr. *Von der Decken* herausgegebenen

„Gräfenberger Mittheilungen" über den Croup vortragen. Was der später
zu erwähnenden Behandlungsweise einen großen Theil ihres sonst unbestrittenen Werthes benimmt, ist, daß die Schilderung des Krankheitsver-
laufes sich durchaus nicht auf die Fälle bezieht, bei denen sich fragliche
Methode erprobt hat, sondern daß dieselbe vielmehr, wie l. c. angegeben,
den Schriften des Herrn Professors *Wunderlich* entnommen, alle Croupformen, ohne Sichtung ihrer charakteristischen Verhältnisse, durcheinander
wirft. Die Behandlung betreffend, sagen die Verfasser: „Beim Eintritt
eines wirklichen Croupfalles erhält das Kind einen Umschlag um Hals und Kopf,
dann eine nasse Abreibung von 10—12° R., wobei das sich erwärmende Betttuch
öfters durch ein frisch eingetauchtes ersetzt werden muß. Die Operation wird bei
offenem Fenster und unter Mitbetheiligung möglichst vieler Diener so lange mit
Beharrlichkeit fortgesetzt, bis der Husten im Geringsten nicht mehr krampfhaft ohne allen bellenden Ton, überhaupt locker und mit Auswurf begleitet
erscheint, die Stimme das Heisere und Gedämpfte verliert, und nunmehr auch das
Athmen leicht und unbehindert erfolgt. Bei schweren und vorgerückten Fallen
bleibt dieselbe Methode giltig, nur kann es nöthig werden, daß sie eine Stunde
lang und darüber fortgesetzt werde. Wenn das Kind jedoch bereits sehr herunter-
gekommen, so wird die nasse Abreibung nach 10—15 Minuten mit einer trocknen
vertauscht, das Fenster unterdessen verschlossen, und der Kranke so lange trocken
gerieben, bis eine vermehrte Wärme in den kalt gewordenen Körpertheilen hergestellt ist. Hierauf schreitet man wieder zu den nassen Abreibungen, und so fort,
bis die Erscheinungen des wirklichen Krankheitsnachlasses eingetreten
sind. Während der Kur wird dem Kinde fleißig kaltes Wasser zum Trinken
gereicht. Das Kind wird überall, besonders an den Füßen, trocken abgerieben,
ein Hals- und Rumpfumschlag umgelegt und der Kranke hinaus in's Freie
geschickt, um, soweit das Kind hierzu die Fähigkeit hat, sich activ zu bewegen,
und zwar so lange, bis der noch einmal auftretende Frost einem behaglichen
Wärmegefühle gewichen". Später heißt es: „In Rücksicht auf die hohe Wichtigkeit, welche active Bewegung auf die Vervollständigung der Wasserwirkung bei
der Behandlung des Croup hat, lasse man sich durch kein unzeitiges Mitleid ver-
leiten, den Kranken, um ihm nach einer solchen Tortur „Ruhe zu gönnen", in's
Bett zu legen, es würde Dies nicht selten die Veranlassung werden, daß die kaum
begonnenen Krankheitserscheinungen, wenn auch minder heftig, von Neuem hervortreten" etc. etc.

Die vorgetragenen Aussprüche von, auf dem Gebiete der Hydriatrie
geachteten Autoritäten, liefern den Beweis, daß auf diesem, sowie auch auf
dem medicinischen Gebiete, die Behandlung des Croup noch weit entfernt
ist, nach einheitlichem Principe verfolgt zu werden. Soll es jemals dazu
kommen, so ist in erster Linie die Lösung mehrerer Vorbedingungen eine
unbestreitbare Nothwendigkeit. Hierzu rechne ich, daß vor allen Dingen
die verschiedenen Croupformen und ganz stricte in Absicht auf die
Wasserkur, eine strenge Sichtung erfahren, insbesondere müssen die di-

phtheritischen Formen von dem catarrhalisch-entzündlichen Croup, wenigstens die entzündlichen von den ulcerösen Fällen eine strenge Absonderung erfahren, da nach meiner Beobachtung die letzteren, ohne Operation, gar kein Gegenstand für die Hydriatrie sind. Sodann ist die Diagnose nach einheitlichem Maßstab festzusetzen, wozu sich die von mir angegebenen Kriterien noch am Besten eignen dürften, so mangelhaft sie auch sind, wie ich oben bereits erwähnt. Deßhalb können für die Fortschritte der Wissenschaft alle die Behandlungsweisen nur einen untergeordneten Werth behaupten, die nicht auf strenger Charakteristik der angezogenen Beobachtungen fußen, und demnach keinen Einblick in die Natur, Ausdehnung und Bedeutung der Fälle gestatten. Sichtung der Fälle ist also unerläßlich. Hiernach wird die Feststellung der Zeichen zur unabweisbaren Nothwendigkeit, mit deren Eintritt die Diagnose des ächten Croup wissenschaftliche Berechtigung erlangt. Hierüber habe ich mich im nosologischen Theile dieses Schriftchens klar und bestimmt ausgedrückt, und wenn ich im therapeutischen Theile von fast allen anderen Symptomen abgesehen, und im Bräuneathmen den einzigen richtigen Barometer der Bedeutung und der Höhe der Erkrankung gesucht habe, so kann ich mit aller Bestimmtheit die Behauptung anreihen, daß mich in so vielen Fällen dieser Wegweiser nie irre geführt hat, d. i. wenn nach einer kalten Begießung von diesem Symptome keine Spur mehr hörbar war, so war die Bräune insofern gehoben, als die Lebensgefahr abgewendet war, und die Beseitigung der übrigen Symptome keinen tiefen Eingriff mehr nöthig machte, da in den meisten, wo nicht allen Fällen, ohne weiteres Einschreiten der Kunst von selbst Heilung erfolgt sein würde. Dem Croup gegenüber hat, nach meiner unmaßgeblichen Ansicht, der Arzt nur eine Indication zu erfüllen und Dieses ist die Vitalindication: Abhaltung der Asphyxie. Sind die, eine solche verkündenden Zeichen in vollem Rückzuge begriffen, dann nähert sich der entzündliche Krankheitscharakter mehr dem ungefährlichen catarrhalischen. Es bleibt daher für eine rationelle Behandlung unerläßlich, Zeichen für den Beginn und das Aufhören der Krankheit, d. i. die dadurch angedeutete Gefahr, festzusetzen. Allerdings tritt nach der Beseitigung der Lebensgefahr, resp. der Entzündungsvorgänge die Indication der Behandlung des Fiebers in den Vordergrund, in den Fällen, wo mit der Erfüllung der Vitalindication nicht auch die des Fiebers, wie so oft, ihre Erledigung gefunden hat. In keinem Falle ist diese Beziehung von großer Bedeutung, wenn die von mir angegebene Hauptkur vorausgegangen ist.

Weit entfernt, die Stelle eines Lord-Oberrichters in Sachen der Hy-

driatrie behaupten zu wollen, kann ich es mir nicht versagen, den Maßstab meiner Theorie und Erfahrung an die wesentlichsten, mir bekannt
gewordenen, Methoden der Anwendung des Wassers beim Croup anzulegen, theils weil die Sache eben so interessant und wichtig, als beleh-
rend ist, theils weil ich auch mein Schriftchen der öffentlichen Beurtheilung gern anheim gebe, ja einer solchen empfehle.   Weit entfernt
von der Ansicht, etwas Vollendetes, Unverbesserliches geliefert zu haben,
ist ja die eigentliche Tendenz dieser Arbeit, die Frage der Behandlung des Croup von Neuem in Fluß zu bringen und zu sorgsamer Prüfung der Wasserkur, als eines wahren Specificums
hiergegen, anzuregen. Ich beginne a. mit Würdigung der blos localen
Anwendung des Wassers.   Ich betrachte dieselbe als einen rein medicinischen Eingriff, als ein Ersatzmittel für die werthlos befundenen localen
Blutentziehungen, aber durchaus nicht als einen Ausdruck für die Mächtig-
keit der Krankheit und die Tragweite der Hydriatrie; es ist eine schöne
Blume, aus dem Zusammenhang des Kranzes herausgebrochen. Vielleicht
fühlt mancher Hydriatriker, daß selbst die von mir empfohlene Methode
nicht streng hydriatrisch ist, vielleicht etwas mehr ins Feine hätte gearbeitet sein können. Ich pflichte dieser Idee, besonders die Nachbehandlung anlangend bei, und bemerke, daß es weniger meine Absicht war,
Wasserärzten, als Medicinärzten eine trostreiche Methode an die Hand zu
geben, ohne die Letzteren zu nöthigen, sich entschieden auf hydriatrisches
Gebiet zu begeben. Rom ist nicht in einem Tag gebaut worden. In der
localen Kälteanwendung und der Compression, wo sie zu instituiren sind,
besitzen Mediciner die wirksamsten Antiphlogistica. So günstig der Kehlkopf für die locale Kälteanwendung gelegen ist, so muß doch Jeder begreifen, daß vom wissenschaftlichen Standpunkte eine solche nicht zu
rechtfertigen ist, selbst wenn man gleichzeitig Wasser reichlich trinken
läßt und zu Clystieren einverleibt. Es ist einleuchtend, daß sich ihre
Wirksamkeit dann weit leichter geltend machen kann, wenn durch prolongirte allgemeine Bäder sämmtliche Entzündungsfactoren geschwächt
sind, als bei gegentheiliger Annahme, besonders wenn Patient zu den
kräftigen, vollsaftigen gehört und die Elemente kräftiger Reactionsentfal-
tung in sich vereinigt. Jeder findet mich gläubig, wenn er behauptet,
durch bloße Localanwendung der Kälte, bei einem schwächlichen Kinde,
eine entzündliche Localreizung gehoben zu haben.

b. Der von *Harder* und *Lauda* empfohlenen Methode liegt offenbar,
wie aus der Schrift von *Lauda* hervorgeht (das hydriatrische Heilverfahren bei der häutigen Bräune, Prag 1845), das Princip zu Grunde, durch

7*

Anregung der Respirationsorgane eine mechanische Entleerung des Larynx und der Trachea von der Membran zu bewirken. Der Eingriff ist ein rein medicinischer, ein Coup de désespoir. Ohne vorherige Bekämpfung der Entzündungsfactoren ist von der Ausstoßung der Membran, die auf diese Weise allerdings leichter zu ermöglichen ist, als durch Brechmittel, durchaus kein nachhaltiger Erfolg zu erwarten, da die Ablösung von Membranstücken durch einen Nachschub bedingt ist, die Membranstücke oft so massenhaft sind, daß sie kaum durch eine große Trachealwunde, geschweige durch die enge Stimmritze Durchgang finden können. Bei Ausdehnung der Krankheit in die Verästelungen der Bronchien, namentlich beim aufsteigenden Croup kann man in Leichen dickere, zuletzt fadenförmige Cylinder aus den feinsten Bronchien hervorziehen; wie ist es möglich, daß hierbei Luft hinter dieses verzweigte Exsudat treten, es ablösen und herausschleudern kann, abgesehen von seiner großen Masse, die jetzt erst gefahrdrohend werden müßte! — *Lauda* flößt Jedem, der seine Schrift liest, die Ueberzeugung ein, daß er ein durchaus wahrheitsliebender Mann ist, und es fragt sich hiernach: „wie sind seine glücklichen Erfolge zu erklären?" Unstreitig ist seine Methode nicht auf Antiphlogose berechnet, gleichwohl bewirken die kalten Begießungen eine gewaltige Reaction in der Haut, der Blutstrom nimmt eine centrifugale Richtung und es ist um so eher eine Resolution des Entzündungsprocesses zu erwarten, je weniger reine entzündliche Elemente concurriren, je blut- und wärmearmer der Kranke, je näher die Affection ihrem Anfange steht. Ohne die Glaubhaftigkeit Anderer, am wenigsten die *Lauda*'s, im Mindesten antasten zu wollen, bemerke ich, daß ich selbst nach energischer Antiphlogose (durch Bäder) in keinem einzigen Falle von Uebergießungen über den Kopf und Nacken die mindeste günstige Wirkung direct gesehen habe, dahingegen hat sich die Douche auf Kehlkopf und Luftröhre in 2 Fällen bewährt, wie ich oben angegeben habe. Nochmals muß ich auf das Auswerfen von Membranstückchen zurückkommen, bemerkend, daß dieser Umstand von der Zukunft weitere Aufhellung verlangt. Da ich bei Weitem nicht bei allen den Bädern zugegen war, die auf meine Vorschrift von meiner Badedienerschaft in Ausführung kamen, so habe ich Letztere über ihre Wahrnehmungen befragt. Sie sprechen einstimmig darüber sich so aus: „Wenn das Bräuneathmen im Bade beginnt unhörbar zu werden, dann wird das Athmen feuchter und rasselnder. Kommt nun Husten, so hört man, daß Schleim aus der Kehle hervorkommt, aber die Kinder schlucken Alles hinab. Gibt man in diesem Augenblicke den Kindern zu trinken, so kommt es oft vor.

daß sie sich in der Hast verschlucken und dann in heftigem Krampfhusten auch Stückchen von einer Haut herausschleudern. Im Ganzen
kommt dieser Fall doch nicht sehr häufig vor etc." Ich erinnere daran,
daß manche Schriftsteller von dem Aushusten von Membranstückchen
die Diagnose des ächten Croup abhängig machen, woraufhin diesem
Zeichen eine unverdiente Wichtigkeit beigelegt wurde.

c. C. A. W. *Richter* gibt in seinem hauptsächlich für Nichtärzte verfaßten
„Wasserbuche" keine Beschreibung der Krankheit und keine Schilderung von
Einzelfällen, und noch weniger ein Urtheil über die Natur des Croup. Die empfohlene Methode scheint mir kaum bei neu entstandenen, geschweige bei vorgerückten Fällen ausreichend; die nassen Einpackungen sind mindestens überflüssig;
wenigstens könnte ich mich nie dazu verstehen, bei einer so rapid verlaufenden
Krankheit 1 Stunde Zeit mit Einpackungen, statt mit durchgreifenderem Handeln
enteilen zu lassen. In vorgerückten Fällen sucht auch *Richter* in dem *Harder'*-
schen Verfahren sein Heil.

d. Dr. *Putzar* beschreibt in seiner „Neueren Wasserheilkunde" (Magdeburg
1850, p. 120) den entzündlichen Croup, unterscheidet 3 Stadien und läßt das 3.
beginnen mit einem rasselnden Geräusche in der Luftröhre. Sein Handeln im 1.
und 2. Stadium ist noch weniger durchgreifend und besitzt durchaus nicht den
Charakter einer Antiphlogose, und ich bezweifle, daß ihm in dem Punkte ein Arzt
beipflichten kann, daß er künstliche Schweißerregung fordert, ehe die vollständige Resolution der Entzündung vorbereitet ist. Für das 3.
Stadium acceptirte er die, meiner Erfahrung nach, wenig trostreiche *Harder*'sche
Methode.

Dr. *Putzar* schließt mit folgenden Worten: „Ich würde nie ein Kind unter
9 Tagen an die Luft bringen lassen, und selbst dann nur bei milder, warmer Luft,
und es ist mir unerklärlich, wie man in einigen Wasserschriften sagen kann, daß
die Kinder den 4.—5. Tag nach einem oder mehreren Croupanfällen wieder an
die Luft gehen können; ist es ohne Nachtheil geschehen, dann war es gewiß nicht
wirklicher Croup". Sein Handeln steht sonach im strengsten Contraste mit dem
des Herrn *Schindler*, und es verdienen die Widersprüche zweier hydriatrischer Autoritäten eine genauere Prüfung.

Ich sollte denken, es müsse mir gelingen, diese Dissonanzen in Har-
monieen aufzulösen. Vorher muß ich einer Vermuthung noch Ausdruck
geben, die mich, die von *Richter* und *Putzar* angegebenen Methoden gegenüber, beschleicht. Beide Männer sind zu erfahren auf dem Gebiete der Hydriatrie, um nicht zu wissen, daß die von ihnen empfohlene Methode keine
streng antiphlogistische sei. Warum greifen sie nicht tiefer ein? Halten
sie den Croup nicht für eine Phlogose, unerachtet ihm sämmtliche Attri-
bute in fast höherm Grade, als jeder andern Entzündungsform eigen sind?
Es ahnt mir, als ob ihre Ansichten von der Natur des Croup durch
solche Theorieen präoccupirt worden seien, die in der Thatsache der Un-

zulänglichkeit der medicinischen Antiphlogose wurzelnd, dem Croup den Charakter einer reinen Phlogose streitig machen. *Schönlein*, s. Z. der erste deutsche Kliniker, gab hierzu den Anstoß, indem er die Bräune mit einigen andern Formen zusammenwarf, und mit seiner schwunghaften Phantasie eine eigene Classe schuf, die er Neurophlogosen nannte, die sich übrigens von andern Phlogosen durch nichts unterscheiden, als durch den raschen Lauf, in dem sie ihre Stadien durcheilen. Wenn der Erfolg eines Heilverfahrens als rationeller Prüfstein auf die Natur einer Krankheit Geltung haben soll, so erweist die Hydriatrie, daß der Croup, wie der Hydrocephalus acutus Phlogosen, und zwar solche Phlogosen sind, die zu ihrer Bekämpfung die volle Stärke der Antiphlogose herausfordern.

c. Ich komme nun endlich zu der Behandlungsweise, von der die Gräfenberger Mittheilungen (Bd. I. p. 50) erwähnen, „daß sie in ihren Grundzügen dieselbe ist, wie *Prießnitz* sie angewendet. In fast unveränderter Weise durch den Badearzt *Schindler* in allen Fällen von Croup, wo seine Hilfe in Anspruch genommen, geübt, hat sich dieses Verfahren, als sicher und rasch die Gesundheit wieder herstellend, bewiesen und bewährt". (Auch Herr Dr. *Winternitz* in Wien hat diese Methode in 4 Fällen mit bestem Erfolg geübt). Leider erfahren wir nicht, wie viele Fälle von *Prießnitz* und *Schindler* nach dieser Methode behandelt wurden, welchen Formen sie angehörten, in welchem Stadium die Behandlung begann, wie lange die angegebenen Proceduren fortgeführt wurden, bis sie zum Ziel führten, und bleiben sogar über das Ziel des Verfahrens in Zweifel. Denn wenn es l. c. heißt: „Das Frottiren muß mit der größten Beharrlichkeit und Ausdauer so lange fortgesetzt werden, bis der Husten im Geringsten nicht mehr krampfhaft, ohne allen bellenden Ton, überhaupt locker und mit Auswurf begleitet erscheint, die Stimme das Heisere und Gedämpfte verliert und nun auch das Athmen leicht und ungehindert erfolgt" — dann muß ich nach meinen Erfahrungen hierzu bemerken, daß dann bei sehr vorgerückten Fällen dieses Verfahren Tage lang fortgesetzt werden müßte. Die Lebensgefahr ist beseitigt, so bald die Luft ohne jede Behinderung, und ohne auf exsudativen Widerstand zu stoßen, zu und von den Lungenbläschen gelangen kann. Ist dieser Zweck erreicht, dann ist man oft noch weit von dem Ziel entfernt, daß auch die Stimme ihren Normalklang beim Husten und Sprechen hat, und ein ganz gewöhnliches Referat meiner Badediener heißt: „die Bräune ist weg, aber der Husten noch rauh".

Auch in einem andern Punkte finde ich die Erfahrungen des Herrn *Schindler* mit den meinigen nicht im Einklang, da *Schindler* stets im ersten Anlaufe zum Ziele gelangte, während ich oft drei, ja in einem Falle neun äußerst forcirte Angriffe machen mußte, um normales Athmen zu hören. Eigenthümlich klingt folgender Satz: „Erfolgt bei dem reichlichen Wassertrinken, in Folge des Hustens, der auf zufälliges Verschlucken eintritt, Erbrechen, so verfehlt Dies selten, eine bald wahrnehmbare günstige Rückwirkung auf sämmtliche Krankheitserscheinungen zu äußern etc." Abgesehen davon, daß der Arzt, der auf' den Act des Erbrechens großen Werth legt, verpflichtet ist, ein Emeticum (am Besten extr. Ipecac.) zu geben, scheint dieses Verhältniß nicht aus der hydriatrischen Praxis, sondern eine medicinische Reminiscenz des Dr. *v. d. Decken* zu sein, der nie praktischer Wasserarzt, wohl aber geistreicher Schriftsteller war. Nach meiner Erfahrung schlage ich den Werth eines Brechmittels sehr gering an, und in den, der Hilfe zugänglichen Fällen halte ich es für eine zwecklose Quälerei. Bei dieser Gelegenheit will ich auch die Frage erörtern: Soll viel Wasser getrunken werden, oder wenig? Sollen Clystiere gesetzt werden, viele? wenige? reichliche? kleine? oder gar keine? Die Vortheile des reichlichen Genusses reinen Quellenwassers von 8—10° R. und von reichlichen Clystieren derselben Art finde ich in der directen Reizung der Magen- und Mastdarmnerven, der directen Erregung des Pfortadersystems und der Leber und verschiedener Secretionsorgane, in der wärmeentziehenden Wirkung dieser Proceduren, und endlich in specieller Einwirkung auf den Chemismus des Blutes. Die zu befürchtenden Nachtheile liegen in dem vermehrten Druck der Blutsäule auf die in Stase befangenen Gefäße, und der größern Tendenz zu Transsudationen (ich erinnere nur daran, daß es *Magendie* gelang, durch Injectionen von Wasser in Venen, künstliche Hydropsieen herbeizuführen); hauptsächlich aber in Minderung der Hautreaction. Demgemäß lasse ich erst nach vollständiger Sicherstellung der Hautreaction fleißig Wasser zum Trinken reichen und reichliche Clystiere setzen. Bei armen Personen, wo ich fürchten muß, daß eine Verunreinigung des Bettes große Inconvenienzen herbeiführen kann, unterlasse ich die Application von Clystieren ganz. Ich finde es höchst wichtig, daß man stets darauf bedacht sei, jede Störung in der Hautreaction zu vermeiden. Bei Kranken, die auf Stroh gelagert sind, keine genügende Bedeckung haben, ist die Wasserkur nicht an ihrem Platze, doch ist, bei Kindern namentlich, überall Abhilfe zu ermöglichen. Hier möge auch die Beantwortung der Frage eine Stelle finden, ob die Wasserkur sich mit einer Medicinkur verbinden läßt. Ich bin der Ansicht, daß die Wasserkur einer solchen Allianz nicht bedarf, daß ihre Kraftentfaltung durch Blutentziehung außerordentlich beeinträchtigt wird, und warne ganz besonders vor gleichzeitigem Gebrauche des Tart. emeticus, selbst in einem Brechmittel, weil die unausbleibliche Folge die ist, daß Brechweinsteinpusteln über den ganzen Körper kommen, die bei mehrmonatlichem Bestande den Kranken außerordentlich peinigen. Schließlich noch ein Wort über die Nachbehandlung und die Divergenz der Grundsätze *Putzar*'s und *Schindler*'s.

So oft ein Croupfall auf mäßig starken Angriff weicht, verwehre ich es durchaus nicht, wenn am folgenden Tage schon lebenskräftige Kinder, sei es auch im Winter, sich ins Freie begeben, oder resp. mit Schutz vor Verkühlung in der Luft umhergetragen werden. Hat die Bewältigung eines Croupfalles extremen Eingriff nöthig gemacht, dann ist bei dem von mir angegebenen, mit Sorgfalt geübten Reactionsverfahren noch nie eine Andeutung zu einer Recidive vorgekommen: Grund genug, nicht davon abzugehen. Zu dem *Prießnitz*'schen Reactionsverfahren kann ich mich wohl beim Typhus, wo es indicirt ist, aber durchaus nicht nach heftigem Croupanfall, verstehen und zwar aus nachstehenden Gründen: Es ist eine unerschütterliche Regel, Organe, die in einem Entzündungsprocesse befangen sind, möglichst außer Function zu setzen. Wer meine oben ausgesprochene Ansicht bezüglich des mehrseitigen Nachtheils, den die atmosphärische Luft beim Croup bereitet, theilt, und erwägt, daß in vorgerückten Fällen die Bronchien stets mehr oder weniger an dem Entzündungsproceß participiren, ebenso wie die Lungenzellen selbst, der muß mir wohl beipflichten, wenn ich jede Anstrengung der Respirationsorgane fern zu halten suche. Auch in dem Punkt rechne ich auf Zustimmung, daß ich mindestens noch 24 Stunden lang nach Abwendung der Lebensgefahr dem Hauptphlogisticum, dem Sauerstoff der Luft, keine besondere Entfaltung seines Einflusses gestatte, wie *Prießnitz*, wenn er die Reconvalescenten nöthigt, active Bewegung in freier, frischer Luft und unter Aufgebot der letzten Kräfte zu machen. Schließlich scheint es mir aber aus dem Grunde, weil stets ein Angriff genügte, daß *Prießnitz* nie so vorgerückte Fälle zu bekämpfen hatte, als ich, sonst würde der Erfolg der gewesen sein, daß selbst ältere Kinder, geschweige solche unter 3 Jahren, zu keiner ausgiebigen Reaction gekommen wären. Bei dem *Prießnitz-Schindler*'schen Verfahren wirken 3 Potenzen auf die Hautnerven erregend ein, das kalte Wasser, die Frictionen und endlich der Reiz der atmosphärischen Luft. Ist durch den Angriff die Reactionskraft nicht zu sehr in Anspruch genommen worden, dann würde ich nicht anstehen, dieses Verfahren beim Croup für ebenso rationell zu halten, als beim Typhus, stünden hierbei nicht die erwähnten Bedenken, insbesondere die Reizung der vielleicht noch fortglimmenden Entzündung in den Respirations-organen im Wege. Die Diät anlangend, weicht, nach heißem Kampf, meine Behandlung von der Gräfenberger darin ab, daß ich den Recon-valescenten so lange auf den Genuß von Milch, Weißbrod, Wasserschleim und Obst beschränke, bis Auskultation und Percussion mir einen durch-aus befriedigenden Aufschluß über den Zustand der Lungen geben. Da-von, sowie von dem Umstand, ob der Reconvalescent seine frühere Wärme und Reactionsfähigkeit wieder erlangt hat, mache ich die Erlaubniß, sich ins Freie begeben zu dürfen, abhängig. Nach diesen Vorbemerkungen kann ich auch einen Vergleich zwischen dem Gräfenberger Nachbehand-lungsprincip und dem des Dr. *Putzar* anstellen. Es ist anzunehmen, daß nach dem Gräfenberger Verfahren die Krankheit dadurch gehoben wurde, daß die wesentlichen Factoren der Entzündung Beseitigung fanden, was bei dem *Putzar*'schen nicht oder bei Weitem nicht in dem Grade voraus-zusetzen ist. *Prießnitz* sucht eine fortwährende active Erregung in der Hautthätigkeit zu erhalten durch jene drei Einflüsse und kann es hier-nach wagen, durch active Bewegung inmitten einer frischen, sauerstoff-reichen Luft die Wirkung des vorangeschickten Bades zu vervollständigen. *Putzar* sucht durch eine gewaltige Schweißerregung, vor Beseitigung der Entzündungselemente, das Blut auf passivem Wege, durch nasse Ein-packung nach der Haut zu locken, und das Resultat der erhöhten Lebens-thätigkeit, die vermehrte Wärmebildung, durch Schweißerregung auszu-gleichen. Da aber das Material zum Neuauflodern des Entzündungs-processes noch vollständig im Körper ruht, die Haut durch stunden-, vielleicht tagelanges Schwitzen höchst vulnerabel geworden ist, so bedarf es von seiner Seite der größten Vorsorge vor Verkühlung. Allerdings! Aber ich kann die Schlußfolgerung nicht für berechtigt halten, daß die auf dem Gräfenberge, in entgegengesetzter Weise, behandelten Recon-valescenten nicht an wahrem Croup gelitten haben sollen. Die Gräfen-berger, nunmehr auch von Dr. *Winternitz* probat gefundene Behandlung verdient volle Beachtung und es wäre Nichts erwünschter, als wenn Herr *Schindler*, ohne alle fremde Intercession, seine Beobachtungen, unter ge-nauer Schilderung der Fälle, und Diagnose veröffentlichen wollte. Da, wie gesagt, der Zweck dieser Schrift ist, eine möglichst große Reaction unter den Aerzten rege zu machen und Diese zu veranlassen, bei Behand-lung des Croup nach hydriatrischen Principien rationelle Versuche zu machen, so fürchte ich nur, daß mein Bestreben unbeachtet bleiben möge, würde aber selbst in dem Falle eine große Genugthuung finden, falls eine ärztliche Jury, nach reiflicher und gerechter Prüfung, nicht meiner, sondern jeder andern Methode die Palme zuerkennen würde; aber es muß dahin kommen! es muß der ärztliche Stand über kurz oder lang dieser Methode sein Augenmerk zuwenden, er ist es der Wissenschaft und der leidenden Menschheit schuldig und — sich selbst.

ZWEITER ABSCHNITT.

Durch Diphtheritis bewirkte Erkrankungen am Croup.

I

§ 1. Einleitung.

Vom Jahre 1850 bis gegen das Ende des Jahres 1865 erfreuten
sich die Bewohner Königstein's der seltenen, ja unerhörten Thatsache, daß
eine große Anzahl von Kindern am Croup, dem größten Schrecken der
Mütter, erkrankte, alle aber, mit Ausnahme eines Einzigen durch die
Wasserkur vom Verderben errettet wurden. Dieses Factum steht unerschütterlich fest und findet bei der ganzen Bevölkerung der Stadt, bei
Freund und Feind nicht den mindesten Widerspruch. In fast allen
meinen (halbjährigen) Sanitätsberichten habe ich die Regierung darauf
aufmerksam gemacht, und unerachtet mein hydriatrisches Handeln Jahre
lang der strengsten Beaufsichtigung unterlag, so blieben doch die zahlreichen Heilungen der häutigen Bräune als unbestrittene Thatsache un-
angetastet. Schon die erste hydriatrische Bräunekur erregte ein solches
Aufsehen, daß von da ab jede folgende mit der größten Spannung von
dem Publikum verfolgt, und wie Dies an so kleinen Orten nicht anders
der Fall sein kann, zum Gegenstand von vielseitigen Erörterungen gemacht
wurde. Ohne Widerspruch stehen Heilungen mit der vorausgegangenen
Kur in einem dreifach möglichen Verhältnisse; erstere hätten erfolgen
können auch ohne Kur, ja trotz der Kur, und gewiß nicht der größte
Theil ist nur den Kureingriffen zuzuschreiben. Schlagen wir aber den
Bruchtheil der durch eine Kur Geretteten noch so gering an, ziehen wir
gleichzeitig ein anderes Bedenken in Rechnung, das Aerzte und Nichtärzte weit höher taxiren, nämlich das Wankende und Schwankende in der
Diagnose des wahren und falschen Croup, und schlagen wir die Möglichkeit von vorgekommenen Verwechselungen noch so hoch an, so glaube
ich doch in der Lage zu sein, der ganzen Skepsis, die sich hier anklam-
mern möchte, die Spitze abbrechen zu können, wie sich aus Folgendem
ergibt.

Ich frage zunächst: Ist es wohl möglich, daß ein Kind am Croup
erliege, ohne daß es die Angehörigen bemerken? Ich glaube kaum. Die

Krankheit ist im Volke so bekannt, so gefürchtet und für alle Zuschauer
so erschreckend und in ihrem Endstadium so charakteristisch, daß auch
die ungebildetste Mutter merkt, daß das Kind Luftmangel hat, und von
dem Hilfe suchenden Kinde sich aufgefordert fühlt, unter allen Umständen sich nach Hilfe umzusehen. Aerzte und Nachbarsleute werden
zu Rathe gezogen, und wenn der Arzt wirklich die wahre Natur der
Krankheit verdecken wollte, so ist der erschreckende Hustenton, das
Ringen mit Erstickungsnoth doch der Art, daß kein Laie auf die Dauer
zu täuschen ist. Noch absurder wäre die Annahme, daß in Königstein,
einem Städtchen von 1900 Seelen, in 15 Jahren nur ein Fall von echtem
Croup vorgekommen wäre. Theilweise bin ich diesem möglichen Ein-
wande schon dadurch begegnet, daß ich mehrere Fälle namhaft gemacht
habe, die ich mit andern Aerzten behandelt habe, und werde einen
weiteren Fall dieser Art noch zu erwähnen haben; sodann habe ich verschiedene Aerzte in der Behandlung des Croup unterrichtet und erfahren,
daß dieselben bereits über 60 Kranke dieser Art mit der hydriatrischen
Behandlung gerettet haben. Gleichwohl lege ich auf diese ganze Ar-
gumentation kein Gewicht, und zwar um dessenwillen, weil ich von zwei
andern Wegen aus mit Zuversicht hoffe, weit mehr Eindruck auf die
Gläubigkeit der Aerzte machen zu können.

In erster Linie erwarte ich, daß eine reifliche Erwägung Dessen, was
ich über die Natur des Croup, die Indicationen für rationelle Behandlung
eines Entzündungsprocesses im Allgemeinen, die für Behandlung des Croup
vorgeschlagene Methode und die physiologische Würdigung der Gründe
hierfür vorgetragen habe, von wissenschaftlichem Standpunkte aus die
Zustimmung der Aerzte finden muß. Ich habe, wohlgemerkt, kein Mittel
vorgeschlagen, das, dem Körper einverleibt, keinen ferneren Einblick gestattet in sein geheimnißvolles Wirken und Schaffen in dem höchst kunst-
vollen menschlichen Organismus, nein! und tausendmal nein! ich habe ein
Verfahren gelehrt, das klar und durchsichtig, wie sein eigentliches
Element, in jedem Augenblick es gestattet, die Größe seiner Einwirkung
dem zu bekämpfenden Krankheitszustande gegenüber zu würdigen. Ich
habe gezeigt, daß dieses Verfahren qualificirt ist, die Grundkräfte des
Gefäß- und Nervensystems, sowie alle Reproductionsorgane im menschlichen Körper, mehr als solches mit irgend einem ärztlichen Verfahren —
sei es wogegen es sei — möglich ist, nach der Heilintention des Arztes
in Bewegung zu setzen. Endlich habe ich gezeigt, daß eben dieses Verfahren erst den richtigen Einblick ermöglicht, sowohl die wahre Natur
der Krankheit als ihre Tiefe zu erschließen, und wenn ich in dieser Arbeit

ein persönliches Verdienst, eine Priorität suchte, so könnte sie nur darin bestehen, daß ich des Wassors als diagnostischen Mittels mich bedient habe, um die entzündlichen Croupformen von der ulcerös-diphtheritischen und den wesentlichen Croup vom falschen zu trennen, ferner, daß ich len richtigen Maßstab angegeben habe, um don Stand einer Erkrankung .m 2. und 3. Stadium genau zu ermessen, sowie eine oxacte Methode der Behandlung. Bei der Eifersucht, mit der jeder Schriftsteller auf ärzt-_ichem Gebiete seine Autorschaft bezüglich seiner vermeintlichen litera-rischen Verdienste zu wahren sucht, kann es sich nicht fehlen, daß auch .lie bezüglich der hydriatrischen Behandlung des Croup, sobald nämlich, was wohl nicht mehr lange ausbleiben kann, dieselbe das Bürgerrecht erobert haben wird, und der hydriatrischen Antiphlogose überhaupt, eine Besprechung erfahre. Da, wenn nicht die Mitwelt, so doch die Nachwelt ohne allen Widerspruch die geistige Vaterstelle dem Heros vom Gräfen-berge, *Vinzenz Prießnitz* übertragen muß, obgleich gerade *Prießnitz* weder System noch Methode hatte, sondern jeden Kranken speciell nach seinen Eigenthümlichkeiten, und so behandelte, wie er es nach seinen un-begreiflichen Intuitionen für angemessen hielt; so bleiben für die Ent-deckung der hydriatrischen Antiphlogose nur noch bescheidenere Stellen zu vergeben, für die sich seiner Zeit Candidaten genug melden werden. Wenn ich ein persönliches Verdienst suche, so besteht Solches darin, den ärztlichen Stand dahin gedrängt zu haben, auf den von mir vorgeschlagenen Weg sich zu begeben und mit Sorgfalt Heilversuche anzustellen. Für Solche, die etwa noch eine Rechtfertigung dieses Schrittes vermissen möchten, erlaube ich mir, statt unzähliger anderer, einen Ausspruch eines geachteten Schriftstellers über Bräune, *F. Pauli*'s (1. c. p. 127) hier anzuführen. Auf die Frage: Waren wir bisher im Besitze innerer Mittel gegen Croup? antwortet Derselbe: „Wir müssen in Beantwortung dieser Frage das demüthigende Bekenntniß ablegen, daß es uns an sicheren Mitteln zur Heilung des Croup zur Zeit noch mangele, gleichwie wir auch gegen allgemeine Diphtheritis mit unserem Arznei-Schatze ziemlich rathlos sind". Dieses Bekenntniß ist sehr niederschlagend, da fast kein Mittel im Arznei-Schatze sich befindet, das nicht vergeblich gegen Bräune versucht wurde. — Es ist aber ebenso gerechtfertigt, als es sicher ist, daß die Wasserkur, rationell geübt, die sehr fühlbare Lücke auszufüllen vollständig geeigenschaftet ist. Also vorwärts!

Jene glückliche Epoche litt eine furchtbare Unterbrechung, indem wie ein Blitz aus heiterer Höhe eine Diphtheritisepidemie in Königstein einbrach und vom November 1865 bis zum Frühling des folgenden Jahres herrschend blieb und gegen 200 Personen, besonders aus dem kindlichen Alter, heimsuchte. Gleich im Anfange kamen einige und zwar gerade die schlimmsten Croupfälle vor, und rasch nach einander starben vier der befallenen Kinder. Was mir bezüglich der Wasserkur keine geringe Verlegenheit bereitete, später aber eine große Genugthnung verschaffte, war folgende Wahrnehmung: Nach dem 1. oder 2. Bade meldete die Badedienerschaft das Aufhören der Krankheit, d. i. daß das Bräuneathmen aufgehört habe; zur Zeit des nächsten Bades kamen sie in größter Bestürzung zurück mit der Nachricht, daß die Bräune wieder eingetreten sei, und betheuerten hoch und theuer, daß bezüglich des Reactionsverfahrens keine Vernachlässigung vorgefallen sei. Alle fühlten heraus, daß etwas „Extraes" hier vorliegen müsse. Sofort erklärte ich sämmtlichen Eltern der croupkranken Kinder meine Unerfahrenheit, der diphtheritischen Bräune gegenüber, und überließ es ihnen, Aerzte zum Concilium zu berufen, bei denen sie praktische Erfahrungen unterstellen durften. Es erschienen alsbald sämmtliche Aerzte Soden's und Herr Dr. *Steubing* von Cronberg, und ich hatte seitdem wiederholte Veranlassung, mit sämmtlichen Herren in pleno und vereinzelt über die wichtigsten Kranken zu discutiren. Allein hier, wie so manchmal, gingen die Anschauungen der Aerzte sehr auseinander, so schon über die Distinction der Diphtheritis. So z. B. rechnete mein College *Steubing* nur die exsudativen (ulcerösen) Formen zur Diphtheritis und vindicirt für die, während einer Diphtheritisepidemie oft häufigeren, entzündlichen Affectionen im Gaumen und den Respirationsorganen eine ganz andere Causalität, womit ich mich, wie ich später angeben werde, nicht einverstanden erklären kann. Die therapeutischen Anschauungen der Herren Collegen repräsentirten so ziemlich die Ansichten, welche die neueste Literatur brachte und konnten mir die gewünschte innere Befriedigung kaum den Pharyngealaffectionen, geschweige den Crouperkrankungen gegenüber, verschaffen. Hierdurch angewiesen, mich auf meine eignen Füße zu stellen, zu beobachten, zu experimentiren, begann ich damit, daß ich eine vollständige Sammlung der gerühmten Arzneimittel, Instrumente zum Aetzen und für die Tracheotomie mir anschaffte, und Versuche anstellte; ganz besonders speculirte ich auf die Gelegenheit zur Vornahme einer Section. Mittlerweile herrschte in Königstein eine wahre Panik. Die Nachricht, daß in dem benachbarten Sulzbach nach einander 17 Kinder der Diphtheritis erlagen, in andern Orten relativ noch mehr gestorben seien, Gerüchte und Uebertreibungen, die sich einmischten, brachten Alles in Aufregung. Dieser Schrecken erwies sich indessen als ein sehr wohlthätiger; denn er veranlaßte, daß alle einigermaßen besorgten Eltern ihre Kinder, namentlich bezüglich einer möglichen Halsaffection selbst untersuchten, oder untersuchen ließen. Jede Nacht wurde ich mehrmals genöthigt, bei vermeintichen oder wirklichen Bräuneanfällen, Kinder zu besuchen, und ich glaube, laß, besonders, seitdem meine therapeutische Ansicht sich festgestellt hatte, nanches Kind vom Verderben gerettet wurde. Unter den zuerst eregenen Kindern befanden sich 2 (israelitische) Knaben, an denen die Section vorzunehmen (aus Religionsrücksichten) verweigert wurde; das Verhältniß der beiden Andern war folgendes: Zu der 2jährigen Tochter ler L. S., welche in den kümmerlichsten Verhältnissen lebte, berufen, erfuhr ich, daß fragliches Kind seit etwa einem halben Jahre mit Husten, Engbrüstigkeit und zeitweise mit Hitze behaftet war, dabei sehr abgenagert sei, seit 8 Tagen Heiserkeit wahrnehmen lasse, seit einigen Tagen uber, unter Zunahme der Engbrüstigkeit, Erstickungsanfälle bekommen nabe. Ich fand das Kind im 3. Stadium des Croups, die in die Lungen einströmende Luftsäule sehr verkürzt, kein vesiculäres Athmen, rechts geringe, links starke Dämpfung, besonders nach abwärts, Mandeln und Jaumenbogen waren bläulichroth und stark angeschwollen, daneben aber reine Geschwüre sichtbar. Nach wenigen Badversuchen, die ohne Reaction blieben, konnte ich mich nicht veranlaßt sehen, die Operation vorzuchlagen. Das Kind erlag am folgenden Tage und die in meiner Gegenvart vorgenommene Section lieferte nachstehenden Befund:

Membranbildung von den Morgagnischen Taschen beginnend bis in lie feinsten Bronchien ausgedehnt. Vom Ringknorpel an abwärts flotirte die Haut frei in der Luftröhre, war weich, pulpös, von graulicher Farbe. Die linke Lunge in ihrer unteren Hälfte dermaßen hepatisirt, laß beim Einschneiden sie sich compact und fast resistenter erwies, als normales Lebergewebe. Ich gewann die Anschauung, daß das Kind seit 'ängerer Zeit an entzündlicher Infiltration der linken Lunge gelitten naben müsse, daß bei der bestehenden entzündlichen Reizung der Hinzu- ritt der diphtheritischen Noxa die Veranlassung zum Eintritt des Croup gegeben. Dieser Fall ist ein vollständiges Seitenstück zu dem bereits er- wähnten Fall des einfachen Croup, der tödtlich endete; er diente mir einigermaßen als Beleg dafür, daß die Diphtheritis nicht blos entzündliche Reizungen am Gaumen und den Mandeln, sondern auch im Kehlkopf be- virken könne, eine Annahme, für die ich später noch weitere und exactere Belege vorfand. Bei der 2. Section, die die $1^2/_3$ jährige Tochter les J. K. betraf, die mehrere ausgebreitete Ulcerationen im Halse hatte, lann von Bräune befallen, und tüchtig, aber immer mit dem Resultate gebadet wurde, daß das Bräunezeichon im Bade verschwand, nach einer oder einigen Stunden aber wieder hörbar wurde, erwies die Section ein großes Geschwür äußerlich an der Epiglottis, und ein 2. von der Größe einer Erbse auf der innern Seite des linken Gieß-kannenknorpels, und eine schmale, aber deutlich erkennbare Geschwürfurche zwischen beiden. Von den Geschwüren aus verbreitote sich die Pseudomembran nach abwärts bis in die feinsten Bronchien. Bis zum Schlusse des Jahres kamen noch mehrere Kranke zu meiner Beobachtung, die den Complex von Symptomen zeigten, wie ich solchen für das 1. und 2. Stadium der entzündlichen Bräune ange-sprochen habe. Ich lasse hier in gedrängter Kürze zwei Fälle folgen:

1. Fall. Der 5jährige *J. S.* bekam Fieber, Schlingbeschwerden, Heiserkeit und croupösen Husten, jedoch war Bräuneathmeu nicht hörbar. Beide Mandeln, Zäpfchen und Gaumeubogen zeigten sich geschwellt, von bläulichrother Farbe und die Blutinfiltration ließ sich bis gegen deu Kehlkopf hin verfolgen. Behandlung: Halsumschläge und 2 durchgreifende Halbbäder genügten zur Heilung.

2. Fall. Die 3jährige Schwester des Vorigen war wirklich mit der Bräune, d. i. den für das 2. Stadium derselben angegebenen Zeichen behaftet. 2 Tage lang waren dem Erscheineu des Bräuneathmens Fieber, Heiserkeit, Husten, Beschwerden beim Schlingen vorausgegangen, und ich fand außerdem Dämpfung des Percussionsschalles auf der linken Brustseite, besonders nach abwärts, beschränktes vesiculäres Athmen, aber verschiedene Rasselgeräusche. Das Kind hatte blonde Haare, eine sehr schwächliche zarte Organisation, die Hauttemperatur war ansehn-lich erhöht, der Puls machte 150—160 Schläge in der Minute bei 48—54 Athem-zügen. Im Halse waren Mandeln uud Gaumenbogen und die ganze Schleimhaut bis zur Kehle hinab infiltrirt und angeschwollen, sogar die Submaxillardrüsen empfindlich, aber nirgends Geschwürbilduug. Es bedurfte 3 extremer Bäder, um das Bräuneathmen zu beseitigen und noch weiterer 4 kürzerer Bäder, um Herr des Fiebers und der Lungeninfiltration zu werden. Bestehende Gesetze und meine Stellung erforderten es, der Regierung genaue Mittheilung über die Natur, den Umfang der Epidemie, die eingeschlagene Behandlungsweise und endlich die vom Standpunkte der Sanitätspolizei geboten scheinenden Prohibitiv-maßregeln zu machen, und jede Woche eine Tabelle einzusenden, auf welcher die Namen sämmtlicher Kranken, Alter, Geschlecht, Tag der Er-krankung, Tag der Genesung und resp. des Todes und cine Rubrik für besondere Wahrnehmungen auszufüllen waren. In meinem Berichte vou 2. Januar 1866 hatte ich über 100 Kranke anzuführen und war genöthigt, eine Classification derselben, mit Rücksicht auf die einzelnen Formen der Krankheit, zu adoptiren. Vom rein praktischen Standpuukte ausgehend, unterschied ich die entzündlichen von deu ulcerösen Formen und machte nach der Localisation der Affection 2 Unterabtheiluugen, je nachdem jene im Gaumen und Rachen oder im Kehlkopf und den Respirationsorganen

Einleitung.

115

,tatt hatte. In Folge meines Berichtes erschien im Auftrage der Regierung ler Regierungsreferent, Herr Medicinalrath Dr. *Bickel* von Wiesbaden, .iierselbst, um sich durch eigene Anschauung ein Bild von der fraglichen Epidemie zu machen und um über die Behandlung, namentlich über die, ·Seitens der Sanitätspolizei geboten erscheinenden, Schutzmaßregeln sich nit mir zu verständigen. Herr Dr. *Bickel* besuchte eine Menge meiner Kranken und fand deren weit mehr, als ich angegeben hatte, was daher rührte, daß ich die Fieberlosen und mit unerheblichen Affectionen Behaftete :u meinen Tabellen nicht aufgeführt hatte. Ich nahm auch diese Gelegen-.eit wahr, um diesem Arzte den Kehlkopf des Kindes zu zeigen, von dem ich oben erwähnt habe, daß es an der ulcerös-diphtheritischen Bräune erlegen sei; und derselbe überzeugte sich mittelst des Mikroskops von .len vorhandenen Resten vorausgegangener Ulcerationen. Da Herr Dr. *Bickel* ebenfalls über seine Anschauungen ein Referat an die Regierung .einzusenden hatte, so war es für mich eine große Genugthuung, daß der-·selbe mein Eintheilungsprincip adoptirte, überhaupt nach allen Seiten mit ·mir im Einklang war. Sehr dankbar bin ich ihm für die Bemerkung, :daß er Gelegenheit gehabt habe, eine ähnliche Epidemie zu beobachten, die dadurch charakterisirt war, daß bei vielen Erkrankten oft die ganze Auskleidung der Schleimhaut des Mundes und Gaumens mit einem grau-.lichen, lockeren, dicken, leicht ablösbaren Exsudate, das sich namentlich auf gelind säuerliche Injectionen leicht abtrennte, überzogen war; eines ähnlichen Befundes werde ich bei Erwähnung der Epidemie in Schneidhain :gedenken müssen. Um nun die Zahlenverhältnisse der einzelnen Krank-heitsformen ganz zu erwähnen, theile ich einige Bemerkungen hierüber .aus meinem Berichte vom 27. Januar 1866 hier mit. Es heißt daselbst: lEs waren erkrankt wenigstens 200 Personen, wovon eigentlich, weil fieber-haft krank, 122 in meiner Behandlung standen, nämlich 60 Personen männlichen, und 62 weiblichen Geschlechtes, im Alter von $^1/_2$—54 Jahren, meistens jedoch im Alter von 2—14 Jahren. An Kehlkopfgeschwüren litten 3, welche operirt wurden und 4, welche starben (2 Knaben und .2 Mädchen). An Gaumen- und Rachengeschwüren litten 2 Knaben und 4 Mädchen. Mit Angina laryngea inflammatoria diphtheritica waren be-haftet 4 Knaben, die genasen, außerdem das Mädchen, dessen Sections-ergebniß oben mitgetheilt wurde, und muthmaßlich noch 1 Mädchen, das starb in dem Augenblick, als ich mit Herrn Dr. *S.* in fragliche Wohnung , trat, um es zu besuchen.

Die große Mehrzahl der Kranken war mit mehr oder weniger heftigen Entzündungserscheinungen im Gaumen und an den Mandeln behaftet. Oefters

8*

beobachtete ich gelbe Flecke auf entzündetem Boden, die, ohne in Ulceration auszulaufen, nach beseitigter Entzündung, gleichfalls verschwanden.

Mit diesen Erkrankungsfällen hatte aber die Epidemie ihren Abschluß noch nicht gefunden, sondern es kamen später noch recht heftige, besonders auch ulceröse Formen vor, ja sogar noch im November 1867 kam mir ein Nachzügler einer ulcerösen Croupform zur Behandlung, der mich nöthigte, die Tracheotomie zu machen.

Kaum war die Epidemie in Königstein im Erlöschen, als eine 2., ebenso ausgebreitete, in der Gemeinde Schloßborn sich geltend machte, die hauptsächlich dadurch noch mörderischer wurde, daß eine große Menge Kinder von $^1/_2$—1 Jahre von der ulcerösen Bräune befallen wurde, und zum größten Theile erlagen, ehe ich hinzukam, mir aber doch Gelegenheit boten, mehrere Sectionen zu machen. Diese Epidemie machte 2 Einfälle, zwischen denen eine freie Zeit von 3—4 Monaten lag. Im 2. Einfalle machte sie die Hauptnachlese, indem da fast nur Kinder des zartesten Alters befallen wurden, aber auch mehrere ältere, die die Krankheit bereits einmal überstanden hatten.

Eine 3. Epidemie sah ich in Schneidhain im Januar und Februar 1867. Im Ganzen war ich nur dreimal in Schneidhain (da ich während der beiden Monate in Rumpenheim zur Behandlung Ihrer Hoheit der Herzogin von Nassau berufen war), machte aber trotzdem sehr interessante Erfahrungen nosologischer und therapeutischer Art, wovon bald die Rede sein soll. Außerdem sah ich noch vereinzelte und zum Theil sehr interessante Fälle in Glashütten, Falkenstein und Kelkheim; überdieß verdanke ich die Kenntniß eines Falles von aufsteigendem Croup entzündlicher Art, neben Halsulcerationen, der Güte des Herrn Dr. *Börner* in Hattersheim, den ich genauer erörtern muß.

Es würde mich weit über die Grenzen des mir vorgesteckten Zieles hinausführen, wollte ich die fraglichen Epidemieen nach allen ihren Beziehungen einer genaueren Erörterung unterbreiten, obwohl mir, in meinen officiellen Berichten, ein gutes Material zu Gebote stünde. Ich will mich nur darauf beschränken, letzteres zu sichten, zu ordnen, und meine gewonnenen nosologischen Anschauungen festzustellen, um hauptsächlich hierauf die von mir bewährt gefundenen therapeutischen Schlußfolgerungen bauen zu können.

Beginnen muß ich nothwendig mit der Erörterung der Frage, ob die entzündlichen Affectionen diesseits und jenseits der Epiglottis, die in den Epidemieen von Königstein und Schloßborn die große Mehrzahl der Erkrankungsfälle bildeten, zu den diphtheritischen Erkrankungen zu zäh-

en sind oder nicht. Ich bin nicht im Zweifel darüber, daß jeder Arzt,
ler auf so isolirten Stellen, wie die genannten Orte sind, Wahrnehmungen der erwähnten Art macht, nie anstehen wird, die ulceerösen wie ent-
ündlichen Erscheinungsformen für Producte einer und derselben Schäd-
ichkeit anzusehen, da er gegentheils in die Lage versetzt würde, anneh-
nen zu müssen, daß zwei Epidemieen an einem und demselben kleinen
)rte neben einander beständen, für deren eine man einen Namen erfunden
at, während die andre, trotzdem auch sie nicht selten Opfer fordert.
nit Rücksicht auf ihre eigentliche Natur und Entstehung ein noch zu
isendes Problem bilden würde. Eine besondre Verwandtschaft zwischen
eiden Formen, eine Art Connubium ist anzunehmen, wenn wir sehen,
aß bei allen größeren Diphtheritisepidemieen auch stets viele entzündliche
Erscheinungen, ohne specielle Causalität, zur Seite laufen, besonders aber,
ienn bei einer und derselben Person beide Ausdrucksformen nachweis-
ar sind. — So kommen nicht blos Halsgeschwüre neben anginösen Zu-
illen bei einer und derselben Person gleichzeitig neben einander vor;
ach Croupfälle mit entzündlichem Charakter erscheinen bei Personen,
ie mit diphtheritischen Halsgeschwüren behaftet sind, eine Thatsache, an
ie ich längere Zeit nicht glauben wollte. Die Einwirkung der localen
Diphtheritis in Entzündungsform erstreckte sich in den von mir beobachteten Fällen nicht blos auf Gaumen und Kehlkopf, auch die Choanen
urden mehrere Male dadurch afficirt, einmal die *Eustach*'sche Röhre,
ber auch — und durchaus nicht in seltenen Fällen, die feinsten Ver-
stelungen der Bronchien, und ich halte es durchaus für berechtigt, bei
nsgebreiteter diphtheritischer Epidemie, jede Bronchopneumonie als di-
htheritische anzusprechen, wenn eine andere ostensible Causalität nicht
eltend gemacht werden kann. Croupöse Bronchitis hat große Neigung,
i Bräune auszulaufen, oder als Complement des diphtheritischen Laryn-
ealcroups im 3. Stadium hervorzutreten.
     Die Ulcerationen kamen in Königstein am Häufigsten vor an den
andeln, dem Gaumenbogen, der Nase und an der hinteren Rachenwand,
ußerlich am Kehldeckel und auf der inneren Fläche der Gießkannen-
norpel. Hier und in Schloßborn fand ich dieselben nie von epidermoi-
aler Art, sondern stets tief in die Schleimhaut eindringend, mit gezackten
ändern, zwischen denen grauweise Fibrillen und necrosirtes Schleimhaut-
ewebe, in Form von graulichen Flocken, größtentheils leicht ablösbar,
ervorragten. Ihre Ausbreitung schien abhängig zu sein von der Rich-
ing, die nach physikalischem Gesetz das ausfließende Secret nahm. Da-
irch bekamen namentlich die Rachengeschwüre den Anschein des Wan-

derns, von oben nach unten: am obern Winkel erfolgte Heilung, am
untern Weiterschreiten. Die constitutionellen und häuslichen Verhältnisse
schienen einen großen Einfluß auf den mehr oder weniger phagedänischen
Charakter des Secrets und das Umsichgreifen der Geschwüre auszuüben.
Ulcerationen, die sich auf der hinteren Seite der Mandeln befinden, sind,
besonders bei jungen, eigensinnigen Kindern, oft schwer zu entdecken.
Sie sind nach meiner Erfahrung zu vermuthen, wenn die eine (oder beide)
Mandel sich mäßig angeschwollen, leicht geröthet, prall und glänzend
zeigt, ohne gesättigt roth oder blauroth zu sein, wie bei ausgesprochener
Entzündung. Sind viele Geschwüre im Halse, ist ihr Secret mehr jauchigter
Art, dann fehlt selten eine Auftreibung der Submaxillardrüsen, welches
Zeichen ich auf gleiche Stufe stelle mit der sympathischen Entzündung
der Leistendrüsen bei Gonnorhoe oder syphilitischen Ulcerationen an den
Genitalien, da, wie ich in den letzten Tagen in einem Falle noch gesehen,
sie oft einseitig sind.

Zwei Formen der Diphtheritis sah ich blos in der, in einem Thale
gelegenen, sehr armen Gemeinde Schneidhain, woselbst sich gar manche
Bedingungen vereinigen, um einer Epidemie einen perniciösen Charakter
zu verschaffen; nämlich die epitheliale und parenchymatöse. Bei ersterer
erscheint ein schmutzig graues Exsudat, das mehr oder weniger ausgebreitete
Flächen der Schleimhaut locker überkleidet, und sich gleichfalls leicht ab-
löst. Es ist Dieses offenbar die Form der Diphtheritis, die, wie oben erwähnt, auch Herr Dr. *Bickel* beobachtet hat. Bei der parenchymatösen
greifen die Ulcerationen bis in die Substanz der Organe ein, und ein
Knabe in Schneidhain, der auf diese Weise den größten Theil einer Mandel eingebüßt hat, ist hierfür der sprechendste Beweis. Ebendaselbst war
die Diphtheritis sehr gewöhnlich mit Scrophulose complicirt, Rachenaffec-
tionen sehr häufig, unter dem lockeren Exsudate wurden in einzelnen
Fällen speckartige, fette, 2—3''' dicke Membranen bei unverletzter (höchstens der Epidermis beraubter) Schleimhaut gefunden. In Schloßborn waren
verhältnißmäßig mehr Geschwürformen zu sehen als in Königstein, und
die Kinder in Schneidhain, für die ärztliche Hilfe requirirt wurde, hatten
in der Mehrzahl Geschwürformen. Ich kann die flüchtige Zeichnung der
von mir wahrgenommenen Diphtheritisformen nicht für beendigt halten,
bevor ich nicht noch das, für sich ohne weitere Analogie dastehende,
Ergebniß einer Section, die ich bei einem 8jährigen Knaben vorzunehmen
Gelegenheit fand, in gleich kurzer Art erwähnt habe. Zu einem Concilium
gebeten, fand ich mit meinem Collegen den Knaben in Agonie, und erhielt von seinen Eltern wenigstens die Erlaubniß, am folgenden Tage die

Brust öffnen zu dürfen. Obwohl zu jener Zeit mehrere Kinder mit diphtheritischen Ulcerationen in Kelkheim behaftet waren, so hatte Jener doch keine solche im Gaumen und Kehlkopf, wohl aber eine von den Gießkannenknorpeln beginnende, bis zum Ringknorpel reichende Membran der feinsten Art. Von da an zeigte sich die Schleimhaut bis hinab zu den feinsten Bronchien von schmutzig gelbröthlicher Farbe und erweicht, daher leicht abzuschaben, und wie mir es schien, der Epidermis beraubt. Eine gelbröthliche, jauchigte Flüssigkeit befand sich in sehr reichlicher Menge in den Bronchien, aber von eigentlicher Gefäßinfiltration keine Spur.

Dieser Fall scheint mir der constitutionellen Diphtheritis anzugehören, indem sich im Larynx eine Andeutung eines plastischen Exsudates kund gab, an den tieferen Stellen der Schleimhaut sofort necrotischer Zerfall des Exsudats, unter gleichzeitiger theilweiser Verjauchung und Erweichung der Schleimhaut, eingestellt hatte. Die gelbröthliche Färbung der Jauche dürfte wohl von beigemischten Blutkörperchen hergerührt haben.

Abwärts von der Rima glottidis habe ich nie und nirgends eine diphtheritische Ulceration erblickt.

Das mir zu Gebote stehende Material, das sich auf die Beobachtungen von ungefähr 300 Erkrankten beschränkt, ist bei Weitem nicht genügend, um daraus für alle Ausdrucksformen der Diphtheritis vollgiltige Belege zu finden, aber doch auf der andern Seite reich genug, um daraus einige nosologische Schlüsse abzuleiten, ganz besonders aber genügend, um einige sehr wichtige therapeutische Regeln darauf zu begründen. Aus diesem Material läßt sich eine ziemlich ausgedehnte Reihe von Krankheitsformen zusammenstellen, die ihren Ursprung directer oder indirecter Einwirkung einer und derselben Noxa verdanken, ohne daß es zur Zeit möglich wäre, einen Grund dafür anzuführen, warum die eine Person an dieser, die andre an jener Form erkrankt und eine 3. steter Gefahr der Ansteckung ausgesetzt, überhaupt ganz verschont blieb. Ordne ich nun die bezüglichen Fälle nach ihrer Natur, Ausdehnung und der Reaction des Gesammtorganismus, so ergibt sich folgende von den leichtesten zu den stärksten Fällen aufsteigende Scala:

I. Entzündliche Affectionen von der leichtesten Art bis zur tiefsten Schleimhautentzündung, die nach meiner Beobachtung (den einen Fall der constitutionellen Diphtheritis ausgenommen) niemals in Eiterbildung, sondern stets in Bildung plastischen Exsudats übergingen.

Dem Raum nach waren sie zuweilen sehr beschränkt, in anderen Fällen sehr ausgebreitet (Bronchopneumonie).

II. Necrotisch-ulceröse Fälle, die bald in das Epithel der Schleim-

haut, bald selbst in die Schleimhaut eindrangen, bald zerstörend auf sub-
mucöse Organe einwirkten. Sämmtliche Affectionen behaupteten sich auf
mehr beschränktem Raume, überschritten niemals die Grenzlinie der
Stimmritze, ohne daß ich damit sagen will, daß Solches bei andern Epidemieen und zu andern Zeiten etc. nicht geschehen könne, oder schon geschehen wäre.

III. Constitutionelle Diphtheritis.

Hiernach wende ich mich zu meiner Hauptaufgabe, zur Angabe der
auf therapeutischem Wege gewonnenen Resultate und werde damit bald
zu Ende sein, da ich in dieser Beziehung unerschütterlich fest stehe.
Gegen die entzündlichen Affectionen ohne Ausnahme, gegen entzündliche
Affection des Gaumens und der Mandeln, gegen den entzündlichen Croup
in der aufsteigenden und absteigenden Form ist mir es nie in den Sinn
gekommen, mich eines andern Mittels zu bedienen, als der Wasserkur,
und ich habe, meines Wissens, keinen andern Todesfall erlebt, als den
zweier Findelkinder, von deren einem ich den Sectionsbefund mitgetheilt
habe.   Die Behandlung bestand, (bei antiphlogistischer Diät) bei Angina
pharyngea in Halsumschlägen, Leibbinde, feuchten Einpackungen mit
nachfolgendem Halbbad oder statt des Letzteren in der Anwendung einer
Abreibung mit nachfolgendem Sitzbad in der Temperatur von circa 14^0 R.
und in der, von dem Grade der Entzündung und der Constitution des
Kranken vorgeschriebenen, Dauer und Wiederholung.   3—5 Bäder waren
gewöhnlich ausreichend.   Beim entzündlich-diphtheritischen Croup befolgte
ich genau die oben für Behandlung des einfachen Croup angegebenen Normen.   Die Behandlung der Angina pharyngea erfordert die Einhaltung desselben Princips, das für die aller Entzündungsprocesse namhaft gemacht
worden ist, nur bedarf es zu ihrer Behebung bei Weitem so tiefer Eingriffe nicht, wiewohl ich auch hier im ersten Angriffe immer das Princip vor
Augen habe, schon hierbei das Weiterschreiten der Affection unmöglich zu
machen.   Bei Erwachsenen ziehe ich Sitzbäder den Einschlägen (mit nachfolgendem Halbbad) vor, weil ihre Herstellung in Haushaltungen keinen
großen Wirrwarr macht, und ich in fraglicher Epidemie an mir selbst den
Beweis ihrer vortrefflichen Wirkung erprobt habe.   In jüngeren Jahren litt
ich gegen Weihnachten regelmäßig an entzündlicher Angina faucium,
und mußte bei jeder Behandlungsweise wenigstens 8 Tage lang das Bett
hüten.   Seitdem ich mit der Wasserkur bekannt wurde, fand ich ein
Sitzbad von 14^0 R., und 55—65 Minuten Dauer, genügend, um in 24
Stunden damit zu Ende zu kommen.   (Natürlich fehlten Halsumschläge,
Leibbinde, Wassertrinken etc. nicht.)   Die Wirkung der diphtheritischen

Noxa stellt sich in den ulcerösen Formen weit perniciöser dar, als in
den entzündlichen. In letztern Fällen wirkte sie, wie, wenn verdünntes
Senföl an den Gaumen etc. gelangt wäre, in ersteren hingegen als eine
Schädlichkeit, die das Gewebe der Schleimhaut, oberflächlich oder in die
Tiefe greifend, in dem Grade zertrümmert, daß seine vitalen Beziehungen
aufgelöst erscheinen, es ist necrosirt. Die specifische Schädlichkeit reicht aber
noch weiter und wirkt auch auf das aus dem angrenzenden intacten Gewebe
heraustretende, restitutive Exsudat ein, und erlaubt demselben durchaus
nicht, seine Aufgabe, die geschehene Läsion auszugleichen, zu erfüllen, es
erlangt besonders bei der epithelialen Form ein zerklüftetes, gelockertes
Aussehen, wie aufgeklebte feine Wolle, und verhält sich ganz verschieden
im Vergleich mit den Pseudomembranen in der Trachea, die nach meiner
Erfahrung nie auf necrotisch-ulcerativem Wege sich entwickeln, sondern als
wahre Entzündungsproducte sich erweisen. Daher hat zur Beseitigung des Exsudates im Gaumen und der Membranen daselbst die
Antiphlogose gar keinen therapeutischen Werth, auf die croupösen Häute
in der Trachea aber einen doppelten; sie hemmt die Weiterbildung derselben und rarificirt das Exsudat, soweit Solches möglich ist. Meine therapeutischen Beobachtungen bringen mich in Widerspruch mit den Aerzten,
welche in dem Kali-Chloricum, der Aqua oxymuriatica, Aqua calcariae specifische Wirkungen in Absicht auf die Heilung der Geschwürformen gefunden haben wollen: ich habe beide erstere Mittel innerlich in schwachen
und starken Dosen angewandt, ich habe beide auch local versucht, bin
aber nicht weiter gekommen, als bei passivem Verhalten. Auf gleicher Stufe
steht die Kalkmilch, durch einen Inhalationsapparat applicirt. Allein auch
nach einer andern Seite hin muß ich Front machen, vorausgesetzt, daß
es noch Hydriatriker gibt, die jeden medicinischen Eingriff verdammen
und die Wasserkur für überall genügend erklären. Es gibt wenig Aerzte,
die sich strenger an den Hippocratischen Satz halten: So lange keine
dem Körper feindlichen Stoffe zu Heilzwecken anzuwenden,
als man mit naturgemäßen ausreichen kann, als ich; aber auf
der andern Seite dürfen System- oder gar Parteirücksichten Dem, was
Vernunft und Erfahrung gebieten, nicht voranstehen, und wer sich selbst
in die Zwangsjacke eines Systems einschnürt, begibt sich seiner Freiheit.
Das Absolute darf niemals auf dem Gebiete der Medicin, die eine Er-
fahrungswissenschaft ist, gesucht werden. Wasserärzten der erwähnten
Art gegenüber behaupte ich Dreierlei: 1) Die Wasserkur ist nicht als
specifisches Mittel zu betrachten, in örtlicher oder allgemeiner Anwendung,
zur Heilung der diphtheritischen Gaumengeschwüre. 2) Da bei Geschwü-

ren im Kehlkopf die örtliche Wirkung der Wasseranwendung wegfällt,
so ist die Wasserkur ganz ohne Werth, um diphtheritische Geschwüre im
Innern des Kehlkopfs zum Schlusse zu bringen. 3) Die Wasserkur kann
bei der Form der Bräune, die ihren Ausgangspunkt in Geschwüren des
Kehlkopfs nimmt, einen hemmenden Einfluß auf die Weiterentwicklung
des consecutiven Laryngotrachealcroup ausüben: nun und nimmer
wird s̓ie an und für sich zur Bewältigung dieser Bräuneform
auslangen. Dagegen hat die Wasserkur neben der Tracheotomie, bei
der ulcerös-diphtheritischen Croupform, in diagnostischer und therapeutischer Beziehung eine sehr hohe, von keinem Arzte bis jetzt her-
vorgehobene, Bedeutung, auf die ich näher eingehen muß. Sollten
andere Hydriatriker zu andern Resultaten gelangt sein, so halte ich dafür, daß sie die Verpflichtung haben, ihre Erfahrungen und Anschauungen zu veröffentlichen, Niemand würde ihnen dankbarer dafür sein, als
ich selbst. Um nun nicht mißverstanden zu werden, muß ich mir über
die Vorgänge bei der Heilung von Rachengeschwüren einige Bemerkungen
erlauben. Die destructive Wirkung der Causa movens dehnt sich aus auf
beschränkten Raum und beschränkte Zeit. Nach Verfluß einer nicht genau anzugebenden Reihe von Stunden kann der Heilproceß in normaler
Weise beginnen, unter den bekannten Vorgängen eines restitutiven Entzündungsprocesses. Die abgestorbenen oder dem Absterben nahen Ge-
webstrümmer sind das größte Hinderniß der raschen Heilung, weil sie
— abgesehen von der specifisch diphtheritischen Noxa — nicht geeignet
sind, mit den plastischen Exsudaten in Verband zu treten, sondern wie
fremde, zur Fäulniß tendirende Körper, von mechanischer, wie von
vitaler Seite, die Heilung hemmen, und zu Verjauchung führen. Daß
die Jauche ihrerseits nachtheilig, ja so recht eigentlich Geschwüre
machend wirkt, geht daraus hervor, daß man besonders auf der Rachenwand die Geschwüre ganz gewöhnlich scheinbar von oben nach unten
wandern sieht, ferner aus der Thatsache, daß die localen Geschwüre sich
sofort anschicken, zu heilen, sobald sie von necrosirten Gewebstrümmern
befreit sind. Diese Arbeit verrichtet die Natur in unzähligen Fällen,
ohne alle Unterstützung durch die Kunst, bedarf aber weit größerer
Zeit, als wenn diese in richtiger Leitung sich betheiligt. Letztere gelangt um so schneller und sicherer zum Ziel, je rascher und vollständiger sie das Fremde oder Fremdgewordene zerstört oder entfernt. Der
Höllenstein in Substanz und concentrirter Auflösung (1 : 3) hat sich mir
stets als ausreichend und wahrhaft specifisch erwiesen, ich bezweifle aber
durchaus nicht, daß jedes andere Aetzmittel, zweckmäßig applicirt, glei-

ches Resultat haben wird. Vom bloßen Reinhalten der Wunde, von mehr indifferenten localen Eingriffen, halte ich, daß auch sie schneller zum Ziel führen, als wenn man sich auf die Natur allein verläßt, allein man hemmt den Fortschritt der Krankheit nicht mit Sicherheit, weßhalb ihre Anwendung indirect dem Kranken sehr nachtheilig wird, wenn Geschwüre in der Nähe des Kehlkopfs sich befinden und im Begriffe sind, sich auf die innere Fläche desselben auszubreiten. Mehrere Fälle beobachtete ich, wo die Geschwüre die äußere Fläche des Kehldeckels bereits erreicht hatten, ja im Begriffe waren, die ulceröse Croupform herbeizuführen, die aber in ihrem Fortschreiten durch eine kräftige Aetzung gehemmt wurden. Wenn nun aber doch auch Fälle vorkommen, bei denen die Höllensteinätzung keinen prompten Effect zeigt, dann kann man mit Bestimmtheit annehmen, daß die Affection bereits die Blutmasse inficirt hat — vielleicht weil einige Geschwüre übersehen wurden — und eine constitutionelle geworden ist.

§ 2. Wie unterscheidet man die diphtheritischen Croupformen von den einfachen, und die ulcerösen namentlich von allen übrigen?

Bei Erledigung dieser Fragen muß ich zunächst auf die Gründe recurriren, die ich namhaft machte, um die von mir statuirte Annahme einer Angina faucium inflammatoria diphtheritica zu rechtfertigen, um hieran die Bemerkung reihen zu können, daß bei epidemischem Auftreten der Diphtheritis Nichts gewöhnlicher ist, als das Erscheinen des Croup, sowohl in auf- als absteigender Form; mit andern Worten: Die mikroskopischen Krankheitsträger der Diphtheritis können in der peripherischen Ausbreitung der Respirationsschleimhaut ebensowohl entzündliche Reize bewirken, als diesseits des Kehlkopfs. Meistens läßt sich der genuine Croup auf eine specielle Ursache, die gewöhnlich eine Erkältung ist, nachweislich zurückführen, und es geht ein mehr oder weniger prolongirtes catarrhalisches Stadium voran. Daß in einzelnen Fällen eine Verwechselung statthaben kann, halte ich für ebenso möglich, als in praktischer Beziehung für gleichgiltig, da die Behandlung sämmtlicher entzündlicher Croupformen dieselbe ist und in rationeller Anwendung der Wasserkur gipfelt. Weit wichtiger wäre eine bestimmte und möglichst frühzeitige Feststellung der ulcerösen Croupform; da diese zuverlässig — den möglichen Fall ausgenommen, daß jeder Fortschritt durch eine frühzeitige, wohlgelungene Aetzung verhütet wird — sowohl der hydriatrischen, als

und noch weit mehr jeder medicinischen Heilweise spottet. Ich muß hier
eines Irrthums zunächst erwähnen, in welchem ich längere Zeit befangen
war. Bei allen diphtheritischen Croupfällen, die mir Gelegenheit zur
Operation, oder zur Vornahme einer Section gaben, fand ich — mit Ausnahme eines, der oben beschrieben wurde — Geschwüre im Gaumen oder
Rachen. Dieser Befund, der auch heute noch ausnahmslos in meiner Erfahrung dasteht, inducirte mich zu der Annahme einer ulceröen Croupform in allen den Fällen, wo ich Gaumengeschwüre und Croup neben
einander vorfand. Von diesem Irrthume brachte mich folgender Fall erst
am Ende des Jahres 1867 zurück.

Ein Mann aus L. hatte 2 an Diphtheritis erkrankte Töchter, wovon
die eine der Bräune eben erlegen war, als die andere ebenfalls Bräunehusten bekam. Da in dem ersten Falle die Medicinkur sich nicht wirksam bewiesen hatte, so wurde ich consultirt, und fand am 3. November
das zartgebaute 2 Jahre alte Kind in folgendem Zustande:

Heftiges Fieber, große Hitze, sehr starke Dyspnoe, Puls 156, ziemlich hart, 30 Athemzüge in der Minute, die sehr mühsam waren, und
die Bewegungen des Brustkastens in einem sehr geringen Grade bewirkten.
Ueber der ganzen Brusthälfte gedämpfter Percussionsschall, das Einströmen
der Luft in die Lungen vermindert, links ein bronchiales Athmen hörbar.
Husten und Dyspnoe bestanden schon gegen 4 Tage, ersterer war erst
seit ca. 30 Stunden rauh, heiser, das Fieber war erst in der Nacht vom
2. zum 3. November heftig geworden. Seit welcher Zeit das Bräuneathmen bestand, konnte ich nicht ermitteln, es war übrigens am 3. Abends
sehr deutlich ausgesprochen. An der linken Mandel entdeckte ich ein
3 Linien langes, 1 1/2 Linien breites, deutlich diphtheritisches Geschwür
(auch andere Kinder waren damals an Diphtheritis erkrankt), aber kein
Geschwür in der Nähe des Kehldeckels.

Behandlung: In der zuversichtlichen Erwartung, daß ich am folgenden
Morgen zur Operation schreiten müsse, gab ich der Badefrau die Weisung,
womöglich das Kind noch 3mal zu baden, um das Fieber und die entzündliche Diathese möglichst herabzusetzen. Kalte Compressen wurden
auf Kehle und Luftröhre und um die linke Brusthälfte applicirt, der
Genuß von kaltem Wasser und kalter Milch gestattet, vom Abend bis
zum folgenden Morgen 3 Halbbäder gegeben von 20, 21 und 22° R.
und der Dauer von 45, 42 und 30 Minuten, nebst mehreren kalten
Clystieren. Am folgenden Tage erschien ich vollständig gerüstet, um die
Operation vorzunehmen. Ich fand den Puls von 144—148 Schlägen
(offenbar war Patientin durch mein Erscheinen etwas aufgeregt) bei 42—45

Athemzügen, aber das Bräuneathmen war kaum noch deutlich zu unterscheiden, die Athemnoth gleichfalls sehr gemindert, hingegen war der Husten noch rauh, amphorisch.

Nach diesem Befunde konnte ich mich um so weniger veranlaßt sehen, zur Operation zu schreiten, als der Fall offenbar als aufsteigender Croup sich aussprach und die Infiltration der linken Lunge die Aussicht auf einen glücklichen Ausgang sehr trübte. Schon der Umstand, daß die Krankheit als Bronchopneumonie begonnen hatte, machte in mir den Zweifel rege, daß vielleicht doch keine Ulceration im Kehlkopfe bestehen möge; jedenfalls blieb es gestattet, bei der entschiedenen Wendung zum Bessern noch zuzuwarten. Aerzte aus Städten mögen erwägen, daß die Verhältnisse der Landpraxis sehr wesentlich verschieden sind von denen in Städten, und daß es durchaus nichts Leichtes ist, rasch mit dem Personal, das man, zur Vornahme einer so delicaten Operation, nicht aus den Ortsbewohnern auswählen darf, zur Stelle zu sein. Ich instruirte meine Badefrau dahin, sofort mich zu benachrichtigen, wenn das Bräuneathmen lauter würde. Der Tag und die folgende Nacht vergingen, ohne daß ein Bote kam; es waren bis dahin noch 2 kürzere Halbbäder von 23° R. zur Anwendung gekommen. Am folgenden Nachmittag fand ich vom Bräuneathmen keine Spur mehr; der Hustenton war rasselnd, nicht mehr so rauh. In der folgenden Nacht erfolgte allgemeiner Schweiß mit Nachlaß des Fiebers. 14 Tage später ergab die Untersuchung der linken Brusthälfte bedeutend günstigeres Resultat, doch schien mir selbst bis dahin die Resolution noch nicht vollkommen bewirkt zu sein.

Ich kann mir es nicht versagen, noch einen 2. characteristischen Fall hier anzureihen, der dadurch ein höheres Interesse bietet, daß er gleichzeitig von einem andern Arzte mitbeobachtet wurde. Ich verdanke seine Kenntniß der Güte des Herrn Dr. *Bœrner*, eines sehr beschäftigten Arztes in Hattersheim. Der Fall betraf ein 3jähriges Mädchen in Sindlingen, welches am 9. November erkrankte, zu einer Zeit, wo diphtheritische Zufälle dort häufig beobachtet wurden. Herr Dr. *B.* entdeckte diphtheritische Gaumen- und Rachengeschwüre und croupösen Husten und ordnete eine entsprechende medicinische Behandlung an. Mittlerweile stellte sich, nach dem Ausdruck des Vaters jenes Kindes, „hartes Athmen" — wie er es schon einmal bei einem andern, der Bräune erlegenen Kinde wahrgenommen hatte — und nächtlicherweile Erstickungsnoth ein, worauf ich am 15. zum Concilium gebeten wurde. Ich fand die Stimme beim Sprechen vollständig rein, beim Husten amphorisch-croupös, heiser klingend, croupöse Respiration, deren Ausgangspunkt, als in der Trachea liegend, deutlich zu unterscheiden war. Ueber der linken Brusthülfte ergab die Percussion einen matten Ton, vesiculäres Athmen war daselbst nirgends hörbar, an dessen Stelle war deutliches Murmeln getreten. Auf der Rückseite hörte man rechts deutliches, links weniger ausgesprochenes vesiculäres Athmen bei gutem Percussionston. Rechts und vorn war das Einströmen der Luft deutlicher, aber doch in schwächerem Grade hörbar, als im Normalzustande. Im Gaumen und Rachen bestanden drei ansehnliche, tief eingefressene Geschwüre. Puls 124—144; Respiration ziemlich normal, Wärme gesunken.

Mein Gutachten war ungefähr folgendes: Durch die Causa diphtheritica hat sich Bronchopneumonia sinistra ausgebildet und von hier aus Tracheïtis, und selbst die Laryngitis hat begonnen; die Krankheit stellt also den aufsteigenden Croup dar. Ausschwitzung ist bereits eingetreten, doch ist vorerst der Kehlkopf in nur sehr mäßigem Grade belastet. Wenn nun keine Ulcerationen in der Nähe des Kehlkopfs bestehen und die specifische Reizung innerhalb der Luftwege beregen und unterhalten, dann ist die hydriatrische Antiphlogose, in Verbindung mit Höllensteinätzung der Geschwüre, zur Herstellung genügend, während im gegentheiligen Falle die Operation nicht zu umgehen ist.

Die Prognose wäre für den Erfolg der Operation keine sehr günstige, weil die Canüle in ein entzündetes und mit Exsudat bereits bedecktes Stück der Trachea eingelegt werden müßte, was zu weiterer Exsudation führen könnte. Zudem ist der Entzündungsproceß in den Lungen schon seit 6 Tagen ärztlich wahrgenommen (besteht vielleicht auch schon länger), und es ist als Folge davon anzusehen, daß die Hautwärme schon sehr gesunken ist. Uebrigens habe ich im Taunusgebirge nie einen Fall beobachtet, der nur annähernd so langsam, Schritt für Schritt, ich möchte sagen so gemüthlich vorgeschritten wäre, wie dieser; man sieht, wie schon geringe räumliche Verschiedenheiten verschiedene Anschauungen und Urtheile bewirken können. Patient erhielt ein Halbbad von 23—21° R. und 45 Minuten, viele Gießbäder von 12—10° R. Zur Beruhigung der Eltern bemerkte ich vor Beginn des Bades, daß während der ersten 35 Minuten die Krankheit zunehmen, dann aber nachlassen werde, und machte nebenbei meinen Herrn Collegen auf die diagnostische Bedeutung des Wassers aufmerksam. Es gereichte mir nun zur großen Befriedigung, daß das übrigens kaum vorher deutlich vernehmbare Bräuneathmen nach der ersten Begießung mit außerordentlicher Stärke und Klarheit hervortrat, mehr noch, daß mein Herr College nach 40 Minuten, vom Beginn des Bades an gerechnet, eingestand, daß, zu seiner Ueberraschung, das

Bräuneathmeu nicht mehr zu hören sei. Patient verfiel in einen tiefen Schlaf, der durch Anwandlung von Hunger und Durst zeitweise unterbrochen wurde. Am folgenden Morgen fand der zurückgelassene Badediener den Puls von 120 Schlägen und gab dem Kinde noch ein Bad von 7 Minuten. Am Abend gab der Vater der Patientin Letzterer noch ein Bad von 12 Minuten, und am folgenden Tage sah ich Patientin wieder und machte folgende Wahrnehmung: Die Dämpfung auf der linken vorderen Brustseite war geschwunden bis auf eine Stelle von der Größe eines Quadratzolles; hier hörte man kein deutliches Respirationsgeräusch, wohl aber auf der linken Rückseite; hier war es aber nicht so klar vernehmlich als auf der rechten Seite, wo das Athmen sich normal erwies. Das croupöse Trachealathmen war nirgends zu vernehmen, aber man hörte noch deutlich, daß in der Gegend des Kehlkopfes eine Stelle war, an der die vorbeiströmende Luft sich reibend, ein dem croupösen Laryngealathmungsgeräusche ähnliches hervorrief, gleichzeitig war auch der Hustenton rauh und amphorisch-heiser. Das Kind war bereits 3mal und zwar sehr energisch, mit einer concentrirten Höllensteinlösung (1:3) bis zum Kehldeckel tief hinab geätzt worden, und um einen Grund mehr für die Vermuthung zu haben, daß jenes Geräusch eine Folge der Aetzung des Kehldeckels war, ließ ich das Kind ein Stück Brod kauen und hiernach trinken; das fragliche Geräusch war hiernach schwächer, zeitweise unhörbar. Beim Sprechen hatte die Stimme ihre volle Reinheit.

Am folgenden Tage empfing ich vollkommen befriedigende Nachricht: Patientin war hergestellt und blieb es. Es konnte nicht fehlen, daß die Einwohner in jenem Orte, woselbst nie eine durchgreifende Wasserkur veranstaltet worden war, mit Interesse den Verlauf der Sache verfolgten. Insbesondere drückten sie ihre Verwunderung darüber aus, daß das Kind nach solcher „Tortur" nicht angegriffen, ja ganz munter und zum Spaßmachen aufgelegt war, am Meisten aber darüber, daß die ursprüngliche Furcht der Patientin vor dem kaltem Wasser in das Gegentheil umgeschaffen war. Acht Tage später erschien der Vater unserer Patientin bei mir und ich erfuhr zu meiner großen Ueberraschung, daß er die weite Reise unternommen habe, um meinen Rath darüber zu hören, wie man die Sache anzufangen habe, das Kind von dem Baden abzugewöhnen: Morgens beim Erwachen, Abends beim Zubettegehen verlange es sein Bad und seine Begießung! Dieser interessante Fall veranlaßte Herrn Dr. *B.*, selbstständige Heilversuche nach meiner Methode vorzunehmen, mit stets ausgezeichnetem Erfolge. Zwei von ihm mir mitgetheilte Krankheitsgeschichten reihe ich hier an.

„Ein Knabe von 2½ Jahren aus Sindlingen erkrankte während einer großen verheerenden Diphtheritis-Epidemie. Nach wenigen sehr fieberhaften Tagen war der ganze Rachen von diphtheritischen Belegen überzogen. Damals wandte ich örtliche Kälte und Salicylsäure zum Bepinseln an. Der Proceß schritt jedoch fort und bald trat Heiserkeit ein, welcher bereits am folgenden Tage Dyspnoe folgte, die sich am 3. Tage ihres Bestandes zur Suffocation steigerte. Ich stellte dem Vater die Nothwendigkeit der Tracheotomie vor, ohne die Gefahren derselben, im gegebenen Falle zu verhehlen. Zur bestimmten Stunde war Alles mit der nöthigen Assistenz bereit, als die geringe Aussicht auf Erfolg den Vater bestimmte, um Fallenlassen der Operation zu bitten, und es noch einmal mit der *Pingler*'schen Wasserheilmethode, von welcher er durch mich und Andre gehört, zu versuchen. Es wurden während der Nacht 2 Bäder von circa 1 Stunde Dauer mit Wasser von 16⁰ R. und Begießungen von 8⁰ R. vorgenommen. Schon am andern Morgen war das Krankheitsbild gänzlich verändert. Die Cyanose, der gläserne Blick waren gänzlich geschwunden, die Haut warm und transspirirend, die Athemnoth wesentlich gemildert. Die Besserung ging, unter Fortgebrauch von täglich 2—3 Bädern, ohne Unterbrechung vorwärts, und bereits nach 8 Tagen kam die Stimme zum ersten Male wieder zum Vorschein. Der Knabe ist vollständig, ohne Lähmungen und andre Residuen, genesen“.

Der andre Fall charakterisirte sich folgendermaßen:

„Ein Mädchen von 4 Jahren aus Hattersheim war nach vorausgegangener anderweitiger Behandlung bereits zu den heftigsten Suffocationsparoxysmen fortgeschritten. Die voraussichtliche Nähe der Katastrophe ließ mich noch in der Nacht zu dem protrahirten kalten Bade greifen, das ich persönlich, während 2 Stunden hindurch leitete, weil die kritischen Erscheinungen so lange ausblieben. Der Erfolg war ein überraschender. Am andern Morgen war die Dyspnoe gänzlich geschwunden, ohne daß es zum evidenten Abgang von Membranen, sei es durch Husten, sei es durch Erbrechen gekommen war. Vermuthlich hatte das Bad auf die begleitende catarrhalische Schwellung, oder ein collaterales Oedem, wodurch zunächst die Suffocationsgefahr bedingt war, eine so rapide Wirkung, wie sie durch andre Mittel, oder die Selbsthilfe des herabgekommenen Organismus nicht mehr zu erwarten war“. Soweit Herr Dr. *Bœrner*.

Der nachstehende merkwürdige Fall stand der Grenzlinie des durch Kunst Erreichbaren, nach meiner Erfahrung, am Nächsten.

Eine Mutter, die sich außerordentlich nach einem Kinde sehnte, nachdem sie viele Mißfälle erlitten und in vorgerücktes Alter getreten war, wurde schwanger, gebrauchte eine hydriatrische Cur und genas am richtigen Termine eines etwas schwächlichen Söhnchens, das sie selbst stillte. Als das Kind 11½ Monat alt war, fühlte sie eines Tages brennenden Schmerz im Halse und Fieber. Ich fand an den Mandeln und dem Gaumen drei diphtheritische Geschwüre, die durch Höllensteinätzungen, Bäder und Halsumschläge in wenigen Tagen abheilten. Ich ertheilte den Rath, das Kind zu entwöhnen, in eine andere Wohnung verbringen und täglich genau untersuchen zu lassen, weil zu befürchten stehe, daß auch Dieses inficirt werden könne. Die Mutter fand es unthunlich, das Kind fremder Pflege anzuvertrauen, ließ es auch nicht von meinem Badediener untersuchen, sondern besorgte Alles selbst. 8 Tage lang ging Alles vortrefflich, dann bekam das Kind Schnupfen,

zeitweise fliegende Hitze, wurde unleidlich. Mama schrieb diese Zufälle einer Erkältung zu. Eine Woche später gesellte sich diesen Erscheinungen auch Husten
bei, der von amphorisch-rauhem Ton begleitet war. Nun gerieth die Mutter in
Angst und ließ mich eiligst berufen. Am 11. October, spät am Abend, fand
ich das Kind krank und sehr angegriffen aussehend, mit trüben Augen, unruhig,
mit mäßig aufgeregtem Pulse, die Schleimhaut der Nase, aus der sich reichlicher
Schleim ergoß, infiltrirt, ihre Ränder wund, wie geschwürig; der ganze Gaumenbogen nebst dem Zäpfchen lebhaft geröthet und angeschwollen. Daß auch Geschwüre im Gaumen vorhanden sein müßten, ließ sich bei der mangelhaften Beleuchtung zwar nicht objectiv constatiren, aber doch vermuthen aus der Anschwellung
der Submaxillardrüsen, die beim Druck zu schmerzen schienen. Der Hustenton
war amphorisch-rauh, die Stimme normal, die Bewegungen der Brust erfolgten
anscheinend mit Leichtigkeit, die Hauttemperatur war erhöht, Bräuneathmen nicht
vernehmlich. Ich diagnosticirte catarrhalische Affection der Trachea, also Pseudocroup. Ordination: Die Geschwüre sollten, wenn nachgewiesen, 2 Mal täglich
mittelst Höllensteinsolution (1 : 4) geätzt, gegen die entzündlichen Erscheinungen
täglich 2 kurze Halbbäder von 23° R. nebst Leibbinde und Halsumschlägen zur
Anwendung gelangen.

Den 12. October, früh am Morgen, fand ich 3 diphtheritische Geschwüre (an
der hinteren Wand des Rachens und beiden Mandeln). Es war schwer, in diesem
Momente einen festen prognostischen Ausspruch zu thun, indem 2 Reihen von
Symptomen sich gegenüberstanden, und zwar sprachen für günstigen Ausgang
a) das mäßige Fieber, b) die Freiheit der Kehlkopfschleimhaut von eigentlich
diphtheritischer Einlagerung, die ich aus dem amphorischen Hustenton bei reiner
Stimme erschloß; c) die vielerprobte Wirkung des Aetzmittels und der antiphlogisti-
schen antifebrilen Wirkung des Wassers. Bedenklich gestaltete sich die Prognose
bei Erwägung des zarten Alters und dyskrasischen Aussehens des Patienten und
Würdigung der Zeichen, die für constitutionelle Diphtheritis sprachen. Weniger
Werth lege ich hierbei auf den Genuß der Milch von einer Mutter, die diphtheritische
Halsgeschwüre hatte; weit mehr auf die bereits 10tägige diphtheritische Affection
der Nasenschleimhaut und die von internen Geschwüren abhängige entzündliche
Affection der Submaxillardrüsen.

Bis zum Abendbade nahmen die Erscheinungen einen sehr bedenklichen
Charakter an. Die Fiebersymptome steigerten sich von Stunde zu Stunde, der
Puls erlangte eine Frequenz von 168 Schlägen, das Athmen wurde beschwerlicher,
der Crouphustenton trat deutlicher hervor, die Brustexcursionen zeigten sich ver-
engt; schließlich gewahrte der Badediener bei einer kalten Uebergießung das Vorhandensein des specifischen stenotischen Croupathmungstons. Hiernach untersuchte
ich die Brust, fand matten Percussionston an vielen Stellen, nur an wenigen deutliches vesiculäres Athmen; an vielen Orten, zumeist über der Trachea, Pfeifen.
Die Prognose und Diagnose lagen klar vor: es bestand diphtheritisch-entzündliche
Bronchitis, Tracheïtis und begonnener aufsteigender Croup, und bei einer Pulsfrequenz von 168 Schlägen konnte über die drohende Gefahr kein Zweifel mehr
obwalten. Ordination: 3 Mal sollte in 24 Stunden Halbbad von 24° R. und äußerster
Dauer mit kalten Begießungen gegeben, dabei dicke kalte Compressen um die ganze
Brust gelegt und trocken überdeckt werden.

Den 13. October. Die Sache sieht bedenklich aus: die Athmung erfolgt mühsam, dabei wird der Brustkasten hin- und hergeschoben und scheint seine Elasticität verloren zu haben. Das Bräuneathmen tritt sehr deutlich hervor und mittelst des Stethoskops unterscheidet man, daß seine Ausgangsstelle nicht im Larynx, sondern in der Trachea sitzt. Die Stimme versagt vollständig beim Versuch zum Reden und beim Weinen; der Hustenton ist nunmehr amphorisch-heiser. Die Untersuchung der Brust ergab vielerorts Dämpfung, Bronchialmurmeln, nirgends vesiculäres Athmen. Das Kind, welches früh am Morgen ein durchgreifendes Bad erhalten hatte, lag apathisch da, verdrehte die Augen öfters, athmete mühselig, jeder Hustenanfall war von größter Erstickungsnoth begleitet. Der Puls machte 162—166 Schläge. Ganz besonders beunruhigend war es für mich, daß sich die Wärmeentwickelung außerordentlich verzögerte, das Kind Nachmittags 2 Uhr sich noch ganz kühl anfühlte. Das Kind lag ganz theilnahmlos auf dem Rücken, mit halb geschlossenen Augen, mit weiter Pupille, athmete sehr mühsam, wobei es den Hals verlängerte, während die Bulbi oft krampfhafte Bewegungen machten. In dieser Lage sprach die trostlose Mutter ungefähr Folgendes: „Ich sehe, daß das Kind verloren ist; da Sie aber mehrere Kinder noch durch die Operation gerettet haben, wo Alles verloren schien, so fordere ich Sie auf, dieselbe vorzunehmen, wenn Sie die geringste Hoffnung haben, dadurch mein Kind zu erhalten". Ich entgegnete, daß das Kind noch so jung und schwach, die Athmungsorgane bereits so angegriffen seien, daß an einen günstigen, durch die Operation zu erzielenden Ausgang kaum zu denken wäre, indem unter 50 Kranken der Art durch die Operation erfahrungsgemäß kaum Einer gerettet würde. Der später hinzukommene Vater des Kranken fand die Sache so bedenklich, daß er, fast nur in der Hoffnung, daß dem Kinde der Todeskampf erleichtert werden möge, gleichfalls die Operation wünschte. Ich bemerkte ihm mit aller Entschiedenheit, daß die Operation Nichts mehr nützen könne, weil die Krankheit aus Blutvergiftung entstanden sei und sich über beide Lungen und Luftröhre ausgebreitet habe. In diesem Augenblicke erfolgte ein Hustenparoxysmus, der von feuchtem Rasseln begleitet war. Hierauf die Aufmerksamkeit der Eltern lenkend, bemerkte ich, daß nur von Fortsetzung der Kur, wenn Hilfe überhaupt möglich, solche zu erwarten sei.

Die Behandlung mußte geändert und nach den oben für das 3. Stadium angegebenen Normen eingerichtet werden. Demgemäß verordnete ich, daß Patient 3mal des Tages 1 kurzes aber ganz warmes Bad mit 3 kräftigen Gießbädern von 8° R. erhalten solle; auch ordnete ich das Einathmen warmer Dämpfe an. Einer meiner früheren Kurgäste hatte mir vor Jahren einmal erzählt, daß er einen Bräuneanfall bei seinem Kinde dadurch beseitigt habe, daß er den Schlauch einer Dampfmaschine in das Schlafzimmer geführt und das ganze Local mit Wasserdampf angefüllt habe. Diese Beobachtung, mehr noch die oft gemachte Erfahrung, daß nach gemachter Tracheotomie das Vorhalten von in heißem Wasser getränkten Schwämmen auf die Lösung und Ausstoßung des Schleims wesentlich vortheilhaft eingewirkt habe, bestimmte mich, von diesem Mittel Gebrauch zu machen. Gleichwohl stand am Abend die Sache noch so schlecht, daß Jedermann in der kommenden Nacht das Ende erwartete. Das Kind lag ganz soporös da, athmete höchst mühsam, man kann sagen, es röchelte ganz in der charakteristischen, abgebrochenen Weise, wie bei hereingebrochener Schlußscene, verlängerte seinen Hals, hatte bläuliche Lippen, halbgeschlossene Augen, und einen Puls von 165—192 Schlägen. Als es wegen Stuhlverhaltung ein Clystier erhalten sollte, entdeckte der Badediener ein diphtheritisches Geschwür am After. Ich ließ eine mehr nährende Diät einhalten, dem Kinde fleißig Milch, aber auch Eigelb mit Zucker und Wasser anbieten, seine Extremitäten fleißig frottiren und sah mit Besorgniß dem kommenden Morgen entgegen.

Den 14. October. In aller Frühe mich zu dem kleinen Patienten begebend, war ich sehr erfreut, ihn noch am Leben zu finden, bekam sogar noch eine kleine Hoffnung für seine Erhaltung, als ich bemerkte, daß die Hautwärme sich gehoben hatte, ohne stechend zu sein, daß die Respiration wohl noch mühsam und croupös, aber mehr rasselnd war, und als ich bei flüchtiger Auscultation an einigen Stellen mehr Luftbewegungen in den Lungen vorfand. Während des ganzen Tages folgten sich die Hustenparoxysmen in kurzen Intervallen, begleitet von dem erschreckenden Croupton und äußerst heftiger Athemnoth und Röcheln, aber auch von erwünschtem Rasseln. Membranstücke von ungewöhnlicher Größe wurden, besonders während der kalten Uebergießungen, ausgestoßen und mußten zuweilen mechanisch entfernt werden. Nach munter fortgesetzter Kur constatirten die Angehörigen des Kranken schon am Abend, daß der Athmungsproceß mit mehr Leichtigkeit von statten gehe, das stenotische Athmen fast verschwunden sei, Patient mit klarem, verständigem Blicke sich umsehe, nach Getränk verlange, theilnehmender, wenn auch empfindlicher werde.

Den 15. und 16. October. Die begonnene Rückbildung der Krankheit macht kleine aber unverkennbare Fortschritte; der Puls schwankte zwischen 144 und 136 Schlägen, die Respiration noch behebt, aber von feuchtem Rasseln begleitet. Nur bei ganz tiefen Inspirationen, namentlich bei den kalten Uebergießungen hörte man noch das stenotische Athmungsgeräusch, während der Croupton noch jeden Hustenton begleitete.

Den 17. October. An mehreren Stellen der Brust hört man deutlich vesiculäres Athmen, an andern Rasselgeräusche. Die Hauttemperatur des Patienten hat sich in dem Grade gehoben, daß ich mich veranlaßt sah, die warmen Bäder auszusetzen, dafür 2 längere Halbbäder, gleichfalls mit obligaten kalten Infusionen zu interpouiren, besonders da letztere das stenotische Athmen bemerklich machten. Abends fiel der Puls auf 108.

Den 18. October. Das Kind war den ganzen Tag über munter und zum Spielen geneigt. Nach dem Abendbade entwickelte sich ein allgemeiner, klebriger Schweiß, dem fester normaler Schlaf folgte, worauf der Puls auf 102 Schläge herabging. Hiermit war die Reconvalescenz angebahnt und machte rasche Fortschritte. Patient ist gegenwärtig 9 Jahre alt, und war seitdem nicht wieder krank.

Der vorgetragene Fall gehört zu denen, gegen welche jede andre Heilweise als die hydriatische gewiß erfolglos geblieben wäre. Er verdient eingehendere Erwägung, da er wichtige Schlußfolgerungen gestattet. Er stellt eine echt constitutionelle Affection dar, indem nicht blos der Gaumen und die Respirationsorgane, sondern auch die Nase, der Mastdarm und die Submaxillardrüsen diphtheritische Erkrankungen zeigten. Ganz unrichtig wäre meines Erachtens der Schluß, daß der Genuß der Milch von der mit Halsdiphtheritis behaftet gewesenen Mutter sofort eine

9 *

constitutionelle Affection ins Dasein gerufen habe, da die Affection der Mutter auf einige Aetzungen und Bäder in 2—3 Tagen verschwand, also offenbar nur eine locale war. Daß am 11. October, dem Tage, wo ich Patient zum 1. Male sah, schon seit 8 Tagen Diphtheritis der Nase und wahrscheinlich des Gaumens bestand, gewährt bessern Grund für die Erklärung der Entstehung der constitutionellen Affection. Trotz der Blutentmischung gelang es dem Organismus ohne Concurrenz eines Specificums — deren wir ja keine kennen — sich der Noxa diphtheritica aus eigner Kraft zu entledigen: immerhin scheinen auch hierbei die localen Aetzungen von günstigem Einflusse zu sein, weil die Neubildung des Diphtheritispilzes an der Keimstelle verhütet wird. Als Localisation der Bluterkrankung erfolgte zunächst eine Affection der Lungen, dann der Trachea, zuletzt des Kehlkopfs. Für die mit der hydriatrischen Methode vertrauten Aerzte kann nicht der geringste Zweifel entstehen an dem rein entzündlichen Charakter derselben, da diese erst der antiphlogistischen Methode. wich, als diese fast bis zum äußersten Grade des Thunlichen in Wirksamkeit getreten war. Auch für die Frage bezüglich der Operation erlaubt dieser Fall wichtige Schlüsse.

Wäre der Croup entstanden als absteigender, durch Fortschreiten eines Rachengeschwürs gegen den Kehlkopf, so würden sich, wenn schon die äußere Wand desselben erreicht worden wäre, Stimmveränderungen beim Husten, Sprechen und Weinen eingestellt haben und zwar, bevor es zum Erscheinen von Croupzeichen gekommen wäre. Die Stimme beim Sprechen hätte ein amphorisch-heiseres, der Hustenton ein kiekerndes Timbre gehabt; das Ueberschreiten des Geschwürs auf die Kehlkopfschleimhaut hätte außerdem sofort auch Crouprespiration bedingt. Unter diesen Annahmen durfte die Operation keinen Augenblick verschoben werden. In dem vorliegenden Falle hörte man, bevor Bräunezeichen zur Ausprägung kamen, amphorischen Hustenton bei reiner Stimme: diese Wahrnehmung, ergänzt durch die Ergebnisse der Auscultation, stellte die Diagnose des aufsteigenden Croups, einer rein entzündlichen Affection, außer allem Zweifel und mußte entscheidend sein für die nicht operative Behandlung.

Zum Schluß noch die Frage: Darf beim aufsteigenden Croup, nachdem sich die hydriatrische Antiphlogose insufficient erwiesen hat, die Tracheotomie überhaupt gemacht werden oder nicht? Ich antworte mit einem entschiedenen Ja! und hebe dafür u. A. den Grund hervor, daß nach angelegter Trachealwunde oft Membranstücke mit der Pincette entfernt werden können, welche wegen ihres Umfangs die Stimmritze nicht hätten passiren können. In obigem Falle wäre das Kind nahezu durch abgetrennte Membranstücke erstickt: mein Badediener *Britz*, der sich bei unsern Diphtheritisepidemieen entschiedene Verdienste erworben hat, zeigte mir am 16. October ein Membranstück vor, das er jenem Kinde mit dem Finger aus dem Rachen entfernt hatte, das eine Länge von 2 Zoll und den Durchmesser eines Gänsekiels hatte.

Die Kehlkopfgeschwüre entstehen nach meiner Erfahrung in der großen Mehrzahl der Fälle sofort gleichzeitig mit Rachengeschwüren, und der Arzt findet bei seinem ersten Besuche neben den Rachengeschwüren die Symptome der Bräune. In seltenen Fällen kann man auch, besonders wenn man nicht, oder nicht energisch genug mit dem Aetzmittel verfahren ist, die Entstehung des Croup durch Fortschreiten einer Ulceration vom Rachen aus auf den Kehlkopf verfolgen; oder man kommt zu Kranken, bei denen man äußerlich am Kehldeckel oder den Gießkannenknorpeln diphtheritische Geschwüre vorfindet. Es bedarf keiner Hinweisung auf die große therapeutische Wichtigkeit, die eine möglichst exacte Untersuchung des Rachens (durch Hebung des Kehlkopfs, Hervorziehen der Zunge, und wo möglich durch Application eines Beleuchtungsapparates) hat, sowie die gerechte Würdigung der Zeichen, die eine äußerlich am Kehlkopfe haftende Ulceration zu begleiten pflegen. Letztere sind der Art, daß sie gewiß schon oft zu Täuschungen und Verwechselungen Veranlassung gegeben haben. Es ist durchaus nicht leicht, eine richtige Schilderung der beim Husten, Athmen etc. zu Tage tretenden Aftergeräusche zu geben, die auf dem beengten Wege ihre Entstehung finden, aber es kann doch soviel behauptet werden, daß, wer an dem Studium der genuinen Croupfälle sein Ohr geübt hat, nicht leicht in Irrthum verfallen kann. Nach meiner Erfahrung erleidet die Stimme beim Sprechen durchaus keine Alienation durch blos an der Außenfläche der Kehlkopfknorpel haftende Geschwüre, wohl aber wird der Husten dadurch croupös. Sitzt am Rande eines den Kehlkopfeingang constituirenden Knorpels ein noch so leichtes Exsudat, oder würde hierselbst das Epithel durch das Aetzmittel necrosirt, dann kann zu jenem Zeichen auch noch ein äußerst feines Croupathmen treten, wie Dieses in wenigen Fällen angegeben wurde. Mit einer durchgreifenden Ocularinspection lösen sich allerdings alle Zweifel am Besten; leider sind solche bei zärteren Kindern schwierig anzustellen, am Allerwenigsten mit dem Kehlkopfspiegel. In zweifelhaften Fällen chloroformire ich, wenn ich nur auf diesem Wege die Möglichkeit sehe, durch eine kühne Aetzung die sonst unvermeidliche Operation zu umgehen. Diese beiden verdächtigen Symptome unterscheiden sich von dem Beginnen des 2. Stadiums des Croup durch die günzliche Abwesenheit aller Dyspnoe, oft auch des Hustens, und dadurch, daß, nachdem Patient etwas Festes, z. B. Brod und Wasser' geschluckt hat, das Aftergeräusch momentan verschwindet.

Ob es erlaubt ist, eine concentrirte Höllensteinlösung in den Kehlkopf hineinzubringen, wenn die Verhältnisse so liegen, daß man die Zerstörung eines eben dort begonnenen Ulcerationsprocesses erwarten darf, hängt von weiteren exacten Beobachtungen ab. In mehreren Fällen hat mein Bader, auf meine Anleitung, einen mit Höllensteinlösung getränkten Schwamm, während Patient ermahnt wurde, den Buchstaben a auszusprechen, bis zur Tiefe der Kehle hinab und quer eingeführt. Sofort trat leichte Suffocation, Aushusten und Ausräuspern ein; einen Nachtheil konnte ich niemals nachweisen, wohl aber wurde durch diesen Eingriff die mehrmals in Aussicht gestellte Operation umgangen. Kommt eine so starke Auflösung auch in den Kehlkopf, so erfolgen bei der außerordentlichen Reizbarkeit der Kehle so gewaltige Exspirationsstöße, daß das Tiefgreifen des Aetzmittels hierdurch, sowie durch Verdünnung mit Trachealschleim unmöglich gemacht wird. Hier wäre vielleicht eine Stelle für Vornahme einer Operation gegeben, die von *Vidal* und *Malgaigne* empfohlen wurde (*A. F. v. Bardeleben*, Chirurgie, Bd. 3, p. 517), die noch jeder Indication ermangelt und von *Malgaigne* Laryngotomie sous-hyoïdienne genannt wird. Am unteren Rande des Zungenbeins und parallel mit demselben schneidet man die Haut, die Membrana hyothyreoïdea und Schleimhaut durch, zieht den Kehldeckel mit einem Haken hervor und kann nun eine Aetzung im Eingange des Kehlkopfes vornehmen. Eine solche Operation kann in der Chloroformnareose ausgeführt werden, und ist bei Weitem nicht so gefährlich, als die Tracheotomie.

In den meisten Fällen läßt sich weder auf dem einen noch auf dem andern Wege die Diagnose des ulcerösen Croup fest begründen; zum Glück gibt es hier noch einen 3., dem ich eine gleichhohe Wichtigkeit beilege.

Ich habe bei Schilderung der Behandlung der genuinen Bräune angegeben, daß, wenn das Bräuneathmen zum Verschwinden gebracht sei (durch tiefeingreifende Bäder), von einer Recidive nie, oder nur unter Voraussetzung der gröbsten Fahrlässigkeit die Rede sein könne; und habe weiterhin angeführt, daß beim ulceröse Croup dieses Verhältniß die ausnahmslose Regel bilde. Fast bei allen operirten und an ulceröser Bräune erlegenen Kranken hat sich dieses Verhältniß herausgestellt, und ewig wird mir die Aufregung und Verlegenheit der Badediener in Erinnerung bleiben, die zum ersten Male diese Wahrnehmung machten. Nie ist in der Stadt nach Beseitigung eines entzündlichen Bräunefalles eine Recidive beobachtet worden, unglaublich müßte aber a priori die Behauptung erscheinen, daß durch hydriatrische Eingriffe, wie sie für die Behandlung des Croup angegeben wurden, jemals ein diphtheritisches Geschwür zur Heilung gebracht worden wäre. Geschwürbildung durch Diphtheritis stellt eine weit tiefere Läsion dar, als Entzündung, und postulirt ganz andere Heilindicationen als jene; insbesondere erfordert sie eine Localbehandlung, die im Kehlkopfe kaum zu ermöglichen ist.

Fernerer Untersuchung bleibt die Erledigung der Frage vorbehalten, ob diphtheritische, im Kehlkopf sitzende Geschwüre — abgesehen von dem Falle, daß sie geätzt wurden — nothwendig Croup herbeiführen und tödtlich enden müssen, wenn die Operation der Tracheotomie nicht vorgenommen wird, und im bejahenden Falle, aus welchem Grunde?

Eine reifliche Würdigung der vielen einschlagenden Fälle hat die Ueberzeugung in mir befestigt, daß jede Ulceration auf der Innenfläche der Kehle unbedingt die sog. ulceröse Croupform bedingt, daß diese Form — den nicht unmöglichen Fall einer glücklichen Aetzung oder vorgenommenen Tracheotomie ausgenommen — unbedingt und unter allen Umständen zu tödtlichem Ausgange führt; daß die Entstehung des Croup und der dadurch bedingten Gefahr nur zum Theil in der von dem Geschwüre ausgehenden entzündlichen Reizung der sich bildenden ätzenden Jauche ausgeht, sondern und zwar muthmaßlich größtentheils in Verhältnissen liegt, die bei Vornahme der Tracheotomie in Wegfall kommen. Bei Besprechung der Genesis des genuinen Croup habe ich erörtert, daß bei gegebener catarrhalisch-entzündlicher Stimmung der Schleimhaut des Kehlkopfes die atmosphärische Luft in mehrfacher Beziehung, namentlich als fremd gewordenes Agens und durch ihre mechanische Einwirkung den Uebergang in Croup am meisten befördere, und gehe bezüglich der ulcerösen Form noch weiter, indem ich behaupte, daß die atmosphärische Luft noch auf eine dritte specifische Weise muthmaßlich höchst nachtheilig auf die Heilung der Geschwüre einwirkt, vielleicht weil die hypothetische Pilzwucherung befördernd. Ich stütze mich auf die unbestreitbare Beobachtung, daß nach gemachter Tracheotomie nicht blos alle Geschwüre des Kehlkopfes sondern auch die des Rachens sofort sich anschicken (ohne alles Einschreiten der Kunst) zu heilen; ferner daß der Laryngealcroup (fast nur der ulcerösen Form gegenüber habe ich Erfahrungen gesammelt) nach der Tracheotomie — wenigstens bei hydriatrischer Behandlung sofort rückwärts, aber nicht vorwärts schreitet. Durch das Einlegen einer Canüle

wird die entzündliche Stimmung der Laryngotrachealschleimhaut noch
wesentlich gesteigert, im Uebrigen geschieht keine andere positive oder
negative Einwirkung auf die Kehlkopf- und Gaumengeschwüre, als daß
die beim Athmen vorbeizichende Luft einen andern Weg nimmt, also die
Geschwüre nicht mehr alterirt, und dennoch heilen Croup und Geschwüre.
Ich muß meine Herren Collegen, denen sich Gelegenheit bietet, einschla-
gende Beobachtungen zu machen, dringend bitten, der Bedeutung der
atmosphärischen Luft bei der Bräune ihre Aufmerksamkeit zuwenden zu
wollen, ganz besonders auch diejenigen, deren wissenschaftliche Hydrophobie
ich zu heilen außer Stand bin, da im Falle meine Anschauung sich als
richtig bewährt, gerade die medicinische Behandlung des Croup, die ohnehin
jeden soliden Untergrundes entbehrt, in der Erweiterung der Indicationen
für die Tracheotomie einen wesentlichen therapeutischen Rückschlag erfahren
müßte. Unbedingt würde ich jedem medicinischen Schriftsteller beipflichten,
welcher Aerzten gegenüber, die sich von der medicinischen Behandlungsweise nicht trennen können, den Rath ertheilt, bei feststehender
Diagnose 3 Stunden lang Kälte local zu appliciren, ein oder zwei Brechmittel zu reichen, dann aber, bei noch fortbestehendem Croup, sofort
zur Operation zu schreiten. Ich bin fest überzeugt, daß diese Behandlungsweise bessere Resultate liefern würde, als die der herrschenden
medicinischen Schulen. Bleiben aber alle anderen Heilversuche ohne Aussicht auf Erfolg, so greift man nach *Hippokrates* zum Eisen und hat in
der Operation der

§ 3. Tracheotomie

noch ein großes Mittel, noch eine wahre Ancora sacra.

Diese Operation hat gewissermaßen eine kleine Vergangenheit, da die
Empfehlung derselben von *Francis Home (An. F. Michaelis* und *Hux-
ham)* ohne Beachtung blieb; die bereits 1807 von *Caron* (Traité
du croup aigu) die Zustimmung der französischen Academie nicht fand,
ebenso wie bis in die neueren und neuesten Zeiten sehr gewichtige
Männer, z. B. *Copeland, Schönlein, Poxter* u. A. sich gegen dieselbe
aussprachen.

Bretonneau kehrte sich an die vielseitigen Widersprüche nicht und
war so glücklich, im Jahre 1825 ein vierjähriges Mädchen, das am Croup
litt, durch diese Operation vom Erstickungstode zu retten. Ihm folgte
Trousseau, dann aber noch eine Reihe englischer, französischer und deutscher
Aerzte, so daß die Anerkennung ihres Werthes gegenwärtig kein Gegenstand des Streites mehr ist. Wir haben nun zu untersuchen, in welchem

Verhältnisse diese Operation zum Croup steht, insbesondere zur hydriatrischen Behandlung des Croup.

Befindet sich Jemand an einem Orte, der mit irrespirablen Gasarten
angefüllt ist, so ist seine Lage eine ähnliche, als die eines im letzten
Stadium des Croup Leidenden, seine Lebensrettung hängt davon ab, ob
möglichst bald seinen Lungen atmosphärische Luft zugeführt werden kann,
oder nicht. Nach demselben Principe dient die Tracheotomie zunächst zur
Erfüllung der Vitalindication, die ganz gleich steht dem Erheben eines
Ertrinkenden aus dem Wasser etc. und vorerst nur zum Endzweck hat,
für den Augenblick den Gefährdeten zu erhalten, damit weitere Heileinen-
griffe das Werk der Lebensrettung vervollständigen mögen. Die Tracheotomie geht aber noch namhaft weiter; sie ermöglicht für gewisse Fälle
die dauernde Herstellung, welche letztere ohne Operation absolut unmöglich
gewesen wäre. Zu solchen zähle ich das Vorhandensein von sehr großen,
mehr oder weniger zusammenhängenden, massenhaften Membranen, die
schon ihres Umfanges wegen unmöglich einen Ausgang durch die enge
und noch dazu verengerte Stimmritze hätten finden können, zu deren Entfernung es nicht genügt, die innere Canüle herauszunehmen, sondern man
genöthigt ist, die ganze Trachealwunde mittelst des Dilatatoriums offen zu
halten, und die bei Exspirationsstößen in der Trachealwunde sich zeigenden Membranstücke mittelst der Pincette zu extrahiren. Ich stütze mich
hierbei, sowie bei Dem, was ich überhaupt über die Operationen anführe,
auf meine eigenen Erfahrungen, und bemerke, daß ein glücklich operirtes
Kind in steter großer Gefahr schwebt, wenn dessen Wärter nicht den
Muth und die Geschicklichkeit besitzt, die ganze Canüle bei Stickanfällen
herauszunehmen und mittelst einer Pincette verstopfende Pfröpfe zu entfernen.

Aber auch noch in einer 2. Weise können die Pseudomembranen
Suffocation erregen. Ganz gewöhnlich beobachtet man, daß dieselben oft
wie ein durchsichtiger Schleier unterhalb der Stimmritze beginnend, in
ihrer ganzen Circumferenz mehr oder weniger fest mit dem Kehlkopf verbunden sind, während der untere Rand derselben frei in die Trachea
hineinragt, und bei Exspirationen sich aufwärts bewegt, und je nach dem
Grad, als Dieses geschieht, suffocative Zufälle bewirkt. Dieses Verhältniß
wird durch eine tiefer abwärts eingelegte Canüle außer Beziehung gesetzt,
und es erfüllt die Canüle hier wochenlang, bis zum Zerfall einer solchen
Pseudomembran, continuirlich eine Vitalindication. Einen sehr wichtigen
3. Vortheil der Operation habe ich bereits hervorgehoben, und es·besteht
derselbe darin, daß das vorzugsweise entzündete Organ außer Function ge-

setzt wird, insbesondere, indem der atmosphärischen Luft ein Nebenweg, in ihrem Wechselverkehr mit den Lungen eröffnet ist. Ich habe die nachtheilige Einwirkung der atmosphärischen Luft auf den Kehlkopf einen dreitheiligen genannt und sehr hoch in Anschlag gebracht; in wie fern eine Berechtigung hierfür vorliegt, müssen fernere Untersuchungen lehren: die Sache ist wichtig, da dieser Punkt die wesentliche Entscheidung der Frage einschließt, in welchem Zeitraume die Operation zulässig ist. Jeder bedeutende Heileingriff, und sei er noch so sehr geboten, hat immer auch seine Schattenseite, und bei einer Operation, wie die Eröffnung der Luftröhre ist, darf auch die daher rührende Gefahr nicht außer Acht gelassen werden; es ist höchst wichtig, sie in ihrem wahren Werthe sich vorzuführen. Die Fälle sind gewiß nicht selten, und auch die vorgekommenen sind gewiß nicht alle veröffentlicht worden, in denen Croupkranke während der Operation und durch dieselbe erlagen. Weiterhin darf nicht übersehen werden, daß zu der bestehenden Krankheit eine neue hinzugefügt wird, eine Verwundung in einem bereits von Entzündung befallenen Organe, daß durch die von der Verwundung ausgehende entzündliche Reizung die entzündliche Blutverfassung und Localreizung eine namhafte Steigerung erfahren, daß ferner auch die Canüle selbst durch Vermehrung der entzündlichen Diathese nachtheilig wirkt; ferner: und diesen Punkt schlage ich — auf Grund trauriger Erfahrungen — sehr hoch an, daß die Nachbehandlung nur in dem Falle die Operation zu rechtfertigen vermag, wenn dem Operirten ein Wächter an die Seite gegeben werden kann, der die Sorgfalt und Fähigkeit besitzt, in jedem Augenblicke suffocativen und andern Eventualitäten zu begegnen. Endlich glaube ich anführen zu sollen, daß einmal durch das Einlegen der Canüle einer Pseudomembran eine solche Lagerung ertheilt wurde, daß gerade hierauf die Erstickung zurückgeführt werden mußte. Die erwähnten Nachtheile, die der Operation zur Seite gehen, sind von zweierlei Art; theils sind sie unvermeidlich und in ihrem reellen Gewichte hinzunehmen; theils aber gestatten sie der Kunst eine weitgreifende freie Bewegung zur Minderung daher rührender Gefahr: über alle Beziehungen hat aber die Erfahrung das entscheidende Wort mitzureden. Sprechen wir zunächst von den unvermeidlichen Nachtheilen, zunächst vom Anlegen einer Wunde in die Trachea und dem Einlegen einer Canüle. Die Rückwirkung der unvermeidlich hieraus erwachsenden Consecutivzufälle auf den Croup kann ich, nach meinen Erfahrungen, nicht hoch anschlagen, und ich will zur Bestätigung des Gesagten einen Fall (die 7. Operation dieser Art, die ich machte) anführen.

Am 24. November 1866, inmitten der sehr gefährlichen Diphtheritisepidemie, sah ich ein Söhnchen des *J. Bayer* in Schloßborn, welches 3 Jahre 5 Monate alt, seit 2 Tagen rauh und heiser gewesen war, während der letzten Nacht aber mit sehr bedeutenden Respirationsbeschwerden zu kämpfen hatte. Mein Badediener in Schloßborn hatte mich mit dem Beifügen von dem Zustande jenes Kindes unterrichtet, daß muthmaßlich die Operation gemacht werden müsse. Gegen 9 Uhr Vormittags fand ich Patient in folgendem Zustande: Das Bräuneathmen war sehr scharf und vernehmlich, die Stimme aphonisch heiser, desgleichen der Hustenton heiser, kickernd, nicht amphorisch, der Puls 132mal in der Minute anschlagend (bei 27 Athemzügen) klein und weich, die Respiration in dem Grade mühsam, daß Patient seine Aermchen aufstützte, oder sich wenigstens sehr hoch legte und den Hals verlängerte. Die Percussion ergab an vielen Stellen der Brust einen gedämpften, aber nicht leeren Ton; das Einströmen der Luft in die Lungen konnte an vielen Stellen gar nicht, an andern nur höchst undeutlich wahrgenommen werden; damit im Einklang, vermochten die Ex- und Inspirationen auf die Bewegungen des Brustkastens keinen großen Einfluß auszuüben. Zwei weitere Umstände ließen die Gefahr, in welcher Patient schwebte, ebenso klar hervortreten, es waren dieses die Abnahme der Körperwärme, und das Hervortreten der Cyanose, insbesondere waren die Lippen ausgesprochen bläulich. In der Absicht, die Bräune zu entfernen — wenn möglich — oder andern Theils die Operation anzubahnen, ließ ich Umschläge anlegen und so baden, wie es für die Behandlung des 3. Stadiums als maßgebend erwähnt wurde, nahm aber vorher noch eine sorgfältige Untersuchung des Rachens vor. Beide Mandeln waren dick, glänzend, blaß geröthet, vom Larynx verbreitete sich eine saturirte Röthung, aber nur ca. 4''' weit aufwärts, dagegen konnte ich nirgends Geschwüre entdecken. Schon wegen der herrschenden Epidemie, mehr noch, weil der Bruder unseres Patienten zwei Tage vorher dem ulcerösen Croup — wie die Section erwies — erlegen war, mußte der vorliegende Fall als diphtheritischer (ob ulceröser? kann nicht behauptet werden) eine Würdigung finden. Gleich beim Beginn des Bades stellte sich eine so gewaltige Frostreaction ein, daß diese Operation nur bis zur neunten Minute ausgedehnt werden konnte; Schnattern, Zähneklappern und starkes Hervortreten der Cyanose nöthigten zum Abschluß des Bades. Einen weiteren Beweis für die gehemmte Wärme-Productionsfähigkeit und die vorgeschrittene Blutintoxication fand ich in dem Mangel hervortretender Reaction, trotzdem die Frictionen kräftig und fast $^3/_4$ Stunden lang fortgesetzt wurden.

Der Wiedererwärmung — die übrigens noch lange nicht in genügendem Grade eingetreten war, ließ ich nach vorausgegangener Chloroformirung die Operation folgen, die nicht die mindeste Schwierigkeit bot, da kein einziges Blutgefäß unterbunden werden mußte. Nach Eröffnung der Trachea fand ich die Schleimhaut derselben stark dunkel geröthet, sammtartig, aber nur eine etwas dickere membranöse Flocke trat aus der Operationswunde, so daß ich deßhalb und weil kein eigentlicher amphorischer Hustenton da war, die Prognose günstig stellte.

Nach dem Einlegen der Canüle änderte sich sofort die Scene: zunächst war die Luftwelle, welche in den Lungen circulirte, eine größere geworden, sodann besserte sich der Percussionston, doch nur wenig; dann änderten sich die cyanotischen Zufälle; Alles aber nicht rasch, wie mit einem Schlage, sondern nach und nach, denn als ich nach 1½ Stunden Patient nochmals besuchte, fand ich namentlich

die auscultatorischen Zufälle, insbesondere auch den Stand der Wärme, besser, so
daß schon am Abende ein Bad von 22° R. und 20 Minuten, an den drei folgenden
Tagen je zwei Bäder von 20—25 Minuten (bei fleißigem Wechsel der Brustumschläge) gegeben werden mußten. Am 27. October Abends fand ich Patient frisch
und munter, den Puls 123 bei 23 Athemzügen, voll guten Humors bei gutem Appetit, also über die Fieberperiode schon hinaus, und von da an war derselbe nicht
mehr im Bette zu erhalten. Am 21. Tage wurde die Canüle entfernt.

Dieser Fall scheint mir zu beweisen, daß die Gefahr bei Herstellung
einer Wunde in der Trachea und vom Tragen einer Canüle, in einem in
entzündlicher Stimmung begriffenen Organe, durchaus nicht sehr hoch
anzuschlagen ist, weil ihre Bekämpfung durchaus keine langen und großen
Anstrengungen erforderte. Sodann scheint er mir auch zu beweisen, daß
die Ableitung der Luft vom Kehlkopf ebensoviel zur Lösung des Laryngealcroup beigetragen hat, als die hydriatrische Antiphlogose. Aller
Wahrscheinlichkeit nach war Patient ohne die Operation verloren; doch
bleibt es auch hier zweifelhaft, ob die Operation ohne Wasserkur ausge-
reicht haben würde: ich will es nicht verneinen. Die Fälle, die ohne
hydriatrische Vor- und Nachbehandlung durch die Operation allein zu
glücklichem Ausgang gelangten, finde ich in noch weit höherem Grade
beweiskräftig für die Behauptung, daß das Abhalten der Luft von
dem entzündeten Kehlkopfe als ein noch nicht vollgiltig ge-
würdigter Vortheil der Operation anzusehen ist.

Ich kann es nicht umgehen, hier von der Operation zu reden, wiewohl ich es gerne unterließ, weil ich zu wenig Operateur bin, um mit
dem nämlichen Selbstgefühl, wie wenn es sich um Wasserkuren handelt,
sprechen zu können. Deßhalb sollte Das, was ich von der Operation
sage, keinen Collegen davon abhalten, die Werke von *Chelius, Bardeleben,
Malgaigne, Diefenbach* etc. zu studiren; vielleicht sind Collegen meine
Bemerkungen eben deßhalb gerade von Interesse, wenigstens Denen, die
selbst nur in den wenigsten Fällen zum Messer greifen (bei Aneurismen,
eingeklemmten Brüchen etc.), wenn sie mit ihrer Pflicht in Collision
kämen bei Abweisung eines Operationsfalles. Wenn ich also sage, daß
ich diese Operation, ohne besondere Befähigung oder operative Fertigkeit
zu besitzen, 15mal unternommen, und während der Operation kein
einziges Kind verloren habe; wenn ich hinzufüge, daß ich dreimal die
Operation bei Beleuchtung durch ziemlich schlechte Stearinkerzen, einmal
bei Beleuchtung mit Petroleumlampen und Oellichtern vorgenommen habe,
wenn ich anführe, daß mir nur in den drei ersten Operationsfällen die
Assistenz eines Arztes (des leider zu früh verstorbenen Herrn Dr. *Steubing*) zur Seite stand, in den übrigen die eines Baders, der allerdings

ein talentvoller und eifriger Mann ist und als Krankenwärter in einem Hospitale in Schleswig-Holstein, das unter Oberleitung des Herrn Prof. *Strohmeyer* stand, viele praktische Fähigkeiten sich erwarb, so muß Dies jedem unerfahrenen Arzte mehr zur Ermuthigung dienen, gegebenen Falles jede Operationsscheu zu überwinden, als wenn er liest, daß berühmte Chirurgen vom Fach so und so oftmal die Operation mit Glück unternommen haben. Ich bemerke ausdrücklich, daß die ganze Operation überhaupt nur eine Schwierigkeit bietet, daß diese allerdings manchmal groß ist, besonders wenn man bei künstlicher Beleuchtung operiren muß, daß man aber viele Mittel hat, sich zu helfen, wenn man nur die Fassung nicht verliert — es ist dieses die Blutung. In den drei ersten Operationsfällen fand ich die Einführung der Canüle schwierig, ja in dem Grade gefährlich, daß ich mehrmals fürchtete, das Kind möge der Operation zum Opfer fallen. Diese Schwierigkeit lag in falschem Verfahren und Mangel der richtigen Instrumente, existirt also, wie ich angeben werde, nicht mehr, weder für mich, noch für Andre, die meinem Rathe folgen.

Ich will demgemäß die Grundzüge meines Verfahrens hier kurz erwähnen:

A. Vorbereitung.

Es ist von größter Wichtigkeit, daß das Zimmer, in welches Patient nach der Operation zu liegen kommt, durchaus frei von Rauch und Staub sei, womöglich müssen diese Bedingungen schon vor der Operation hergestellt werden; deshalb ist, wenn die Räumlichkeit es gestattet, erstere in einem anstoßenden Locale vorzunehmen. Als Gehilfen bedarf man zweier Personen, denen die Fixirung des Kopfes und die Chloroformirung übergeben wird, zweier, welche die Schwämme eintauchen und überhaupt dem Operateur und seinem Assistenten zur Hand sind und einer fünften, die dafür sorgt, daß das Kind in seiner Lage verbleibe, also hauptsächlich die Beine fixirt. Der Operationstisch wird mit Bettzeug versehen und so placirt, daß möglichst viel Licht bis in die Tiefe der anzulegenden Wunde eindringen kann, und ein mit Leinwand umwickelter Kegel bereit gehalten zur Unterlage unter den Nacken des Kindes, damit die Halsgegend möglichst hervortrete. Operateur und Assistent theilen ihre Instrumente in zwei Abtheilungen, und legen sich die erstern, bestehend für den Operateur in einem geballten kleinen Scalpell mit Elfenbeinstiel, mehreren Pincetten zum Schließen, zwei stumpfen Haken, einer feinen *Deschamp*'schen Nadel, für den Assistenten in mehreren Pincetten und stumpfen Haken, zur Hand. Zwei große mit klarem kaltem Wasser gefüllte Gefäße stehen auf beiden Seiten, kleinere Schwämmchen müssen wenigstens vier zur Hand sein. Ueber den Operationstisch wird eine große wollene Decke ausgebreitet, die der Länge nach einmal gefaltet ist. Die Chloroformirung erfolgt bis zu einem gewissen Grade im Bett, dann wird das Kind auf die wollene Decke gelegt und letztere um beide Oberarme, fast in der Höhe des Schultergelenkes, herumgeführt und möglichst fest um den Rumpf, die oberen und unteren Extremitäten angezogen und mit Tüchern befestigt. Patient, der möglichst accurate Rückenlage mit stark hervortretendem Halse erhält, wird nun vollständig mit Chloroform an- ästhesirt. Während dessen zeichne ich mir mit Tinte die Operationslinie und ich bemerke, daß ich beim Verlauf der Operation immer vom Mittel- punkt der vorderen Wand des Ringknorpels ausgehe, hier den ersten Punkt, 4 Linien höher den 2., 6 Linien tiefer den 3. Punkt zeichne, immer in der Weise, daß ich Daumen und Zeigefinger der linken Hand zu beiden Seiten anlege und mit dem Auge die Mitte bestimme, da es von größter Wichtig- keit ist, genau in der Mittellinie zu bleiben. Sobald Anästhesie einge- treten, wird die Haut in einer Falte erhoben und in der markirten Linie durchschnitten. Aber hier kann Dem, der die Operation zum ersten Male macht, schon ein Bedenken kommen, in dem Falle, wenn in der ge- zeichneten Linie eine dicke Vene sichtbar ist. Dieser Fall, welcher mir einmal begegnete, veranlaßte mich, der Vene auszuweichen; ich sah mich bald genöthigt, den Fehler wieder gut zu machen und einen 2. Haut- schnitt anzulegen. Deshalb rathe ich, unbedingt die Vene durchzuschneiden und eine Pincette anzuhängen, die man nach 5—10 Minuten wieder ent- fernen kann. Kaum ist die Haut mit ihrem Fettlager durchschnitten, so erblickt man in den meisten Fällen ein durch die Fascia durch- schimmerndes Venenconvolut und jetzt beginnt die Schwierigkeit. Hierüber suche ich in folgender Weise hinauszukommen: Es bedarf zu meinem Zwecke nur der Bloslegung einer Stelle von 5—6 Linien über der vor- deren Mitte der Trachea; die Venen sind sehr dehnbar und lassen sich meistens (aber nicht immer) leicht verschieben; ich muß daher sie soweit aus ihrer Verbindung frei machen, daß sie beweglich werden und muß hiernach mich auf die Rückseite des ganzen Plexus, wenigstens an einer Stelle zu arbeiten suchen. Ueberall mit 2 Pincetten arbeitend, schneide ich nur dann durch, wenn ich keine Vene zu treffen befürchten muß, beginne auch hiermit, womöglich am Ringknorpel, und dringe neben den Venen ein, und mache Versuche, sie auf die Seite zu schieben. Habe ich nur eine Oeffnung, die mir die Anlegung eines stumpfen Hakens ge- stattet, dann ist schon Viel gewonnen. Ich suche nun die die Verschiebung der Venen hindernden Fasern zu durchschneiden, den einen Venenstamm nach oben, den andern nach andern Seiten zu verdrängen und bin vollständig befriedigt, wenn ich, noch so nothdürftig, mit Haken die eigentliche Operationsstelle frei gemacht habe, weil gewöhnlich schon vor Eröffnung der Trachea das ganze Venenconvolut vollständig verschwunden ist und die Venenhäute kaum noch von der Fascia zu unterscheiden sind. Das Verhalten der Venen ist in jedem einzelnen Falle ein anderes und die daher rührende Verlegenheit ist im Allgemeinen um so größer, je vorgerückter die Asphyxie ist. So oft ich noch bei künstlicher Beleuchtung zur Operation schritt, geschah es, weil ich den Tagesanbruch nicht erwarten konnte und trat mir die Schwierigkeit der Operation, resp. die Stillung der Venenblutung, als eine sehr ernste entgegen. Kein Chirurg kann es bei der größten Sorgfalt vermeiden, einzelne dünne Venenhäute zu zerreißen, es hat das auch gar Nichts zu sagen, wenn man sich einer guten Beleuchtung erfreut, weil eine oberflächliche Unterbindung genügt. Man greift mit den Fingerspitzen oder mit einer unten breiten Pincette auf die blutende Stelle hin und läßt eine Ligatur um den ganzen Complex des Erfaßten führen. Liegt die Canüle in der Wunde, dann kann man nach wenigen Minuten alle Venenligaturen entfernen. Blutstillung durch septische Mittel oder Compressen gegen die äußere Fascia habe ich noch niemals versucht, wohl aber kaltes Wasser oder die Ligatur. Daß man durch Anwendung einer feinen *Deschamp*'schen Nadel oftmals Gefäßverletzungen vermeiden kann, unterliegt keinem Zweifel.

Ist man auf die eine oder andere Art bis zu dem Muskelstratum vorgedrungen, so kann man auch hier noch einer Venenschwierigkeit begegnen, wie ich denn einen Fall erlebte, wo die v. thyreoidea superior ganz genau in der Linie verlief, in der ich die Trachea eröffnen mußte. Beim Versuche, das Gefäß zur Seite zu schieben, riß es fortwährend ein, und ich verbrauchte bei dieser Operation 9 Ligaturen. Mit dem Erscheinen der Musculatur kommt man gewöhnlich mit einigen kleineren, seltner mit größeren Arterien in Conflict, und es erfordert die Vorsicht, durch das Gesicht oder die Finger darnach zu forschen. Man führt eine Ligatur unter dieselben durch, ehe man sie durchschneidet, nachdem man vorher die Richtung des Blutstroms ermittelt hat.

Weiterhin stellt sich die Aufgabe, genau die Vereinigungslinie der Musculi sternohyoidei zu finden, was bei bloser Inspection schwer möglich ist. Man lagert den Kopf möglichst gerade, spannt mit 2 Scalpellstielen die Muskeln fest und wird so ziemlich sicher die Mitte finden können. in der die Bloßlegung der Trachea mit einem Scalpellheft nicht schwer ist, während bei kleiner Abweichung nach der Seite der Nachtheil möglicher neuer Blutung durch Zerreißung eines Gefäßastes und die Schwierigkeit der Beseitigung von Muskelfasern dem Operateur entgegentritt.

Vor Eröffnung der Trachea ist es unerläßlich, auf vollständige Stillung der Blutung und daran zu denken, daß man in der Schnittlinie kein Gefäß belasse, das durch den Trachealschnitt verletzt werden müßte. Bevor ich zu diesem schreite, gibt es eine kleine Pause. Die alten Instrumente werden entfernt, und der 2. Theil zum Griff gelegt. Es besteht derselbe für den Operateur in einem schmalen, spitzen Scalpell, der äußern Canüle, einigen Taubenfedern, einer Pincette mit sich kreuzenden Armen, einer gewöhnlichen Pincette und 2 stumpfen Haken; für den Assistenten in der Zange von *Roser* und gleichfalls 2 stumpfen Haken. Vorher wird die Chloroformirung etwas verstärkt, dann werden 4 stumpfe Haken so angesetzt, daß die Schnittlinie möglichst frei bleibt; — Die, welche die Haken halten, werden strengstens ermahnt, ihrer Aufgabe alle Aufmerksamkeit zu schenken, dann setzt der Gehilfe die Hakenzange in den Raum zwischen Schild- und Ringknorpel, fixirt dadurch die Trachea und hebt sie etwas hervor. Ich nehme das Scalpell in die rechte, die Pincette in die linke Hand, sorge für gute Beleuchtung und steche das Scalpell schräg von unten nach oben ein, führe es vorsichtig 4—5 Linien weit fort und setze die Pincette ein, deren Branchen auseinanderweichen, wenn man auf den oberen Theil drückt, oder lasse die Wundränder mit 2 Hakenpincetten abziehen, und bemesse die Größe der Wunde im Vergleich zum Umfang der Canüle, erweitere den Schnitt nach oben oder unten, bis er mir genügt.

Alle Schriftsteller rathen, jetzt mit der Einlegung der Canüle zu eilen: ich finde diesen Rath durchaus unmotivirt und glaube, daß es weit nützlicher ist, diesen Augenblick, und seien es 5 Minuten, anders zu verwerthen, da das Offenhalten der Wunde mittelst der eingelegten Pincette durchaus keine Schwierigkeit bietet. Ein Blick in die Wunde sagt mir, in welchem Zustande die Schleimhaut, welches die Beschaffenheit der Pseudomembran ist, und gibt also wichtigen Aufschluß darüber, was von dem Erfolg der Operation zu halten ist. Sodann führe ich eine Taubenfeder in die Trachea, deren Reiz das Ausstoßen alles in die Lunge eingedrungenen Blutes zur augenblicklichen Folge hat und Asphyxie fern hält. Sodann zeigen sich fast jedesmal mit diesen Hustenausstößen Membranstücke in der Wunde, die zum Theil von solcher Größe sind, daß sie mit der Pincette herausgefördert werden müssen, und unmöglich den engen Weg einer Canüle hätten passiren können. Erst, wenn ich sehe, daß auf diesem Wege Nichts mehr zu gewinnen ist, und Patient aus seiner Narcose zu erwachen droht, lege 'ich die Canüle, aber vorerst die äußere ein, eine Viertelstunde später die innere. Bedient man sich zur Einführung der Canüle des Fingers, dann ist die Operation in gleichem Grade schwierig wie gefährlich; dahingegen ein Kinderspiel, wenn man sich, wie angegeben, der Pincette zur Dilatation der Trachealwunde bedient. Die Hautwunde vereinige ich durch 2 Hefte und bedecke sie mit einem Butterläppchen. Der Anzug des Kindes wird nun geeilt, damit, wenn sein Bewußtsein wiederkehrt, es vollständig verbunden in seinem Bette liegt und wo möglich durch Nichts an die vorausgegangene blutige Operation erinnert werde.

Wie gesagt, die Operation hat für mich und gewiß für Jeden, der nach den angegebenen Principien und mit so einfachen Instrumenten zu Werke geht, nur die eine Schwierigkeit der Blutung, und auch diese wird vereinfacht, wenn man sich des Chloroforms bedient, was niemals bedrohliche Folgen hatte, ebenso wenn man für eine gute Beleuchtung Sorge trägt (meinem Instrumentarium habe ich seitdem stets 1 Pfd. der besten Stearinkerzen beigefügt) und mit dem Unterbinden nur nicht ängstlich ist, da die venöse Blutung bald von selbst steht, und es nach Einlegung der Canülen keiner Venenligaturen bedarf. Die Eröffnung der Trachea mit dem Scalpell ist weit einfacher und leichter ohne Verletzung der hintern Wand zu vollführen, als mit Hilfe von sog. Tracheotomen; sie ist bei Weitem nicht so schwierig auszuführen, als eine Venæsection. Das Einlegen einer Canüle auf der Führung eines Troikarts ist schwieriger und gefährlicher, weil man weit leichter die hintere Wand der Luftröhre verletzen kann, abgesehen davon, daß man nicht, wie nach Eröffnung der Trachea mit dem Messer, vor Einlegung der Canüle, dicke Membranstücke aus der größern Wunde auszuziehen vermag.

Die Canüle darf keinen nach oben springenden Schild haben, weil sich sonst die Haut der Submentalgegend darauf legt und die Canüle sich in jene einbohrt, wie ich Dies beim ersten Operationsfall erfahren habe; der Schild muß möglichst dicht über der äußern Apertur der Canüle, und zwar horizontal, abgeschnitten werden, und, um nicht scharf zu sein, lieber sich horizontal verlängern oder einen nach vorn umgebogenen Rand haben. An beide Ohren der Canüle lasse ich circa 4 Linien breite Gummibändchen annähen, welche so lang sein müssen, daß sie gegen den Nacken geführt. ½ Zoll vor der Mitte desselben endigen. Das fehlende Stück wird durch gewöhnliche Schnur ergänzt, weil man letztere leichter mittelst einer Schleife schließen kann. Alle 3—6 Tage muß man unter-

suchen, ob die Schleife nicht fester angezogen werden muß. Das Lumen
der Canüle muß den Zutritt einer genügenden Menge Luft zu den Lungen gestatten, daher weiter sein als die Stimmritze, da sich immer
Schleimkrusten an jene ansetzen. Eine Canüle, die für ein 2jähriges
Kind genügt, kann bei einem Kinde von 8 Jahren nicht angewandt werden. Wenn die Canüle dieser Aufgabe entspricht, so ist es immer erwünscht, wenn die äußere Canüle, wenigstens gegen den Schild hin, sich
erweitert, da hierdurch die Trachealwunde weit erhalten, das Herausnehmen und Einlegen der Canülen erleichtert und nach Herausnahme der
äußeren Canüle größeren Schleimpfröpfen der Durchtritt gestattet wird.
Kürzere Canülen üben weniger nachtheilige Reizung aus als längere; die
Krümmung muß derartig sein, daß der in der Trachea liegende Schenkel
ganz in der Axe derselben liegt, widrigenfalls die scharfen Ränder der
innern Apertur nach einer Seite die Schleimhaut verletzen oder doch
reizen können. Canülen aus reinem Silber sind die besten.

B. Nachbehandlung.

Das wichtigste Desiderat zur Erlangung eines guten Erfolges ist
ein gutes Krankenwärterpersonal; und ich weiß nicht, ob ich in Erman-
gelung eines Solchen, nicht lieber den Kranken, ohne Operation, seinem
Schicksal überlassen soll. — Wenn man nach glücklich vollzogener Operation einen Kranken verliert, und die Section die Nothwendigkeit und
Unabweisbarkeit dieses Ausganges rechtfertigt, dann kann sich jeder Arzt
über den Erfolg leicht trösten. Ganz anders ist für ihn der Rückschlag
der Section, wenn er dadurch zu der Ansicht gebracht wird, daß der
tödtliche Ausgang einer Fahrlässigkeit oder Unentschlossenheit von Seiten
des Wärters zugeschrieben werden muß; und wer diesen Fall noch nicht
erlebt hat, macht sich keinen richtigen Begriff davon. Eine Person genügt
als Wärter eigentlich nicht, und wenn, wie so gewöhnlich auf dem Lande,
aus der Noth eine Tugend gemacht werden muß, dann muß im Kranken-
zimmer wenigstens ein Ruhebett für sie und die Einrichtung so getroffen
sein, daß sie niemals genöthigt ist, das Haus zu verlassen. Man bedenke
nur, daß der Satz „occasio præceps" in keinem Falle mehr Geltung hat,
wie hier, denn wenn z. B. Punkt 12 Uhr Alles vortrefflich steht, so kann
2 Minuten später das Kind der größten Erstickungsnoth ausgesetzt sein.
Nur der bessern Pflege schreibe ich es zu, daß 5 Kinder, die in Königstein
und der nächsten Umgebung operirt wurden, sämmtlich erhalten blieben,
während von 10 auf dem Lande, in Entfernungen von 2—3 Stunden
Operirten nur 4 am Leben blieben, und selbst alle Ortsbewohner sind

darüber einverstanden, daß 3, wenigstens 2 Kinder in Schloßborn bei
besserer Pflege hätten erhalten werden können. Ich zweifle, ob ein einziges Kind erhalten worden wäre, wenn ich zu der Pflege nicht barmherzige Schwestern, sondern Personen vom Lande hätte zuziehen müssen;
wenigstens sind die 9 Geretteten unter ihren Händen genesen, von den
Verstorbenen hauchten Mehrere aus, ohne daß ich Schwestern zur Pflege
haben konnte.

In einem Falle währte der Todeskampf über eine Stunde, während-
dem die wohlunterrichtete Würterin blos die innere Canüle hervorzog
und mit einer Taubenfeder, offenbar nicht tief genug, einging. Nach
dem Tode ihres Clienten zog sie die Canüle heraus und war erstaunt,
kein anderes Hinderniß vorzufinden, als einen mäßig dicken Schleimpfropf,
der an der Canüle sitzen blieb.

In einem anderen Falle begab sich die Würterin zum Frühstück,
und fand ihren Clienten, den sie ganz wohl verlassen hatte, todt! Jeder
Arzt mag wohl überlegen, ob er unter Verhältnissen, die ihm keine Zuversicht einer sorgfältigen Nachbehandlung gestatten, die Operation vor-
nehme; die Rückwirkung auf sich selber und auf das Publikum
bei einem Todesfall, der zu vermeiden gewesen wäre, ist weit
größer, als er es sich gedacht hat! Der Wärter muß eine einfache
Pincette haben, und eine solche, mit sich kreuzenden Armen, eine Sonde
und einen Pack längerer Taubenfedern.

Er hat darüber zu wachen, daß der Schleim in der Canüle nicht
vertrockne, daß Rauch und Staub in die Wunde nicht eindringen können.
Gefäße, mit heißem Wasser gefüllt, müssen vor das Bett gestellt werden.
Ein Wachstuch ist unter der Operationsstelle auszubreiten und darauf
müssen in heißes Wasser getauchte Schwämme, in einer Entfernung von
6—8″ von der Canüle, gelegt werden. Der Wärter muß bei jedem
Hustenausstoße die Oeffnung der Canüle mit einem bereit gehaltenen
Schwamme abwischen; deßhalb taugt der allgemein gegebene Rath, ein
Gaze über die Canüle auszubreiten, wenigstens in den ersten 8 Tagen gar
Nichts; die Schwestern finden denselben ganz unpraktisch. Aus gleichem
Grunde habe ich es auch unterlassen, mich nach, mit Ventilen versehenen,
Canülen umzusehen, da diese die Reinigung der Canüle und die Einfüh-
rung einer Feder nicht gestatten. Ein leichtes, sehr werthvolles Mittel,
um Pfröpfe zu entleeren, ist das Einflößen von einigen Tropfen lauen
Wassers in die Canüle; auch dieser Eingriff dürfte durch die Ventile er-
schwert werden. Die Sorgfalt der Wärter läßt sich durch keine mechanische Vorrichtung ersetzen.

10 *

C. Therapie.

Vor Erörterung meiner Erfahrungen, in Ansehung der Nachbehandlung nach vollbrachter Tracheotomie, scheint es mir unerläßlich, die Umgestaltung des Krankheitsprocesses durch die Operation kurz zu beleuchten. Die Operation hat es möglich gemacht, daß (bei der ulcerösen Form) das Laryngealgeschwür zur Heilung gelangen kann, sie hat die atmosphärische Luft, den gefährlichsten Feind des Laryngeal-Croup (jeder Art) abgewendet, größeren Schleimpfröpfen den Austritt gestattet und die Asphyxie vorerst gemindert. Sie hat aber andern Theils eine traumatische Verletzung einem, im Entzündungsprocesse befangenen Organe hinzugefügt, (denn daß die Operation instituirt wird, während die Entzündung blos in der Ausbreitung des Kehlkopfs haftet, kommt gewiß höchst selten, oder nie vor,) die eingelegte Canüle reizt fortwährend die entzündlich gestimmte Schleimhaut, endlich aber ist die oben angezogene, wohlthätige Seite der Asphyxie (durch Cyanose und Hemmung der Wärmebildungsfähigkeit sich aussprechend) zwar nicht aufgehoben, aber doch gemindert worden. Ich behaupte das Letztere, weil Wochen darauf gehen, bis man die Athmungsgeräusche in allen Lungentheilen (nach der Operation) in normaler Weise ausgeprägt findet. Unausbleiblich spricht sich die Rückwirkung jenes Eingriffs auf den Gesammtorganismus in fieberhafter Erregtheit des Gefäß- und Nervensystems aus, für die, mit Rücksicht auf ihren positiven Untergrund, kein anderer Charakter als der entzündliche vindicirt werden kann. Vom ulcerösen Croup habe ich bemerkt, daß es als Axiom bei mir feststehe (und ich fordere Mediciner und Wasserärzte auf, ihre Aufmerksamkeit diesem Punkte bei vorkommenden Fällen zuwenden zu wollen), daß — den einzig möglichen Fall glücklicher Aetzung in Abrechnung gebracht — ohne Operation keine Rettung möglich sei. und daß die Operation nur dadurch die Heilung des Geschwürs und dessen nachtheilige Rückwirkung auf den hervorgebrachten Croupproceß ermögliche, daß die atmosphärische Luft von jenem ferne gehalten werde. Durch die Operation wird also die nachtheilige Rückwirkung des Geschwürs fast auf Null gesetzt, und hierdurch stellt die Operation den genuinen wie den diphtheritischen Croup, die ulceröse wie die inflammatorische Form auf eine Linie, und es erfolgt in ungezwungener und unwiderleglicher Weise hieraus, daß die Heilindication für die Nachbehandlung eine entzündungswidrige sein muß, daß der Arzt darauf ausgehen muß, den Entzündungsproceß, oder als Ausdruck desselben das entzündliche Fieber, in solchen Schranken sich bewegen zu lassen, welche die Erfahrung als die für die Heilung des Kranken geeignetsten kennen gelernt hat. Das Fieber ist auf den Grund des Erethismus zurückzuführen. Wir stehen also in Ansehung der Behandlung nach der Operation einer (durch die Trachealwunde und Canüle) complicirten, genuinen Bräune gegenüber, deren Bekämpfung, selbst wenn eine diphtheritische Causalität mit Nothwendigkeit anzuerkennen ist, nur die Behandlung des entzündlichen Fiebers verlangt, und auf das diphtheritische Element gar keine Rücksicht zu nehmen hat, abgesehen von der Thatsache, daß ein specifisches Antidiphtheriticum zur Zeit noch ein Desiderat ist. Ich bin somit genöthigt, auf den ersten Theil dieser Schrift zurückzukommen und die dort erörterten Heilprincipien wieder aufzugreifen; aber ich bin gleichzeitig in der Lage, hier die weit günstigere Stellung des Wasserarztes vor der des Mediciners nach zwei Seiten zu constatiren. Die der Operation vorausgegangene Antiphlogose hat Vieles dazu beigetragen, die jener nachfolgende Reaction in den bescheidensten Schranken zu erhalten: sie hat die Wärmeentwickelung dem Normalzustande entgegengeführt und damit die Herzbewegungen beruhigt; ferner die entzündliche Diathese des Bluts umgestimmt, den Blutstrom vom entzündeten Organe abgelenkt, die Exsudatbildung beschränkt, die Resorption, dem Exsudat gegenüber, angestrengt, also auch die Ausstoßung der Pseudomembranen angebahnt. Je mehr der Wasserarzt in der Lage war, sein mächtiges Mittel vor der Operation zur Geltung zu bringen, um so weniger hat er von der Reaction nach der Operation zu fürchten, und ich werde bei Erörterung der Operationsfälle zu zeigen Gelegenheit finden, daß zuweilen ein fast vollständiges passives Verhalten genügte, den Kranken an der secundären Gefahr vorbeizuführen. Sodann ist der Wasserarzt im Besitz eines Mittels, das, mag der Fieberbrand noch so hoch auflodern, immerhin ausreicht, um ihn zu dämpfen.

Wäre es durchaus gleichgiltig, ob man die Wärmeentziehungen vor oder nach der Operation macht, so gebőte es die Vorsicht, (wo möglich) sie nur im ersteren Zeitraum vorzunehmen, da die physische wie moralische Wirkung der Operation auf die Nerven eines zarten kindlichen Organismus an und für sich eine ungemein erschütternde ist, und die Abhaltung jeden Eingriffs wünschenswerth erscheinen läßt, der eine neue Agitation hervorzurufen vermag. Es erhebt sich hiernach die Frage: Ist es unter allen Umständen erlaubt, die Wärmeentziehung so weit auszudehnen, als die Wärmeproductionsfähigkeit Solches (vor der Operation) gestattet, oder ist es unter Umständen rathsamer, vor extremster Wärmeentziehung zur Operation zu schreiten? Die Antwort kann nur durch das Experiment ertheilt werden und ist davon abhängig, ob unter allen Um-

ständen die hydriatrische Antiphlogose mächtig genug ist, dem Fortschreiten des Croup gebieterisch Einhalt zu thun, oder ob es Fälle gibt,
in denen, trotz des mächtigsten Eingriffs, die Krankheit Fortschritte macht.
Selbstverständlich müssen die Fälle außer Rechnung bleiben, in denen
die Antiphlogose, wegen allzu weit vorgerückter Asphyxie, gar keine Stelle
mehr hat; in den übrigen entscheidet die Zu- oder Abnahme der
charakteristischen Croupzeichen, insbesondere das Ergebniß der Auscultation
und Percussion, ob man von dem Erfolg der Kur einen günstigen Ausgang zu erwarten berechtigt ist, oder nicht. Meine Erfahrungen haben
mich bestimmt, folgenden Grundsatz zum Führer zu nehmen.

Wenn aus den früher angegebenen Indicien mit Gewißheit oder
großer Wahrscheinlichkeit angenommen werden kann, daß ein Geschwür
im Kehlkopfe sich befindet, dann mag man eingreifen, wie man will, der
Erfolg bleibt ein bald vorüber gehender und es läßt sich auf diesem
Wege der verderbliche Lauf der Krankheit nur moderiren, aber nicht
sistiren. Befindet sich der Kranke in der Nähe des Arztes, dann darf
man, unter fortgesetzter Beobachtung des Kranken, mehrere Heileingriffe
wagen, darf aber keinen Augenblick mit der Operation zögern, wenn die
Zeichen der fortschreitenden Lungeninfiltration vorliegen. Auf dem platten
Lande halte ich die Operation schon für indicirt, sobald die Diagnose der
ulcerösen Form mit großer Wahrscheinlichkeit festgestellt ist, d. i.
sobald der durch die hydriatrische Behandlung erzielte Erfolg ohne besonderes Verschulden bezüglich des Reactionsverfahrens wieder in Rückgang kommt. Bei allen übrigen Formen, also den entzündlichen, halte
ich die Operation erst dann für indicirt, wenn man mit der Hydriatie nicht
mehr weiter vorwärts kann, wenn die Wärmequellen unthätig geworden
sind. Das wahre Kriterium darüber, in welchem Zeitmoment zur Operation
zu schreiten ist, liegt also für alle Fälle in dem Ergebniß einer genauen
Untersuchung des Kranken, zu der die Anwendung des Kehlkopfspiegels
oft unerläßlich ist. Insbesondere ist für mich maßgebend das Resultat
der Auscultation und Percussion und ich halte mich für die Operation
verpflichtet, wenn ich 4 Stunden nach der vorhergegangenen Untersuchung
die Ergebnisse der neuen ungünstiger finde. Ich bin fest überzeugt, daß
ich in Ueberschätzung der Macht der Wasserkur, oder richtiger, in Unter-
schätzung der Wirkung der im Larynx haftenden Ulceration, die Operation
wenigstens einmal zu weit hinausgeschoben, und deßhalb den Kranken
verloren, in einem andern die Heilung sehr erschwert habe: beide werde
ich erörtern.

§ 4. Indication für die Tracheotomie.

Nach den vorgetragenen Erwägungen komme ich zu dem Resultat, die Indication für die Tracheotomie folgendermaßen zu formuliren:

Sie ist geboten, wenn die Wasserkur wegen vorgerückter Asphyxie nicht mehr zur Entfaltung kommen kann; ferner, sobald trotz rationeller und energischer Anwendung des Wassers eine Verschlimmerung der Krankheit zu constatiren ist. In beiden Fällen vermittelt es die Operation, daß die Wasserkur unter voller Entfaltung ihres antiphlogistischen Werthes zur Geltung gelangen kann. Daß in den später zu erwähnenden Operationsfällen durchaus nicht nach diesen Principien verfahren, sondern die Operation wiederholt zu spät vorgenommen wurde, wird aus der näheren Erörterung derselben hervorgehen. Immerhin verspricht die Operation günstigeren Erfolg beim absteigenden als beim aufsteigenden Croup, bei älteren Kindern eher als bei jüngeren, bei starken mehr als bei schwächlicheren; allein unter Umständen würde ich mich nicht scheuen, auch Kinder von 12—24 Monaten zu operiren, selbst schwächliche, und solche, die am Croup bei bestehenden Masern oder bei Scharlach leiden, welche Fälle von vielen Aerzten für contraindicatorisch gehalten werden. Die Mehrzahl meiner Operationsfälle liefert den offenkundigen Beweis, daß bestehende Bronchopneumonie durchaus keine Gegenanzeige gegen die Operation bildet, daß gleichwohl nicht zu leugnen ist, daß sie eine höchst unangenehme Complication darstellt, die um so schwerer in die Waagschale fällt, je ausgebreiteter und älter sie ist: eine alte Hepatisation läßt keine rasche Rückbildung zu.

Ich schließe diese Abschweifung ab, indem ich nochmals mit Nachdruck auf den Satz zurückkomme, bei den entzündlichen Croupformen mit der Wasserkur bis auf die Grenzlinie des Statthaften vorzugehen, bevor man an das Operiren denkt, bei der ulcerösen Form unmittelbar nach festgestellter Diagnose und nach durchgreifendem Bade sofort zum Messer zu greifen, und kehre zu dem Kinde zurück, das seine Operation überstanden hat und im Begriffe ist, deren Rückwirkung an sich zu empfinden.

Der Sauerstoff der Luft, welcher durch die Operation mehr in seine alten Beziehungen versetzt ist, verscheucht schnell die cyanotischen und asphyctischen Erscheinungen, und gewährt der arteriellen Seite des Gefäßsystems die Präponderanz, welche für den Entzündungsproceß charakteristisch ist: Wärmebildung und Erregtheit im Gefäßsystem; also: das

Fieber nimmt continuirlich zu, erreicht nach 48—72 Stunden seine höchste
Höhe, um ungefähr von dem 5. Tage an langsam auszulaufen. Die
Größe der Fieberaufwallung ist übrigens, bei verschiedenen Personen, sehr
abweichend, und caeteris paribus ganz besonders davon abhängig, ob vor
der Operation schon große Wärmeentziehungen statt hatten oder nicht.
Aus der Casuistik wird es sich ergeben, daß in mehreren Fällen Umschläge um die Brust, für sich allein, zur Bekämpfung des Fiebers genügten, daß in anderen aber energische und nachhaltige Wärmeentziehungen gefordert wurden. Wer meine, oben ausgesprochenen therapeutischen Ansichten erwägt, wird finden, daß mein Bestreben dahin gerichtet ist, ein zu starkes Hervortreten des Fiebers durch einige energische
Eingriffe unmöglich zu machen, um gleichzeitig dem Entzündungsprocesse jedes Fortschreiten zu erschweren, oder unmöglich zu machen. Angenommen, das Kind sei schon etwas älter, wohlgenährt, von arterieller
Constitution und kräftig, und es hätten vor der Operation keine großen
Wärmeentziehungen stattgefunden, und ich finde, daß das, etwa in
den Anus eingelegte Thermometer bereits 38° C. ausweist, aber immer
noch im Steigen ist, so werde ich so oft und so durchgreifende Ab-
kühlungen folgen lassen, bis die Tendenz über 38° C. hinauszugehen
aufgehört hat; zu 40° C. lasse ich es nicht kommen, bin aber bestrebt,
es auf den Normalstand (circa 36° C.) zurückzuführen und eher noch
darunter. Es bedarf keiner Erörterung, daß diese Heilabsicht sich nur
auf den Entzündungsproceß, dessen Größe in dem Grade der Fieberaufwallung einen Ausdruck findet, gerichtet ist, ja daß ich die Fieberbe-
wegung verwerthe, um mit jenem auf die Art zu Ende zu kommen, die
unter den obwaltenden Verhältnissen als die beste anzusehen ist. Bei
synochalem Charakter des Fiebers werde ich sofort mindestens 2 Bäder,
von 18—23° R. und solcher Dauer täglich geben lassen, wie es die
ausgesprochene Heilabsicht erheischt; also das Kind, besonders nach den
ersten Eingriffen, erst aus dem Bade erheben lassen, wenn sich Frostreaction ankündigt. Es bedarf keiner Bemerkung, daß man ein besonderes Augenmerk dem Umstande schenken muß, Uebergießungen mit
aller Vorsicht anzustellen, und überhaupt eine Person ausschließlich mit
der Sorge zu beauftragen, daß kein Wasser in die Canüle eintreten
könne, und die Canüle und ihre Befestigung bei den Frictionen nicht berührt, durch Hustenstöße hervortretender Schleim rasch entfernt, überhaupt alles Heroische und Eilfertige beim Baden vermieden werde. Vor
allen Dingen müssen die Zwischenpausen zwischen den Bädern in gleicher
Absicht sorgfältig benutzt werden, indem man einen (aus einmal oder

zweimal gefalteter Leinwand bestehenden) kalten Umschlag, der von den Achselhöhlen bis zum Hüftbein reicht und mit trockener Leinwand sorgfältig umhüllt ist, anlegt, und denselben nach dem Bedürfniß (so oft das Thermometer eine Steigerung der Wärme meldet) erneuert, also bei noch zunehmender Wärme alle $^1/_4$—$^1/_2$ Stunden, später alle 1—2 Stunden, und so, bei streng zu beobachtender antiphlogistischer Diät, fortführt, bis das Fieber auf den Grad des Erethismus herabgeführt ist. Immer seiner Wellenbewegung folgend, genügt alsbald schon ein Bad, und zwar am Besten Abends von 6—8 Uhr; nebenbei kann der Leibumschlag vereinfacht oder durch den einfachen Neptunsgürtel ersetzt werden. Nie braucht man bei Entzündungskrankheiten ängstlich zu sein, es schadet weit weniger zu Viel, als zu Wenig zu thun, und die etwa von zu strenger, medicinischer Antiphlogose abhängige Adynamie, das sog. Nervöswerden, hat man bei hydriatrischem Verfahren nie von zu tiefer, eher von zu wenig strenger Antiphlogose zu fürchten, ja! nicht einmal beim Typhus; zudem tritt hierbei der Instinkt, das Allgemeingefühl, dieser treue Wächter der Gesundheit, so gewaltig unter den Erscheinungen der Frostreaction hervor, daß wirklicher Nachtheil, durch zu große Energie, kaum zu fürchten steht. Würden sich ängstliche, wasserscheue Aerzte nach der Operation nur dazu verstehen, die Fieberhitze durch kühles Getränke und beständig, nach Bedürfniß zu erneuernde, kalte Ueberschläge um den Rumpf, nachhaltig zu bekämpfen, wahrlich! sie würden weit bessere Erfolge von derselben sehen, als bei der gewöhnlichen Art. Zum Belege für diese Behauptung lasse ich die Erzählung eines Falles (des 3. Operationsfalles) folgen, der auch in andern Beziehungen von großem Interesse sein dürfte. Er betraf die 5$^1/_2$jährige Tochter des Müllers J. V., dessen Wohnung circa 25 Minuten von Königstein entfernt liegt. Während fraglicher Epidemie erlangte die Diphtheritis in keinem Hause eine größere Ausbreitung und verderblicheren Charakter als hier, indem nicht blos sämmtliche Kinder Halsgeschwüre bekamen, auch die Mutter wurde dreimal mit Halsgeschwüren bedacht, der sehr rauhe und robuste Vater aber blos von entzündlich anginösen Zufällen heimgesucht; ein Sohn und fragliche Tochter litten an dem ulcerösen Croup, und wurden (beide mit Erfolg) operirt.

Schon Anfangs December erkrankte fragliches Mädchen an Heiserkeit, und die Untersuchung ergab, daß sich ein kleines diphtheritisches Geschwür am Rachen ausgebildet hatte. Patientin wurde geätzt und gebadet, erlangte ihre reine Stimme wieder, erkrankte aber nach wenigen Tagen in derselben Weise, wurde durch dieselbe Behandlung in dem Grade hergestellt, daß sie außer Bett und überhaupt außer Beobachtung blieb, weil die allgemeine Aufmerksamkeit sich ihrem Bruder zuwandte, der am ulcerösen Croup leidend, operirt worden war. Endlich, es war ungefähr am 17. December, kehrte rauher Husten und Heiserkeit zurück, Croup-athmen mit Fieber gesellte sich hinzu, und ich konnte bei diesem Kinde, es war nur der einzige Fall dieser Art, ein kleines Geschwür an der innern Fläche des linken Gießkannenknorpels beim Hervorziehen und Niederdrücken der Zunge deutlich sehen, und mich in gleicher Weise auch davon überzeugen, daß die Schleimhaut des Eingangs zur Kehle geröthet und gelockert war. Ich hatte nicht den Muth, das Geschwür mit Höllenstein in Substanz oder Auflösung anzugreifen, weil ich gefährliche Rückwirkung auf den Kehlkopf befürchtete, beschränkte mich auf Anwendung von Halsumschlägen, durchgreifenden Bädern und Leibbinde etc. Der Erfolg war auch hier: Nach jedem Bade Besserung des Bräuneathmens, einige Stunden danach wieder Verschlimmerung. Unterdessen verschlimmerten sich die Croupzufälle in ziemlich rascher, wenn auch wellenförmiger Progression. Am 21. fand ich (mit meinem Collegen Herrn Dr. *Steubing*) die Dyspnoe sehr bedeutend, die Brust unbeweglich, nirgends Athmungsgeräusch, wohl aber an den meisten Stellen mehr oder weniger deutlich ausgesprochene Dämpfung; die Stimme aphonisch-heiser, das Bräuneathmen sehr laut hervortretend, und wir urtheilten, daß nur von der Operation Heil zu erwarten, ein längeres Verschieben derselben aber unstatthaft sei. Die Operation war durch 3 Umstände sehr erschwert, nämlich die weit nach oben reichende, hypertrophische Schilddrüse, ein dickes, turgescirendes Venennetz unter der Fascia superficialis und die tiefe Lage der Trachea. Schon vor dem Einlegen der Canüle, die erst 5 Minuten nach Eröffnung der Trachea erfolgte, trieb ein Hustenstoß ein 4 Linien langes Membranstück aus der Wunde, und ein 2. folgte bald nach von der Länge von 2 Zoll. Beide hatten eine graubraune Farbe, waren gleich weich und 1½ Linien dick. Als mein College dieses, welches offenbar unterhalb der Operationswunde sich abgelöst hatte, genauer besichtigte, schüttelte er bedenklich den Kopf und machte ein Kreuz über die Operirte. Als Letztere, welche stark chloroformirt worden war, zum Bewußtsein gelangte, befand sie sich vollständig verbunden in ihrem Bette, merkte aber aus manchen Umständen, daß eine Operation vorgenommen worden sein müsse, und machte Miene zum Weinen, da sie fürchtete, ihre Mutter möge operirt worden sein. Erst als Diese erschien, und nach und nach wurde es dem Kinde klar, daß sie selbst operirt worden. Vor der Operation machte der Puls 112, nach derselben 118 Schläge. In der folgenden Nacht schon stellte sich Hitze und Irrereden ein, der Kopf wurde glühend heiß, Patientin warf sich unruhig umher, hustete viel, und fortwährend verstopften Membranstückchen die Canüle. Erst am Abend war es mir möglich, Patientin zu besuchen. Ich fand dieselbe bewußtlos, heiß am ganzen Körper, die Augen stier und krampfhaft nach oben gerichtet, Zähneknirschen, den Puls von 152 Schlägen, klein und weich, den Urin gesättigt, den Stuhl retardirt. Sofort ließ ich Patientin, die vor der Operation sehr nachdrücklich gebadet worden war, mit Kopfumschlägen versehen und in ein Halbbad von 24° R. bringen und kräftig frottiren. Nach circa 10 Minuten klopfte sie mir auf die Schulter und lispelte: „es ist gut". Mit einem Neptunsgürtel versehen wurde sie zu Bette gebracht und warm gerieben. Als dieses Alles in Ordnung war, ließ ich mir ein Licht bringen, um Patientin genau untersuchen zu können. Alle Anwesende waren mit mir auf das Lebhafteste über die ungeheure Umwandlung, die sich mit dem Kinde zugetragen hatte, überrascht. Hundertfach hatte mich seither schon die Wirkung des Wassers in Erstaunen

gesetzt, aber ich konnte mich doch keines Falles entsinnen, daß ein Halbbad von
24° R. in 10 Minuten eine so ungewöhnliche Metamorphose zu Stande gebracht
hätte. Das Kind, das vor dem Bade von allen Anwesenden für verloren gegeben
worden war, schien nach demselben ganz außer aller Gefahr zu sein. Das Bewußtsein war zurückgekehrt, das Auge klar, die übermäßige Wärme beseitigt.
Das Kind schaute munter drein, und auf die Frage, wie es sich befände, schrieb
es auf eine Tafel: „es thut mir noch ein Bischen weh".

Auch der Puls war ein anderer geworden, von 152 Schlägen war er auf
114 zurückgegangen: kurz Patientin war relativ gesund. Im weiteren Verlaufe
reichte die zeitweise Erneuerung der Leibbinde zur Regelung der Wärme hin, und
es bedurfte überhaupt keiner weitern therapeutischen Eingriffe. Die Canüle wurde
am 21. Tage entfernt, und Patientin war seitdem vollständig gesund.

Welchen Verlauf würde dieser Fall genommen haben, ohne das kurze
Halbbad von 24° R.? Worin liegt die wahrhaft wunderbare Wirkung
des letztern? Welchen Verlauf müßte der Fall genommen haben, wenn
vor der Operation durchaus keine Bäder applicirt worden wären? Welcher Ausgang war zu vermuthen, wenn vor der Operation nur ein Bad,
wenn auch von erschütternder Art gegeben worden wäre? und hier an-
reihend: In welchem Augenblicke war die Operation vorzunehmen, früher
oder später als sie wirklich unternommen wurde? Welchen Schluß darf
man hieraus auf ähnliche Fälle ableiten?

Alle diese und ähnliche Fragen empfehle ich für analoge Fälle der
reiflichen Erwägung der Aerzte und erlaube mir nur zu bemerken, daß
ich unerschütterlich bin in der Anschauung, daß nach festgestellter Diagnose
(auf ulceröse n Croup) nur noch eine durchgreifende Wärmeentziehung
gemacht werden durfte, und daß dieser unmittelbar, und unbekümmert
um den Erfolg jener, die Operation hätte folgen müssen. Zu langes
Zuwarten führte es herbei, daß der ursprüngliche Laryngealcroup zum
Trachealcroup wurde, und wahrscheinlich schon pneumonitische Infiltra-
tionen herbeigeführt hatte. Endlich spricht der Fall entschieden dafür, daß
die Tracheïtis niemals eine Contraindication für die Operation, am Allerwenigsten bei hydriatrischer Behandlung, bilden kann und darf. Ist vor
der Operation (aus chemischer Dyspnoe und Cyanose) darauf zu rechnen,
daß eine veraltete und ausgebreitete Hepatisation bestehe, dann unter-
nehme ich die Operation nie mehr; wohl aber, wenn die Zeichen einer
Bronchopneumonie neuesten Datums noch so deutlich ausgesprochen
sind. Darf man hier nicht annehmen, daß die Leichtigkeit, mit der in
den ersten 8 Tagen große und kleine Membranstücke ausgestoßen wurden,
eine Folge der durchgreifenden hydriatrischen Antiphlogose war? Darf
man nicht aus dem Umstande, daß die ausgeschleuderten Membranen
noch weich waren, schließen, daß je weniger fest die Exsudatgebilde sind,

um so günstiger (cæteris paribus) die daher abzuleitende Prognose ist?
Hat es Etwas geschadet, daß hier mit Einlegung der Canüle gezögert
wurde, bis sich mehrere Membranstückchen aus der Wunde entleert hatten? War das bedenkliche Kopfschütteln meines Herrn Collegen beim
Anblick der Membranstückchen gerechtfertigt? Vom medicinischen Standpunkte gewiß; vom hydriatrischen: niemals! Warum?

Wenn hier nicht der einzige Fall vorgelegen hätte, daß man im
Eingang zum Kehlkopf das diphtheritische Geschwür hätte sehen können,
so lag in dem zweifachen Erfolg der Bäder ein entscheidendes Indicium
für die Diagnose der ulcerösen Form; die Entwickelung des Croup wurde
ungewöhnlich lang hinausgeschoben, aber sie rückte vor, unerachtet nach
jedem Bade die Bräune getilgt zu sein schien.

————

Die Operirten müssen bis zum Nachlaß des Fiebers sich auf den
Genuß von Schleimsuppen, Milch und Weißbrod beschränken, dürfen frisches Wasser, doch nicht gerade massenhaft, auch Zuckerwasser, insbesondere zur Milderung des Hustens einen Crême genießen, den fast ohne
Ausnahme alle Kinder der Mandelmilch und Aehnlichem vorziehen; nämlich: ein Theil süßen Rahms wird mit 3 Theilen süßer oder saurer
Milch verrührt und geschlagen und mit gestoßenem, weißem Zucker versehen und kühl genossen.

Zweimal habe ich auch gegen besondere Symptome von Medicamen-
ten und zwar mit bestem Erfolge, Gebrauch gemacht: davon in der Casuistik. Indem ich dieses Thema verlasse, lege ich nochmals die Würdigung der hydriatrischen Vor- und Nachkur, um bessere Resultate durch
die Operation zu erlangen, angelegentlich an's Herz.

§ 5. Casuistik der diphtheritischen Fälle.

Seitdem *Bretonneau* und *Trousseau* der Tracheotomie beim Croup
Bahn gebrochen haben, hat ihr Vorgehen in England, Frankreich und
Deutschland große Nachahmung gefunden, und man kann dreist behaupten, daß die eigentliche Jury ihr Verdict zu Gunsten der Zulässigkeit
dieser Operation abgegeben hat, wiewohl das bis jetzt bekannt gewordene
Verhältniß der durch die Operation Geretteten noch Vieles zu wünschen
übrig läßt.

So kam nach *Malgaigne* in den Pariser Hospitälern auf 11 Operationen nur eine Heilung, *Soussier* in Troyet rettete die Hälfte, *Petel*
sogar 5 von 9, ebenso *Richet*. Die Resultate aus großen Hospitälern
stehen denen der Privatpraxis am Wohnort des Arztes nach, kommen

etwa denen gleich, die fern von dem Wohnort des Arztes erzielt werden
können. Nichts könnte werthvoller sein, als eine genaue Statistik über die
Ursachen des tödtlichen Verlaufes jener Operation; vielleicht lassen sich
dieselben folgendermaßen ordnen:

1) Tod, wegen zur Zeit der Operation zu weit vorgerückter Krankheit, 2) durch die Operation selbst, 3) durch ungenügende Bewachung
und Pflege, 4) durch individuelle Verhältnisse, (Dyskrasie, Nervosität,
Complicationen), 5) durch den Hinzutritt anderer Schädlichkeiten (Aufenthalt in krankhafter Hospitalluft, Hinzutritt von Erkältung etc.), 6) endlich
durch fehlerhafte Behandlung der Kranken vor und nach der Operation.

Wenn die von mir erhobene Behauptung, daß die ulceröse Form,
unter angegebener Beschränkung, absolut keine wirksame Therapie zu-
läßt, außer nach vorausgegangener Operation, sich bewährt, woran ich
unerschütterlich glauben muß; ferner, wenn auch die Ansicht sich Bahn
bricht, daß die Hydriatrie gegen die entzündlichen Formen sich vortheilhaft, ja wahrhaft specifisch erweist; dann muß auch die Feststellung des
Zeitpunktes für die Operation eine wesentliche Umgestaltung erfahren.
Ein andrer erheblicher Bruchtheil der Todesfälle wird in Ausfall kommen, wenn die von mir statuirten Principien für die Vorbereitung zur
Operation und die Nachbehandlung allgemein, hoffentlich auch noch in
verbesserter Form, als Richtschnur dienen und man alle Sorge darauf
verwendet, nur solche Wärter zuzulassen, die die nöthige Befähigung und
den erforderlichen Muth haben, bei plötzlich herantretender Erstickungsgefahr richtig einzugreifen. Die Tracheotomie hat sich, wiewohl sie noch
kein halbes Jahrhundert alt ist, bereits ein großes Ansehen erworben,
aber eine weit größere Zukunft steht ihr bevor. Nach keiner Seite ist
die Lehre vom Croup zum definitiven Abschluß gekommen: über alle
Beziehungen sind zahlreiche und möglichst genaue Beobachtungen ein
großes Bedürfniß. So reich auch die medicinische Casuistik sein mag,
die hydriatrische ist noch sehr nackt und arm, und die Beziehungen der
Hydriatrie zur Operation sind, so viel mir bekannt ist, in dieser
Schrift zum erstenmal gewürdigt worden. Deßhalb hoffe ich auf
Nachsicht von Seiten meiner Collegen rechnen zu dürfen, wenn ich die
kleine Cohorte meiner Erfahrungen, so weit meine Notizen reichen, hier
kurz vorführe.

1. Operationsfall, ausgeführt an der 2jährigen Tochter des Bademeisters
S. bei Königstein. Im Beginn der Diphtheritis-Epidemie in Königstein bemerkten
(im November) die Eltern dieses Kindes, daß Letzteres, welches eine zarte, reiz-
bare, scrophulöse Constitution besitzt, mit Schmerzempfindung schluckte und heiser
wurde. Patientin war unterdessen so munter und umgänglich, daß Niemand auf

sein Unwohlsein Gewicht legte, und fast eine Woche lang kein wesentlicher therapeutischer Eingriff geschah. Am 10. November wurde der Hustenton aphonisch-heiser, die Stimme klanglos, umschlagend in's Heisere, Bräuneathmen stellte sich ein, was dem Vater, der schon mehrere bräunekranke Kinder in meinem Auftrage gebadet hatte, sehr wohl bekannt war. Die Respiration wurde stets mühsamer, und in der darauf folgenden Nacht stellten sich, unter allgemeiner und lebhafter Fieberaufregung, mehrere Erstickungsanfälle ein. Nach mehreren Badeoperationen, die das Bräuneathmen nur vorübergehend zu beseitigen im Stande waren, wurde ich am folgenden Tage gegen Mittag berufen. Das Kind soll kurz vor meiner Ankunft asphyctisch gewesen sein, Das hinderte aber nicht, daß ich es ganz munter fand, wenn gleich die sich bietenden Krankheitssymptome das Schlimmste befürchten ließen. Der Puls war beschleunigt, die Augen bewegten sich öfters krampfhaft, die Hauttemperatur war, in Folge der applicirten Bäder, wenig erhöht, die Haut fühlte sich trocken und spröde an. Die bedeutungsvollsten Zeichen boten die Beschaffenheit des Halses und der Respiration. — Der Gaumenbogen war geröthet, geschwellt und von bläulichrother Farbe. Beide Mandeln waren etwas aufgetrieben und zeigten an ihrem inneren Rande tiefe diphtheritische Geschwüre, doch konnte ich nicht ihre Ausbreitung nach abwärts verfolgen. Die Stimme der Patientin war his auf ein heiseres, beim Weinen wahrnehmbares, Krächzen erloschen, das Bräuneathmen aus der Ferne hörbar, der Hustenton heiser, kickernd, und von Weinen, also offenbar von Schmerz begleitet, die Athemnoth sehr groß.

Von der Voraussetzung ausgehend, daß es schon wichtig sei, die entzündlichen Zufälle des Kehlkopfs und seiner Umgebung (Infiltration, bedeutende Schwellung) zu mindern, oder ganz zu entfernen, verordnete ich kalte Umschläge um den Hals und Halhbäder von 23° R., his zu möglichster Abkühlung des Kindes. Es wurden his zum folgenden Tage 3 Bäder gegeben, mit dem Erfolg, daß wenigstens die beängstigenden Suffocativanfälle gemindert, und der oben angegebene Zweck, wie es scheint, ziemlich vollständig erreicht wurden.

Am 12. November gegen Mittag erschien der Vater der Patientin und erklärte, daß er an der Möglichkeit der Herstellung seiner Tochter durch Bäder und Emetica (Patientin hatte 2 Brechpulver erhalten) verzweifle und trug den Wunsch vor, daß dieselbe operirt werde.

Herr Dr. St. war gleichfalls der Ansicht, daß die Operation wegen heftiger Athemnoth nicht länger verschoben werden dürfe.

Die Operation war die unblutigste, die ich noch gemacht habe, die Venen ließen sich zur Seite schieben, und kein einziges Gefäß brauchte unterbunden zu werden. Bei der Einlegung der Canüle erfolgte ein asphyctischer Zustand, weil ans der Trachealwunde sich ziemlich viel Blut in die Luftröhre ergoß und das Kind beim Einführen der Canüle aus der Chloroformnarcose erwachte. Die Asphyxie erreichte eine solche Höhe, daß der Puls stockte, das Kind eine blaß bläuliche Farbe bekam; sie wurde indessen durch Einführen einer Tauhenfeder in die Trachea, Besprengen mit Wasser, Eröffnung eines Fensters, künstliche Respirationen etc. glücklich beseitigt. Die Nachbehandlung wurde durch die große Nervosität der kleinen Patientin, die sofort asphyctisch wurde, wenn der leiseste Wink von ihr nicht verstanden wurde, namhaft erschwert. Sodann entwickelte sich mit dem Reactionsfieber ein Erysipel von der Wunde aus, das sich his zum Kinn, über die vordere Fläche des Halses und über das Manubrium sterni ausbreitete. — Die

Haut trieb sich hierselbst stark auf, bekam eine violette Farbe, die Wundränder sonderten eine dünnflüssige jauchigte Masse in reichlicher Menge ab, und gewannen ein rein diphtherisches Aussehen, allmälig wurde auch die Haut erodirt, und sie verwandelte sich in bezeichnetem Umfang in ein diphtheritisches Geschwür. Ich ließ die Wundränder mit Aqua Goulardi reinigen, mit einfacher Salbe (die später einen Zusatz von Calcar-Chlorat. erhielt) verbinden. Erst am 10. Tage nach der Operation gewannen die Wundränder ein besseres Aussehen. Noch ein beunruhigender Umstand lag vom 1. bis 7. Tage vor, nämlich, daß bei Allem, was Patientin genoß, ein kleiner Theil, entweder aus der Canüle, oder Wunde hervordrang. Was war die Ursache? War der Kehldeckel sensitiv etwas gelähmt, perforirt? Kurz nach dem 7. Tage verschwand dieser Zufall. In den ersten 14 Tagen genoß das Kind Nichts als etwas Wasser und zeitweise etwas Milch; von da ab besserte sich der Appetit. Am 15. Tage wurde die Nachbehandlungscanüle eingelegt und am 22. Tage entfernt. Die Stimme erhielt ihren natürlichen Klang, aber über der vorderen Seite des Halses und einem Theile des Brustbeins hat die Haut Narben, wie von tiefgreifender Verbrennung herrührend, behalten. Auch hatte der Schild der Canüle durch seine pyramidenförmige Schweifung nach oben in der Haut des Kinns einen Einschnitt bewirkt. Während der ersten 14 Tage der Kur war eine Menge, zum Theil stinkender, ätzender Massen aus der Canüle ausgestoßen worden. Nach der Entfernung der Canüle waren alle Gaumen- und Kehlkopfgeschwüre längst geheilt. Im vorliegenden Falle, welcher einen Laryngealcroup darstellt, ist die ulceröse Beschaffenheit noch dadurch ausgesprochen, daß auch die Wundränder den diphtheritischen Charakter annahmen und selbst die äußere Haut in eine große Geschwürfläche mit nekrotischem Grunde verwandelt ward. Die Asphyxie wäre leicht zu vermeiden gewesen, wenn das Kind, vor Eröffnung der Trachea, noch etwas kräftiger chloroformirt worden wäre, und wenn nach angelegter Trachealwunde sofort eine Pincette, mit sich kreuzenden Armen, zum Offenhalten der Wunde und das Einführen einer Taubenfeder, um kräftige Exspirationen zu bewirken, in Anwendung gekommen wäre. Das Aussaugen der Wunde bei Diphtheritis, wird, nach der Heidelberger Katastrophe, kein vernünftiger Arzt mehr wagen. Weit besser ist es, fortwährend kräftige Exspirationen zu bewirken. Experientia magistrix! Dieser Fall bestätigt die nur vorübergehende Wirkung der Bäder bei der ulcerösen Form und die rasche Heilung der Gaumen- und Rachengeschwüre nach eingelegter Canüle. Derselbe war überdies der einzige, in dem ich den Austritt genossener Flüssigkeiten aus der Wunde beobachtete.

Der 2. Operationsfall betraf den 9jährigen Sohn des Müllers *H. Vilmer* bei Königstein, und charakterisirte sich folgendermaßen: Patient kam am 6. December 1865 in meine Behandlung, nachdem er mehrere Tage krank gewesen war. Ich fand Geschwüre an der linken Mandel, die sich in der Richtung gegen den Kehlkopf hinabzogen und die Zeichen des Laryngealcroups hervorriefen. 6 Tage lang kämpfte ich durch Aetzmittel und Bäder gegen fragliche Laryngealaffection, konnte aber die Zeichen der Bräune nur vorübergehend beschwichtigen. Als ich mich schließlich mit Herrn Dr. *St.* für Vornahme der Operation entschied, waren folgende Erscheinungen eingetreten: Die Wärme war durch viele und nachhaltige Bäder unter den Normalzustand gebracht, der Puls von 136 auf 104—114 Schläge herabgegangen, die längere Zeit heiser gewesene Sprache vollständig erloschen, das Bräuneathmen sehr scharf accentuirt. Seit den letzten 12 Stunden hat der vorher normale, sonore Percussionston an mehreren Stellen der Brust eine leichte Dämpfung erfahren. Die in die Lunge eindringende Luftsäule war so unerheblich geworden, daß nirgends reines Athmungsgeräusch, an vielen Stellen gar Nichts, an andern unbestimmtes Murmeln zu vernehmen war. Die Dyspnoe war so groß, daß — und dieses war der einzige Fall fraglicher Art — Patient die Operation selbst verlangte. Letztere bot keine besondere Schwierigkeit. Nach dem Durchschneiden der Haut wurde ein dichtes Venenconvolut sichtbar, das sich leicht zur Seite schieben ließ, so daß der Blutverlust sehr unbedeutend war. Dieses war der letzte Fall, daß ich den linken Zeigefinger in die Trachealwunde einführte, um auf dessen Leitung die Canüle einzulegen.

Das folgende Reactionsfieber war außerordentlich unbedeutend; der Puls stieg am Abend auf 118 Schläge, und erlangte späterhin nie eine größere Frequenz. Die sich etwas mehrende Wärme konnte durch fleißigeren Wechsel der Leibbinde in den gebührenden Schranken gehalten werden. Schleimpfröpfe und stinkende eitrige Massen entleerten sich in großen Mengen aus der Wunde; Niemand war aber mehr darauf bedacht, daß es nicht zum Ersticken komme, als Patient selbst: bei der geringsten Verstopfung der Canüle ließ er seinen Wärtern keinen Augenblick Ruhe, die innere Canüle mußte herausgenommen und gereinigt, und fortwährend in warmes Wasser getauchte Schwämme vorgehalten werden.

Charakteristisch für diesen Fall ist, daß die Badekur auch hier vorübergehend das charakteristische Bräuneathmen zu beseitigen vermochte, wodurch sich der Fall als ulcceröser zu erkennen gab, sowie daß die Entwickelung der gefährlichen Affection im Kehlkopf 6 Tage lang hinausgeschoben wurde. Besonders beachtungswerth ist der, durch die vorausgegangene Badekur angebahnte, geringe Grad der auf die Operation gefolgten Reaction, und man kann hier fragen: Welchen Werth besitzt die Operation in Verbindung mit der Wasserkur bei älteren und kräftigen Kindern?

Der 3. Operationsfall, welcher an der Schwester des vorgenannten Knaben gemacht wurde, ist bereits oben erwähnt.

4. Fall — tödtlicher Ausgang. Das $4^1/_4$jährige Söhnchen des *A. Schmidt* aus dem $2^1/_2$ Stunden von hier entfernten Cröftel, hatte blondes Haar, war gut genährt, körperlich wie geistig sehr frisch und geweckt. In früheren Jahren hatte es an scrophulöser Cariës mehrerer Knochen lange gelitten, außerdem aber eine ernstliche acute Krankheit zu bestehen gehabt, indem es vor nahezu 1 Jahre, von Fieber, Schmerzen in der rechten Brusthälfte, Kurzathmigkeit und sehr schmerzlichem Husten befallen wurde, und von diesem Uebel nur unvollständig durch Blutegel, Zugpflaster, Mixturen etc. nach 8tägigem Krankenlager befreit worden

war. Am 23. Februar 1866 gewahrte die Mutter Morgens 4 Uhr, daß unser Patient eine heisere Stimme, und einen erschreckenden heisern und rauhen Hustenton vernohmen ließ. Gegen diese Erscheinung wurde der Genuß von heißer Milch, ein verbreitetes Volksmittel, angewandt, und glaubte auch die Mutter bis zum Morgen, hierdurch Besserung gefunden zu haben, aber vom Nachmittag erfolgte die Verschlimmerung in so raschem Lauf, daß Patient nach Hilfe sich ängstlich umsah, so oft das Athemholen beschwerlich wurde, besonders bei den Hustenanfällen. Ein sofort berufener benachbarter Arzt erschien noch in der Nacht und leitete die Behandlung; insbesondere wurde eine reichliche Menge Blutegel an den Hals gesetzt, von Mitternacht bis folgenden Abend 5 Uhr Brechpulver gegeben, Salben eingerieben und Arzeneien gereicht. Die Krankheit ließ sich aber hierdurch wenig aufhalten und der am Nachmittag mehrmals erschienene Arzt fand die Sache hoffnungslos. Es wurde nun ein Familienrath, früh am Morgen, versammelt und darin zur Geltung gebracht, daß mehrere Kinder in einem benachbarten Orte durch die Wasserkur, während ein großer Theil des Publikums die Operation des Badens von Anfang bis zum Schlusse als Zuschauer verfolgte, gerettet wurden, und also beschlossen, mich berufen zu lassen.

Ich verordnete, da ich die Diagnose für gesichert hielt, und meinen Bezirk nicht verlassen konnte, Halbbäder von 20° R. mit kalten Gießbädern, in der Dauer von je 1 Stunde, Brust- und Halsumschläge und Clystiere, und verlangte hiernach Benachrichtigung. Mein Badediener (aus einem benachbarten Orte) würde diesem Auftrage pünktlich nachgekommen sein, wenn die sehr ängstlichen Eltern und Anverwandten nicht fortwährend Einwände erhoben und die Beendigung des 1. Bades nach 30, die des 2. bereits nach 10 Minuten gefordert hätten. Gegen Mitternacht benachrichtigt, begab ich mich zu jenem Kranken, hoffend, daß die Vorbereitungen zur Operation gehörig gemacht seien; fand aber Patient in folgendem Zustande: Die Laryngealstenose war beim Oeffnen der Thüre des Krankenzimmers durch das sehr scharfe Bräuneathmen zu diagnosticiren. Das Gesicht des Kindes schien etwas aufgedunsen, war nicht eigentlich entstellt, aber die Lippen etwas livid, das Kind bekundete bei Hustenanfällen große Angst durch die sich sehr fühlbar machende Asphyxie. Die Wärme der Haut war wenig erhöht, der kleine, weiche Puls machte 144 Schläge. Die Athemzüge waren wegen des häufigen Hustens nicht genau zu zählen, der Husten war heiser und rauh, aber nicht amphorisch; jeder Hustenanfall veranlaßte den Kranken, sich aufzusetzen, die Aermchen aufzustützen und es traten dabei die Augen stark hervor.

Die Untersuchung der Brust ergab, daß die Bewegungen des Thorax nur in einem Verschieben desselben bestanden, ein Heben und Senken wurde kaum bemerkbar. Die einströmende Luftsäule war verkürzt, daher hörte man rechts, nur an wenigen Stellen und undeutlich, vesiculäres Athmen oder unbestimmtes Murmeln; über der rechten Brusthälfte war der Percussionston matter und leerer, als auf der linken, aber rechts wie links war er gegen den Rippenrand hin vollständig leer. Auf der linken Seite gegen die Spitze hin hörte man Rasselgeräusche und Murmeln in den Bronchien.

Nach diesem Befunde befand ich mich in großer Verlegenheit; eines Theils nämlich hätte ich zur Vornahme der Operation gerne den Anbruch des Tages abgewartet, allein es hätten darüber 5—6 Stunden verstreichen müssen, in welcher Zeit die Krankheit einen weiteren Vorsprung erlangt haben würde, abgesehen von der Möglichkeit, daß das Kind mit Tagesanbruch vielleicht nicht mehr am Leben, oder doch in hoffnungsloser Lage sein konnte. Andern Theils aber fürchtete ich mich, die Operation bei so dürftiger Beleuchtung, wie sie mir zu Gebote stand, zu machen, besonders da ich außer Bader *Britz* keinen andern Assistenten hatte, auf den ich mich verlassen konnte. Was mir an Muth zu der Operation fehlte, ersetzten die Anwesenden durch die Bemerkung, daß das Kind so wie so verloren sei etc. Die Ausführung der Operation wurde durch den kurzen Hals, die tief liegende Trachea und einen über die Trachea gelagerten Venenplexus sehr erschwert. Die Operation war sehr mühevoll, eine dicke Vene wurde zerrissen, und jetzt fühlte ich so recht den Nachtheil ungenügender Beleuchtung. Dieser Umstand setzte mich eine Weile in nicht geringe Verlegenheit. Nach dem Einschneiden der Trachea setzte ich die Dilatationspincette ein, fand aber bei dem Einführen der Canüle darin ein Hinderniß, daß eine bereits dicke und ziemlich feste Membran das Lumen sehr verengte. Ich reizte daher vorerst die Trachea mittelst einer Taubenfeder, wartete mehrmaliges forcirtes Ausstoßen der Luft ab, zog dann ein ziemlich beträchtliches Membranstück aus der Trachea aus, und legte jetzt erst die Canüle ein. Als das Kind aus seiner Chloroformnarcose erwachte, lag es vollständig verbunden und angekleidet in seinem Bettchen und schaute so munter und vergnüglich drein, daß Jeder, der die Canüle nicht bemerkte, es für ganz gesund hätte halten müssen. Die Sache stand so, daß wenn Rettung möglich war, solche nur bei der sorgfältigsten Nachbehandlung zu erzielen war, welche jedoch an jenem Orte unmöglich beschafft werden konnte. Ich ließ daher Patient in einem wohlverschlossenen Wagen zur Mittagszeit nach Königstein bringen, wo er sich einer Pflege erfreute, die Nichts zu wünschen übrig ließ.

Am Abend fand ich den Puls von 144 Schlägen bei 36—48 Athemzügen; nach einem Bade kam er auf 132 Schläge herab. Bis hierher war das Kind den ganzen Tag über munter und vergnügt gewesen und die Respiration ging gleichfalls ohne besondere Schwierigkeit von Statten.

Wie bei einem so kräftigen Kinde, das vor der Operation nur sehr wenig Wärme verloren hatte, nicht anders zu erwarten war, stellte sich in der folgenden Nacht die Reaction mit großer Heftigkeit ein. Die Hauttemperatur stieg, die Herzbewegungen beschleunigten sich, gleichzeitig mehrte sich die Localreizung; der Auswurf kam mehr ins Stocken, die ausgehusteten Massen hatten eine grauliche Farbe und waren sehr zäh, gelatinös, die Canüle mußte fortwährend gereinigt werden. Am 27. Februar Vormittags Puls vor dem Bade 132, am Abend vor dem Bade Puls 144, nach demselben 132, bei 52 Athemzügen. Das Abendbad währte 35 Minuten; wegen der sehr vermehrten Wärme war auch Mittags ein kurzes Bad von 23° R. nöthig geworden. Patient war den ganzen Tag über angegriffen, selten munter, zeigte viel Neigung zum Schlafen, gegen Abend erfolgte leichter Sopor; nach dem Bade war derselbe vollständig beseitigt. Die Brustumschläge mußten alle ¼ Stunden erneuert werden. Patient hatte den ganzen Tag über Durst nach frischem Wasser, genoß außerdem Nichts als Milch.

Den 28. Februar. In der verflossenen Nacht war es nöthig geworden, durch fleißige Erneuerung der Brustumschläge das Kind kühl zu erhalten und das Fieber zu mäßigen; gleichwohl schien es, als ob die locale Brustaffection sich verschlimmert hätte. Ich fand zwar den Percussionston wie oben angegeben, aber das Einströmen der Luft in die Lungen sehr schwach, in die rechte aber unter bronchialem und undeutlichem vesiculärem Athmen. Auch das Durchstreichen der Luft durch die Canüle, mochte man sie noch so oft reinigen, war sehr mühsam. Patient machte oft heftige Anstrengungen, den Schleim fortzuschaffen. Der Auswurf wurde indessen etwas weicher und bekam eine mehr bräunliche Farbe.

Der Puls machte Morgens vor dem Bade 142, nach demselben 132 Schläge, Respiration 36; Abends 132 Schläge vor und 126 nach dem Bade, Respiration 32. Vom Abendbade an schien sich die Sache sehr zum Bessern zu wenden und zunächst, und namentlich während des Bades, gingen große Massen chocoladenfarbigen Auswurfs fort, und hiernach trat bedeutende Erleichterung der Respiration ein, und nach dem Bade hörte man deutlich das Eindringen der Luft in die linke Lunge, als vesiculäres Athmen mit Schleimrasseln gemischt.

Den 1. März. Die verflossene Nacht war gut, das Kind zeigte sich heute etwas angegriffen, aber munter. Der Athmungsproceß geht mit Leichtigkeit vor sich. — Puls Morgens vor dem Bade 138 Schläge; Puls Morgens nach dem Bade 126 Schläge, Respiration 34. — Abends nach dem Bade Puls 126 Schläge, Respiration 34. Das Bad wurde in der Temperatur von 26° R. und der Dauer von 2 Minuten gegeben.

Den 2. März. Nachdem die Wärmeentziehungen bis zum möglichsten Grade vorgenommen waren, ließ sich erwarten, daß (vom 4. zum 5. Tage der Kur) eine kritische Bewegung eintreten werde. Von 9—12 Uhr Abends hatte die Aufregung zugenommen, das Kind sprang in derselben aus seinem Bette auf, bekam häufige Hustenanfälle mit zähem Auswurf, der fortwährend die Canüle verstopfte; die Augen bewegten sich krampfhaft und Patient wurde zeitweise soporös. Nach 12 Uhr änderte sich die Scene und erfolgte der Ausbruch eines allgemeinen Schweißes, der warm und klebrig war und bei meinem Besuche um 3 Uhr noch fortbestand. Um diesen abzuschließen und das Kind aufzufrischen, ließ ich Patient mit Wasser von 26° R. abwaschen und ankleiden. Die Pulsfrequenz war 124 Schläge bei 34 Athemzügen, die ausgiebig und mit ziemlicher Erweiterung der rechten und linken Thoraxhälfte, und mit Leichtigkeit erfolgten, während man bei der Exspiration Rasseln in der Trachea hörte. Neben diesen günstigen Erscheinungen rief die Beschaffenheit des Auswurfs eine nur allzubegründete Befürchtung hervor; derselbe war graubraun, zäh und stinkend. Am Abend Puls 128 Schläge bei 34 Athemzügen, die Respiration wie angegeben. Gegen 9 Uhr begann von Neuem Aufregung und hiermit kündigten sich die Vorboten des drohenden Collapsus an. Die Pulsfrequenz stieg auf 144 Schläge bei 36 Athemzügen, das Kind schloß die Augen nicht vollständig, wurde soporös, kam aber auf leichtes Anrufen noch zum Bewußtsein zurück. 3 stinkende Ausleerungen waren in den letzten 24 Stunden erfolgt. Die Aufregung nahm die Nacht über zu, ohne daß die Haut sich öffnete. Der Answurf stinkt heftig, und auch die Halswunde nimmt eine üble Beschaffenheit an. Neigung zum Schlaf stellt sich ein.

Den 3. März. Von Mitternacht an wurde das Gesicht blaß, die Extremitäten kühl, der Puls klein, oft aussetzend oder unfühlbar, die Inspiration blieb leicht, bei der Exspiration vernahm man Rasseln. Gegen 5 Uhr Morgens fand ich 150 Pulsschläge bei 42 Athemzügen. Ich verschaffte dem Kinde, da das Zimmer mit warmem Dampf zu sehr angefüllt und seine Temperatur auf 19° R. gebracht war, frische Luft, gab ihm Analeptica, ließ ihm Milch und Fleischbrühe einflößen; es war zu spät! Auf Alles, was Patient genoß, erfolgte Erbrechen. So nahm der

11*

Collapsus zu, ohne daß die Respiration beschwerlicher wurde, und um 1 Uhr Nachmittags erfolgte der Tod. Section. Leider! war es mir nur gestattet, die Brustorgane zu untersuchen, da die Leiche in ihre Heimath verbracht werden sollte.
Nach Entfernung des Brustbeins zeigten sich beide Lungen etwas eingefallen; der
linke obere Lappen war von marmorirt rosenrother, der untere von dunkelblauer
Farbe. Beim Versuch, die Lunge aus der Brust zu erheben, folgte die linke ohne
Widerstand, die rechte zeigte sich an vielen Stellen fest verwachsen, insbesondere
mußte sie in der ganzen, dem Zwerchfell entsprechenden Ausbreitung, desgleichen
an mehreren, den hinteren Lungenlappen entsprechenden Stellen mit dem Messer
abgetrennt werden. In der Ausbreitung der Verwachsung war der hintere und
untere Lappen in Hepatisation (älteren Datums) begriffen, die meisten anderen
Lungenpartieen im Zustand der Hyperämie. Einschnitte in die rechte Lunge
lieferten an den hepatisirten Stellen, die äußerlich durch größere Festigkeit und
dunklere Farbe zu erkennen waren, das Ergebniß wie das Einschneiden der Leber-
substanz: keine Luftblase, kein Schaum, nur bei starkem Druck konnte Blutflüssigkeit ausgepreßt werden. Beim Einschneiden des linken und unteren Lungenlappens
hörte man an den meisten Stellen Knistern und beim Druck kam eine weißbräun-
liche Flüssigkeit mit Luftblasen zum Vorschein.

Die Pseudomembran begann oberhalb der Morgagnischen Taschen, breitete
sich über die Schleimhaut in ihrer ganzen Circumferenz bis zu den Lungen aus
und, wahrscheinlich an verschiedenen Stellen, bis in die feinsten Bronchien. Die
Membran war sehr dünn, nicht glatt, sondern riefig ausgespannt, so daß die Ab-
stände in 1 Linie parallel von oben nach unten verliefen. Mit der Schleimhaut
war die Pseudomembran so fest verklebt, daß sie ohne Verletzung der ersteren
mit der Pincette nicht abgehoben werden konnte. Am Dicksten war die Ablagerung
an der Stelle, die die Canüle umgab; sodann an der Theilungsstelle der Luftröhre.
Der Herzbeutel enthielt viele Flüssigkeit, die der Pleurasäcke war unbedeutend;
nirgends konnte eine Spur von Eiter und Jauche vorgefunden werden.

Es ist wohl nicht schwer, für den tödtlichen Ausgang, der meines
Erachtens unabweisbar war, hier eine genügende Causalität nachzuweisen
und ich erwähne:

1) Die vorausgegangene Pleuropneumonie mit Hinweisung auf bereits
erzählte Fälle, in denen einer solchen die vorzüglichste Ursache des Todes
beigemessen werden mußte. 2) Die außerordentliche Ausbreitung der
Affection, die bei Weitem den größten Theil der Bronchien begleitete,
fiel bei dem 4jährigen Knäbchen zu schwer in die Waagschale. 3) Auch
die vorausgegangene medicinische Behandlung hat sich, insbesondere durch
den nicht unerheblichen Blutverlust, offenbar nachtheilig erwiesen, da in
den folgenden 18 Stunden die Krankheit bis zur Hoffnungslosigkeit sich
steigerte und der Tod schließlich nicht auf dem Wege der Suffocation,
sondern dem der Erschöpfung erfolgte. 4) Auch die ungenügende hydriatrische Vorkur ist anzuführen, sie war nicht hinreichend, um die
durch die eingelegte Canüle von Neuem vermehrte Steigerung des Ent-

zündungsprocesses in gebührenden Schranken zu halten. Gewiß, wie ich aus dem zuerst erwähnten Falle und ähnlichen erschließe, lag weder in der Operation, noch in dem Reiz der Canüle, der Hauptgrund für die Recrudescenz des Entzündungsprocesses, sondern in dem vermehrten Einströmen der atmosphärischen Luft, und ich benutze diesen Fall zum Belege dafür, daß die Asphyxie eine Art Naturheilung des Entzündungsprocesses einschließt. Wer vorurtheilsfrei den Krankheitsverlauf würdigt, wird schwerlich eine Waffe gegen die vortheilhafte Wirkung der Wasserkur gewinnen können. Beim Einlegen der Canüle zeigte es sich schon, daß eine Membran in und unter der Trachealwunde bestand, und bei der Section erwies sich letztere nicht als massenhafte, sondern höchst feine, die allerdings fest adhärirte, und selbst die im linken, unteren Lungenlappen vorgefundene Hepatisation war mehr eine Infiltration, die nach gehobener Krankheit vollständiger Rückbildung fähig gewesen wäre. Veraltete Hepatisationen lassen niemals eine rasche Resolution zu, selbst wenn eine neue Pneumonie hinzutritt und glücklich bekämpft wird.

Vergleichen wir diesen Fall mit den 4 bereits erwähnten, so war es in diesen nur einmal nöthig gewesen, nach der Operation noch ein kurzes Bad zu geben, während im vorliegenden wegen der fortdauernden, fieberhaften, entzündlichen Reizung vier Tage lang ein Bad dem andern folgen mußte. Schon am Operationstage nahm jene einen heftigen Anlauf, wurde am 3. Tag (den 29. Februar) am Stärksten, so daß selbst bis zum Abende dieses Tages die Respiration eine förmlich croupöse war. Da aber durch die kräftigsten Eingriffe der Croup zum Rückgange gebracht war und die Respiration bis zum Tode des Kindes leicht und frei blieb, so dient selbst dieser unglücklich verlaufene Fall in meinen Augen zum Beleg dafür, daß die Wasserkur geeignet ist, croupöse Leiden wirksam zu bekämpfen; ganz besonders sehe ich eine Bestätigung für die mehrfach ausgesprochene Behauptung, daß der Erfolg der Operation in größter Abhängigkeit von richtig und ausgiebig durchgeführter Vorkur steht. In den 3 zuletzt erwähnten Fällen folgte auf das Einsetzen der Canüle, wiewohl auch hier die Affection unterhalb der Schnittwunde bis in die Bronchien auslief, bei Weitem die gewaltige Reaction nicht, wie im letzten Falle, und die Differenz kann nur darin gesucht werden, daß in diesem durch die Wärmeentziehung vor der Operation die entzündliche Blutdiathese nicht nachdrücklich bekämpft worden war. Wäre es nicht besser gewesen, die Operation erst am Morgen vorzunehmen, nach vorhergeschickten Bädern? Schwerlich. Sobald, wie Dies hier unzweifelhaft der Fall war, das 3. Stadium eingetreten ist, geht die Krankheit im

Sturmschritt ihrem Ende zu, wenn die vorausgegangenen Badeeingriffe keine Erhöhung der Wärmeproduction im Gefolge haben.

5) Es ist merkwürdig, daß die Diphtheritis nicht blos vorzugsweise gerne in einsam wohnenden Familien, in Mühlen u. dgl. erschien, sondern daß sie hierselbst mit besonderer Heftigkeit und namentlich mit Geschwürbildung im Halse verbunden war und den ulcerösen Croup sehr oft herbeiführte.

Das Mädchen, auf welches sich der zu schildernde Fall bezieht, ist 6 Jahre alt, von dunklem Haare, frischer Gesichtsfarbe, etwas schlecht genährt, nervenschwach, furchtsam, feingliederig, doch ohne ausgesprochene Dyscrasie. Dasselbe erkrankte Anfangs Februar 1867; am 3. Februar bemerkte man Geschwüre im Rachen, am 5. sah ich Patientin und ließ sie fleißig im Halse mit concentrirter Höllensteinsolution ätzen, und das Kind, bei dem die Bräune bereits ihren Anfang genommen hatte, baden und mit Umschlägen versehen. Ich fand 5 Geschwüre an den Mandeln, am Gaumen und an der Rückwand des Rachens, dabei Heiserkeit, Stimmlosigkeit, rauhen Hustenton und bereits das specifische Bräuneathmen. Obgleich mir am 7. März in der Frühe die Nachricht zuging, daß das Kind nach dem Bade das Bräuneathmen verloren habe, so konnte ich dieser Nachricht deßhalb keinen Glauben schenken, weil ich die Ueberzeugung gewonnen hatte, daß Patientin Geschwüre im Kehlkopf haben müsse, und ohne die Operation nicht herzustellen sei, und sandte sofort einen unterrichteten Badediener nach jener einsam gelegenen Mühle bei Schloßborn. Gegen Mittag erhielt ich Nachricht, daß die Wirkung der Bäder auf das Bräuneathmen eine vorübergehende gewesen sei, daß die Bräune heftige Fortschritte gemacht habe, und daß zu befürchten stehe, daß Patientin in der kommenden Nacht ersticken müsse, wenn nicht in anderer Weise Hilfe geschafft werde. Gegen 3 Uhr traf ich an jenem Orte ein und fand Folgendes: Das Athmen des Kindes war höchst mühsam und von dem specifischen, durch Stenose im Kehlkopfe bedingten, Geräusche begleitet, das man auf weite Entfernung wahrnehmen konnte. Dabei fehlte das rhythmische Heben und Senken der Brust, obgleich die Respirationsmuskeln, insbesondere die Scaleni sehr thätig waren; die Percussion ergab meistens einen ziemlich sonoren Ton, nur nicht über dem linken unteren Lungenlappen, über dem eine deutlich unterscheidbare Dämpfung zu constatiren war. Als auffallendes Zeichen muß angeführt werden, daß weder in der rechten noch linken Brusthälfte an irgend einer Stelle ausgiebiges Einströmen der Luft in die Lungen, geschweige vesiculäres Athmen, gehört werden konnte. Die Luftmenge, die in den Lungen circulirte, schien außerordentlich gering zu sein und veranlaßte unbestimmtes Athmen, Blasenknacken, bronchiales Athmen, neben welchem vom Larynx ausgehende consonirende Geräusche vernommen wurden. Puls 126 Schläge, klein, die Zahl der Athemzüge war, wegen des häufigen Hustens, nicht zu bestimmen. Bezüglich der Pulsfrequenz hebe ich hervor, daß dieselbe offenbar weit größer gewesen sein würde, wenn Patientin nicht an beiden vorhergehenden Tagen 4 durchgreifende Bäder genommen hätte, von der Dauer von 45, 35, 30, 20 Minuten, und der Temperatur von 20—22° R. begleitet von Gießbädern und Douche (auf Nacken und Kehlkopf) von 12° und Brustumschlägen. Um 4 Uhr wurde Patientin in ihrem Bette chloroformirt, dann auf den hergerichteten Operationstisch gelagert, und nach 25 Minuten in ihr Bett, vollständig verbunden, zurückverlegt. Die Operation hatte nur eine Schwierigkeit, die aber jedesmal vorhanden und durchaus nicht hoch genug anzuschlagen ist, besonders wenn man nur einen guten Assistenten hat, nämlich die Stillung der venösen und arteriellen Blutung. 3 Gefäße mußten unterbunden werden. Ueber die Nachbehandlung ist nur Wenig zu sagen. Das Kind erhielt in den ersten 3 Tagen Abends ein kurzes Halbbad und die Brustbinde wurde öfters gewechselt. Patientin, ein sehr reizbares und etwas verwöhntes Kind, weinte öfters, aber nicht wie einige Schriftsteller von solchen Kranken behaupten, ohne beim Weinen Thränen fallen zu lassen, sondern die Thränen flossen reichlich und waren, wie die Wärterinnen sagen, ungewöhnlich dick. Vom 4. Tage an war das Kind wie gesund und amüsirte sich wegen mancherlei Geschenken, die es erhielt, ganz außerordentlich. Am 17. Tage wurde die Nachbehandlungscanüle eingelegt und am 20. entfernt, bis zum 23. Tage war die Hautwunde vollständig vernarbt. Bei dieser Kranken war die Hoffnung auf Herstellung keinen Augenblick erschüttert. Auch dieser Fall spricht für die höchst günstige Wirkung der Vorkur vor der Operation.

6) Am 9. März entdeckte mein Badediener in Schloßborn bei dem 5½jährigen Sohne des *Peter Klomann* 5, zum Theil sehr ausgebreitete und tiefe diphtheritische Geschwüre im Rachen, die sich bis gegen den Larynx herabzogen, und indem er mich hiervon benachrichtigte, fügte er hinzu, daß Patient Fieber, Stimmlosigkeit und croupösen Husten habe. Am folgenden Nachmittage hinzugekommen, fand ich die Bräune vollständig entwickelt, ätzte das Kind kräftig, und ließ es, in der Absicht die Operation vorzunehmen, tüchtig baden. Wider Erwarten widersetzte sich der Vater der Operation, weil er nach jedem Bade solche Besserung fand, daß er auf diesem Wege allein Rettung hoffte. In der Nacht vom 14. zum 15. stellten sich indessen die Erstickungszufälle in so erschreckender Weise ein, daß er mich inständig bitten ließ, die Operation vorzunehmen.

Das Knäbchen hatte blondes Haar, war kräftig entwickelt, überstand im 2. Lebensjahre eine durch Fieber und Husten charakterisirte Krankheit (Pleuritis?), worauf es bis zur Stunde kurzathmig („keuchig") blieb. In den letzten Tagen waren 13 Bäder gegeben worden, anfangs in der Dauer von 45—30, später in der von 10—7 Minuten, und ein Anflug von Cyanose hatte sich eingestellt. Patient machte die gewaltigsten Anstrengungen, das Athmungshinderniß zu überwinden: er saß aufrecht, stemmte die Aermchen auf, die Scaleni arbeiteten, desgleichen die Bauchmuskeln mit äußerster Kraft, gleichwohl war ein rhythmisches Heben und Senken des Brustkastens nicht mehr zu bemerken. Das charakteristische Bräuneathmen hatte den höchsten Grad seiner Ausprägung erhalten, die Stimme hatte ihren Klang eingebüßt; der Puls machte 162—144 Schläge in der Minute, war klein und leicht zu comprimiren. Matter und vollständig leerer Percussionston längs des unteren Rippenrandes auf beiden Seiten, an allen übrigen Stellen mehr oder weniger ausgesprochene Dämpfung; auscultatorisch war an vielen Stellen gar keine Luftbewegung zu constatiren, an anderen Blasenknacken, wieder an anderen von consonirenden Geräuschen untermischtes Bronchialathmen; nirgends eine Spur von vesiculärem Athmen. Den nötigen Muth zur Operation verlieh mir, neben dem einstimmigen Ausspruche aller Anwesenden, die Erwägung, daß ohne Operation das Kind den Abend nicht erleben könne, die vorangegangene durchgreifende Bade-

kur und die Hoffnung, daß die Resultate der Brustuntersuchung nach der Operation
sich besser gestalten dürften. Die Operation war dadurch erschwert, daß die
Schilddrüse in dem Maße vergrößert war, daß die Luftröhrenöffnung nicht eher
anzulegen war, als nach Einschneidung des oberen Theils derselben; 2 Arterien
mußten unterbunden werden. Nach Eröffnung der Luftröhre reizte ich die Schleimhaut mittelst einer Taubenfeder und mit der G. Exspiration gelang es mir, ein
4 Zoll langes Membranstück, das sehr dick, aber locker und weich war, mit der
Pincette auszuziehen. Als Patient aus der Chloroformnarcose erwachte, war er außerordentlich erfreut darüber, daß er wieder mit Leichtigkeit athmen konnte. Bei
der nachfolgenden Reaction, die aber schon am folgenden Tage ihren Höhepunkt
erreichte, erlangte der Puls eine Frequenz von 150 Schlägen, und es genügten
täglich 2 kurze Bäder, sie in den richtigen Schranken zu halten. Am 17. März
hörte ich bereits an verschiedenen Stellen vesiculäres Athmen, und Besserung der
Resonanz bei der Percussion. Am 19. März stellte sich reger Appetit ein, und
Patient war über verschiedene kleine Geschenke, die er erhalten, überglücklich.
Am 26. Tage nach der Operation wurde die Nachbehandlungscanüle eingelegt, wobei
es zu einem sehr beängstigenden suffocativen Auftritt kam, indem sich ein Klümpchen
Fett vorgelegt hatte. Verschiedene Versuche, die Canüle gänzlich zu entfernen,
scheiterten an der sich hiernach sofort einstellenden Asphyxie, so daß Patient dieselbe 6 Wochen tragen mußte. Ein Vierteljahr später war er wohl noch etwas
asthmatisch, aber doch sonst ganz gesund.

Auch dieser sehr merkwürdige Fall, der ohne Zweifel der ulcerösen
Form zuzutheilen ist, spricht unzweifelhaft in mehrfacher Beziehung für
den Werth der Wasserkur, als Supplement der Tracheotomie. Wie wäre
es möglich gewesen, daß der bereits am 9. März vollständig entwickelte
Bräunefall ohne die Wasserkur noch am 15. eine von vollständigem Erfolge gekrönte Operation gestattet haben würde! Aller Wahrscheinlichkeit
nach wäre ohne jene das Kind schon am 11., spätestens am 12. erlegen.
und die bei der Operation aus der Luftröhre erhobene Membran würde
ohne Zweifel größere Festigkeit und innigere Adhärenz gezeigt haben.
Halte ich letztere Erscheinung mit dem Ergebniß mehrerer Sectionen
zusammen, durch die das Bestehen festerer Organisationen und größerer
Adhärenz constatirt wurde, unerachtet vor der Operation Bäder applicirt
wurden, dann komme ich zu dem Schluß, daß in dieser Hinsicht der
Werth der Wasserkur um so greller hervorleuchtet, je früher letztere
ihren Einfluß entfalten konnte, wobei aber nicht zu übersehen ist, daß,
je mehr die Krankheit ihrem tödtlichen Ablauf sich nähert, jeder Kur-
einfluß gegen die Producte jener an Ohnmacht steigt. — Wie würde es
hier um die Reactionserscheinungen nach der Operation, die neue entzündliche Reizung in mehrfacher Beziehung bedingt, gestanden haben,
ohne die Wasserkur und eine neue Rückbildung der Lungeninfiltration:
nach beiden Seiten hat sie Außerordentliches geleistet. Die oben aus-

gesprochene Behauptung, daß man nach geöffneter Trachea mit dem Einlegen der Canüle nicht eilen solle, erfährt in diesem Falle eine eclatante
Rechtfertigung, da eine mehrmalige Reizung der Trachealschleimhaut mit
einer Taubenfeder Hustenstöße bewirkte, die ein 4 Zoll langes Membranstück so weit aufwärts beförderten, daß dieses mit der Pincette erfaßt
und ausgezogen werden konnte. Endlich lehrt dieser Fall, daß man durch
das auch noch so ungünstige Resultat der Auscultation und Percussion
sich nicht von der Operation abschrecken lassen darf: selten findet man
einen Fall, wo die Sache ·von dieser Seite so ungünstig stand, wie hier.

Den 7. Operationsfall habe ich bereits erwähnt, ich lasse den 8.
folgen:

Am 24. October 1866 klagte das 6¹/₂jährige Söhnchen des Försters *R.* in
Schloßborn über Schmerzen im Hals und beim Husten, der Athem war beengt, die
Stimme heiser, das Kind aber munter und bei gutem Appetit. In der folgenden
Nacht, mehr noch in der Nacht vom 26. zum 27., stellten sich Erstickungsanfälle
ein, das Kind hatte Hitze und zeigte sich ernstlich krank, worauf ich gegen Mittag
berufen, folgenden Befund erhob: Dyspnoe, Bräuneathmen (sehr ausgesprochen),
fast unbeweglicher Thorax, diphtheritische Geschwüre konnten bis zur Epiglottis
verfolgt werden, links fast vollständig fehlendes, rechts schwaches Respirationsgeräusch, stellenweise matter oder tympanitischer Percussionsschall. Mein Vorschlag,
die Operation sofort zu gestatten, wurde von den Eltern abgelehnt. Nachdem die
mittlerweile zur Anwendung gelangten Bäder, Umschläge, Aetzungen etc. keine
anhaltende Besserung zu bewirken vermocht hatten, wurde ich Abends 10 Uhr
nochmals berufen, erneuerte meinen Operationsvorschlag, der nochmals abgelehnt
wurde. Die Krankheit war indessen soweit vorgeschritten, daß ich die Nacht über
auszuharren beschloß, indem zu erwarten stand, daß mit dem Eintritt neuer Erstickungsanfälle die Eltern die Operation schließlich fordern würden. Letzteres
geschah Morgens gegen 3 Uhr. Die Operation, bei künstlicher Beleuchtung ausgeführt, war eine der schwierigsten, da die Schilddrüse vergrößert, und das
Operationsfeld mit einem Venenconglomerat bedeckt war. 3 Venen und 1 Arterie
wurden verletzt. Vor dem Einsetzen der Canüle veranlaßte ich Hustenausstöße
und entfernte aus der Trachea ein 1¹/₂ Zoll langes, 3—4 Linien breites Membranstück, d a s s i c h s o f e s t w i e e i n e A r t e r i e n h a u t a n f ü h l t e; mehrere
kleinere Stücke folgten nach. Dieser Befund verminderte noch die geringe Hoffnung, die ich hegte, wesentlich. Vor der Operation machte der Puls (nach vorausgegangenen Bädern) 120 Schläge, nach derselben 90, allein er stieg rasch, und ich
fand ihn am 29. von 132 und am 30. von 152. Die Wärmeentwicklung schien
nach dem Bade sehr mächtig aufschlagen zu wollen, wurde aber schon in kurzem
Bade gedämpft. Am Schlimmsten gestaltete sich das Verhalten der Respiration,
die von Stunde zu Stunde mühsamer wurde. — Am 31. Morgens erfolgte der Tod.
Section: nach 30 Stunden. Von der Operationswunde bis zur Bifurcation keine
Spur einer Membran, wohl aber aufwärts bis über die Morgagnischen Taschen
hinaus; die Membran war meistens derb und fest, und von ihrer Matrix abgetrennt
oder leicht abtrennbar. Von der Theilungsstelle der Trachea an setzte sie sich

in den linken Bronchus fort, und folgte den Verästelungen desselben bis in die
zartesten Verzweigungen, so daß auf Durchschnitten allenthalben gelbgraue Punkte
erschienen, aus denen eine graugelbe eiterige Masse auszudrücken war. Die ganze
linke Lunge und der obere Lappen der rechten waren hepatisirt und für den
Durchtritt der Luft vollständig unwegsam. An der Grenze des rechten oberen und
hinteren Lappens befanden sich in der Breite eines Zolles Luftblasen in der Größe
einer Erbse. Auch an anderen Stellen bestand Emphysem, aber in geringerem Grade.

Ohne Zweifel repräsentirt dieser Fall nicht den sog. absteigenden
Croup, vielmehr nöthigt die große Ausbreitung und Festigkeit der Pseudomembran zu der Annahme, daß die Causa diphtheritica ihren ursprüng-
lichen Sitz, vom Kehlkopf bis zu den feinsten Verästelungen der Luftröhre
in der Lunge, gewählt habe. Die Festigkeit der Membran bringe ich,
sowie die daraus zu entnehmende ungünstige Prognose damit in Zusammenhang, daß bis zu eingetretener Asphyxie kein hydriatrischer Eingriff statt hatte. In der Größe und Tiefe der Erkrankung liegt die Ursache des Todes, der auch schwerlich abzuwenden gewesen wäre, selbst
wenn die Operation bereits am 28. vorgenommen sein würde. Diesen
Fall spreche ich ferner dafür an, daß man auf die Eßlust und Munterkeit
der Kinder gar keinen prognostischen Werth legen kann, da sie hier lange
bestanden, unerachtet die Krankheit vom Anfang an eine große Ausdehnung und Heftigkeit hatte. Endlich ziehe ich hieraus gleichfalls den
Schluß, daß es gerathen ist, nach geöffneter Trachea Husten zu erregen,
um Membranstückchen mit der Pincette entfernen zu können, die den
Weg durch die Canüle vielleicht nicht hätten passiren können.

9. Fall. Am 8. October 1866 bemerkte der Förster D. in G., daß seine
blonde, zartgebaute, aber gesunde, 3jährige Tochter Husten hatte, in der kommenden
Nacht, daß die Stimme beim Husten und Weinen rauh und heiser wurde, und sah
sich bewogen, als am Abend noch Fieber sich hinzugesellte, mich in der kommenden
Nacht berufen zu lassen, da der vorerwähnte Fall ihm großen Schrecken bereitet
hatte. Gegen Mitternacht fand ich das Bräuneathmen laut und deutlich, den
Hustenton kickernd, die Stimme klanglos, die Brustbewegungen noch normal, auch
die Percussion ergab normale Resonanz, und selbst vesiculäres Athmen war an
den meisten Stellen noch wahrzunehmen. Bei beschleunigter, unregelmäßiger Respiration schlug der Puls 158mal in der Minute. Im Halse sah ich das Zäpfchen
angeschwollen und hinter der linken Mandel ein kleines Geschwür. Um 1 und
6 Uhr wurden Bäder von 45 Minuten gegeben, hiernach Umschläge und Aetzungen
vorgenommen, auch 2 Brechpulver (aus extr. Ipecac.) gereicht. Die vermehrte
Wärme und Kurzathmigkeit wurde hierdurch entfernt, auch das Bräuneathmen
dermaßen gemindert, daß man es nicht mehr deutlich wahrnehmen konnte, leider!
aber nur auf kurze Zeit. Um 8 Uhr traten die specifischen Bräunezeichen wieder
hervor, und wurden allgemach beunruhigend, da um 9 Uhr Erscheinungen zu Tage
traten, die auf Vorschreiten der Lungeninfiltration schließen ließen, um 10 Uhr
hörte ich an verschiedenen Stellen der Brust blos Pfeifen und Rasseln, aber kein

Athmungsgeräusch, die Percussion lieferte stellenweise mattern Ton und die rhythmische Bewegung des Brustkastens war beschränkt, unerachtet die Respirationsmuskeln, unter sichtbarer Anstrengung, arbeiteten. Was war zu thun? Operiren
oder nicht? Die Angina war eine diphtheritica, mutbmaßlich eine ulceröse, gegen
die die kräftigsten Bäder, auch Brechmittel Nichts geholfen hatten, ja trotz welcher
in den letzten 2 Stunden die Krankheit erschreckende Fortschritte machte. Den
Ausschlag gab die Erwägung, daß, wäre ich nach Königstein zurückgereist, ich
mich zunächst nach Cronberg hätte begeben müssen, um Kranke des auf einer
Ferienreise begriffenen Collegen zu besuchen. Bei dem ungewöhnlich rapiden Verlauf der Krankheit, der großen Entfernung von G. blieb mir keine Aussicht auf
eine spätere erfolgreiche Operation.

Die letztere gehörte zu den schwierigsten wegen der vergrößerten Schilddrüse, des dichten Venengeflechtes und der tiefen Lage der Luftröhre. Ich sah
mich aus ersterem Grunde bewogen, die Canüle unterhalb der Schilddrüse einzusetzen. 3 Venenstränge mußten unterbunden werden. Aus der Trachealwunde, die
ich mehrere Minuten offen hielt, entfernte ich zunächst eine dicke Flocke, dann ein
bandartiges, noch weiches Membranstück und legte dann erst eine weite Canüle
ein. In diesem Augenblicke erfolgte ein Intermezzo, das mir einen durchdringenden
Schrecken verursachte. Mein Assistent war im Begriff, die Schleife zu schließen,
als ich die Canüle einer anderen Person übergab, um meine Hände reinigen zu
können. Ein Hustenstoß schleuderte jene heraus, und beim Anfassen der Canüle
löste sich eine Venenligatur. Mit Schrecken gewahrte ich die ganze Operationswunde von dunklem Blute bedeckt, das Kind asphyctisch. Mit einem Schwamm
entfernte ich das sich immer erneuernde Blut, suchte die Trachealwunde mit der
Pincette zu öffnen, reizte die Schleimhaut mit Federn und setzte dann die Canüle
ein. Erst nach geraumer Zeit und angestrengter Manipulation erfolgte normales
Athmen. Nach 1 Stunde untersuchte ich nochmals die Brust genau, und war von
den Wahrnehmungen so befriedigt, daß ich mit den besten Hoffnungen Patientin
verließ. Ueber den weitern Verlauf erzählte die bei dem Kinde zurückgelassene
barmherzige Schwester, daß das Kind ganz munter war, sich über kleine Geschenke
sehr erfreut zeigte, mit Appetit aß und trank, ganz leicht athmete; daß aber
unerwartet Nachmittags 4½ Uhr ein Erstickungsaufall eintrat, der das Kind sehr
rasch dahin raffte. „Es fuhr plötzlich auf, hatte keine Luft, streckte Hilfe suchend
die Aermchen aus, verfärbte sich im Gesicht, und war, ehe die Canüle herausgenommen werden konnte — todt".

Die Nachricht von diesem traurigen Verlaufe, die mir mit dem Beifügen zu Theil wurde, daß die Eltern die Section unter keiner Bedingung
zugeben würden, erschütterte mich, um so mehr, als ich mit Zuversicht
auf einen günstigen Verlauf gerechnet hatte. Die Operation war relativ
früher als jede andere gemacht worden, die Größe der Krankheit konnte
den Tod nicht in dieser plötzlichen Weise bewirkt haben, die Lungeninfiltration konnte, trotz rapiden Verlaufs, nur neuesten Datums sein, die
aus der Trachea hervorgezogene Membran zeigte sich noch pulpös und
weich: worin lag die Todesursache? Mit Mühe erlangte ich vom Vater

des Kindes die Erlaubniß, wenigstens die Trachea zu eröffnen, nahm aber doch auch das Brustbein weg. Auf der Innenfläche des linken Gießkannenknorpels befand sich ein diphtheritisches Geschwür von circa 2 Linien im Durchmesser, das aber durch eine schmale Furche mit größeren, äußerlich am Kehlkopf sitzenden Ulcerationen continuirlich zusammenhing. Die Membran begann von dort und oberhalb der Morgagnischen Taschen, ging über die Bifurcation hinaus, die rechte Lunge war zu $^2/_3$ von unten aufwärts infiltrirt. In der Trachea war die Membran noch dünn und hing durch fadenartigen Verband mit ihrer Matrix noch zusammen, so daß der Haupttheil vorhangartig auf die Bifurcationsstelle herabgesunken war und die Canüle allenthalben von jener umgeben und nach unten überragt wurde. Der plötzliche Tod scheint mir dadurch erklärlich, daß die Membran von der hinteren Seite sich abwärts senkte und bei der Inspiration die Bifurcationsstelle bedeckte, oder die Canüle bei der Exspiration von unten schloß. Der Schluß, den ich aus diesem Fall für analoge Fälle zog, ging dahin, dem Wärterpersonal aufzugeben, bei einigermaßen heftigen asphyctischen Anfällen sofort die ganze Canüle aus der Trachea zu entfernen, die Wunde mit einer Pincette offen zu halten, die Schleimhaut mit einer Feder zu reizen und die in der Wunde sichtbar werdende Membran mit einer zweiten Pincette auszuziehen. Das ist gut sagen, aber die Schwierigkeit besteht darin, Wärter zu finden, die den nöthigen Muth und die erforderliche Geschicklichkeit hierzu besitzen, deßhalb werden die auf dem platten Lande ausgeführten Operationen niemals so günstige Resultate ausweisen, als am Wohnort des Arztes.

Einen weiteren Beleg hierfür bietet der 10., bei der 2¼jährigen Tochter des *Nic. Klein* in Schloßborn vorgekommene Operationsfall. Das Kind war seit 2 Tagen mit Halsgeschwüren, zu denen sich Husten mit croupösem Ton und Heiserkeit hinzugesellte, behaftet, seine Eltern erkannten aber, unerachtet Erstickungsanfälle eintraten, die Gefahr, in der das Kind schwebte, nicht eher, als bis Nachbarsleute sie belehrten, worauf ich erst am folgenden Tage berufen ward. Ich fand ausgebreitete Halsgeschwüre, die bis zum Kehlkopf verfolgt werden konnten, die specifischen Bräunezeichen sehr stark ausgesprochen, die Bewegung des Brustkastens sehr beschränkt, die in den Lungen circulirende Luftsäule verkürzt, unter dem linken Schulterblatte vesiculäres Athmen: bei 60 Respirationen bestanden 144 Pulsschläge in der Minute. Der Hals wurde geätzt und ein durchdringendes Bad applicirt mit gutem, aber nur vorübergehendem Erfolge. Die Operation wurde Abends zwischen 7 und 8 Uhr bei Beleuchtung mit Stearinkerzen gemacht, und bot keine Schwierigkeit, da fast kein Blutstropfen floß. Die Canüle legte ich unter der Schilddrüse ein. Aus der Wunde wurden nur weiche Membranstücke entfernt. Noch bei keiner Operation war ich momentan so vom Erfolge überrascht, als eben hier. Die Brust zeigte fast vollständig normale Bewegung, fast an allen Lungenstellen hörte man das Einströmen der Luft, die Resonanz des Brustkorbes wurde normal, der viele membranöse Fetzen enthaltende Auswurf war gelatinös, das Kind ganz munter, die Respiration 36 bei 144 Pulsschlägen.

Den folgenden Tag besuchte ich die Operirte abermals, fand, nach Anwendung von 2 kurzen Bädern den Puls von 132 Schlägen bei 32—36 Athemzügen. Gegen alles Erwarten bekam ich 2 Tage später die Todesnachricht, und erfuhr folgenden Hergang: Von den 2 für die Pflege dieses Kindes unterrichteten Personen hatte nur eine sich derselben gewidmet, 48 Stunden lang continuirlich ihre Schuldigkeit gethan, dann aber hieß es: „schlief sie mehr, als sie wachte", und das Vorhalten von in heißes Wasser getauchten Schwämmen wurde vernachlässigt. Nichts desto weniger stand die Sache vortrefflich bis um Mitternacht. Ein Hustenanfall trieb Schleim in die Canüle: Die Wärterin, in Verbindung mit den Eltern und anderen herbeigerufenen Personen bemühten sich 2 Stunden lang, das Hinderniß zu beseitigen, nahmen die innere Canüle heraus, bedienten sich der Taubenfedern, aber immer nur mit vorübergehendem Erfolge. Endlich erlag das Kind, und als man jetzt den Muth faßte, die ganze Canüle zu entfernen, hing ein Schleimpfropf „wie ein Kirschkern oder etwas dicker" daran! Ich verarge es keinem Arzte, wenn er eine Operation lieber unterläßt, als sie unter Verhältnissen unternimmt, die für die Realisirung der außerordentlichen Sorgfalt und Accuratesse, den unerläßlichen Requisiten für günstigen Erfolg, wenig Aussicht bieten. Auch dieser Fall lehrt, daß es nicht genügt, die Wärterinnen dahin zu instruiren, die innere Canüle zeitweise herauszuziehen, sondern daß sie Muth und Geschicklichkeit besitzen müssen, die ganze Canüle zu entfernen, und natürlich auch im Besitz der nöthigen Instrumente sein müssen. Eine rasch vertrocknete Schleimkruste legt sich jedenfalls um das in der Trachea liegende Ende der äußeren Canüle (und zwischen äußere und innere) und bildet gewissermaßen den Crystallisationspunkt für die Schleimpfröpfe, weßhalb in allen Fällen zeitweilige Herausnahme und Reinigung der ganzen Canüle unerläßlich ist.

11. Fall. 3 Wochen vor fraglicher Operation wurde ich bereits consultirt wegen des 6jährigen Sohnes des *Franz Wohlfahrt* in Schloßborn. Ich fand diphtheritische Geschwüre, die mit concentrirter Höllensteinlösung geätzt wurden und, wie überall, rasch hiernach anscheinend zur Heilung gelangten. Am 11. December bemerkte die Mutter, daß Patient rauh hustete, daß auch die Stimme heiser wurde beim Weinen, und da sich in der kommenden Nacht 2 heftige Erstickungsfälle hinzugesellten, so wurde ich am 12. December 1866 hiervon in Kenntniß gesetzt. Gegen Mittag fand ich Geschwüre, bis zum Kehlkopf reichend, schnellen Puls bei erhöhter Hauttemperatur, Bräuneathmen und Husten stark ausgebildet, die Brust ohne Elasticität, die Percussion ergab an vielen Stellen, besonders linkerseits, matte Resonanz, nur an wenigen Stellen war normales Athmen, fast über der ganzen linken Brustseite nur Murmeln in den Bronchien, oder gar kein Luftgeräusch vernehmbar. Ich entschloß mich zur Operation, weil ein gegebenes Bad nach wenigen Minuten von Frostreactionen gefolgt war und gesteigerte Wärmeproduction nicht zur Folge hatte, die Krankheit ohne Zweifel eine ulceröse war, und von anderen Eingriffen Nichts zu hoffen stand. Die Operation war ziemlich schwierig, da

1 Arterie und 2 Venen unterbunden werden mußten; ein großes Membranstück zog ich aus der Trachea aus, das allerdings schon eine festere Structur hatte. Die Reaction soll heftig gewesen sein, die Wärme sich sehr gemehrt haben, mehrere Bäder hielten die Sache aber in gutem Geleise. 30 Stunden lang stand die Sache hoffnungsvoll; dann erfolgte Stickhusten und wirkliche Suffocation, ohne daß die ganze Canüle entfernt worden war. Bei der Section fand ich ein diphtheritisches Geschwür im Kehlkopf, die Membranbildung, die oberhalb der Morgagnischen Taschen begann, setzte sich unter der Bifurcation bis in die Bronchien fort, der linke untere Lungenlappen war hepatisirt, vollständig luftleer, der linke und rechte obere stark infiltrirt etc.

Resumé. Wenn ein Kind diphtheritische Geschwüre im Halse hat und geätzt wurde, anscheinend mit vollständigem Erfolge, so soll man Wochen lang die größte Aufmerksamkeit auf mögliche Recidive verwenden. Der Krankheitsverlauf war rasch, die Verbreitung groß, gleichwohl zweifle ich nicht, daß der Tod, wenigstens bei besserer Pflege, vorerst hätte abgewendet werden können, da das Kind bis zum Tode munter war und leicht athmete.

12. Fall. 8 Tage später kam ich zu dem Söhnchen des *Joh. Klomann* von Schloßhorn, das am Zäpfchen und den Mandeln Geschwüre hatte, die sich bis gegen den Kehlkopf verfolgen ließen, dabei lebhaftes Frieren, einen Puls von 144 Schlägen bei 30 Athemzügen in der Minute. Die Stimme war beim Sprechen noch rein, aber beim Husten trat der Croupton hervor. Patient wurde bis zum Kehldeckel geätzt, erhielt Halsumschläge, Leibbinde und ein Bad von 21° R. bis zu vollständiger Abkühlung, mit anfangs befriedigendem Erfolge, der aber nicht von Dauer blieb, da sich schon Abends 6 Uhr Bräuneathmen so vernehmlich einstellte, daß es mein Badediener in Sch. deutlich unterscheiden konnte. Ich hatte denselben instruirt, bei deutlichem Hervortreten dieses Zeichens mich sofort benachrichtigen zu lassen, wenn die Eltern des Kindes die Operation gestatten sollten. Nach Mitternacht berufen, war ich Nachts 2 Uhr zur Stelle, und fand die Lage jenes Kindes folgendermaßen: Die Bräunezeichen waren in vollständiger und unverkennbarer Weise ausgeprägt, und erlaubten nur den Schluß, daß die ulceröse Form bestehe. also eine Hilfe nur durch die Operation möglich war. Der Verlauf war ein sehr rapider, da schon während der Stunde der Vorbereitung eine namhafte Verschlimmerung sich kundgab. Der Puls machte bereits 156 Schläge in der Minute bei 30 Athemzügen. Der Brustkorb hatte seine Bewegungen, entsprechend der circulirenden kleineren Luftwelle, beschränkt, nur an wenigen Stellen war noch vesiculäres Athmen wahrnehmbar, wohl aber, besonders über der linken Brusthälfte, Dämpfung zu constatiren. Die Schwierigkeit der Operation war nur dadurch gegeben, daß sie bei künstlicher Beleuchtung vorgenommen werden mußte. Auch hier wurden Membranflocken, aber ganz weiche, aus der Trachea, deren Schleimhaut dunkel geröthet und gelockert war, entfernt. Nach dem Referate der barmherzigen Schwester, die die Pflege besorgte, war der fernere Verlauf folgender: 30 Stunden war das Kind munter und vergnügt, die sich regende Fieberwärme wurde durch 2 kurze Bäder niedergehalten, dann entfernte sich die Schwester, um zu frühstücken, als sie nach einer Stunde zurückkehrte, war das Kind — todt. Nach eingetretenem

Husteustoß gewahrte die Mutter Erstickungsnoth, aber der anwesende Badediener (aus Sch.) konnte sich davon nicht überzeugen, da es dunkel im Zimmer war, und über wechselseitigem Disputiren erfolgte die Suffocation!

13. Fall. Die sanguinischen Hoffnungen, die durch die Anfangs günstigen Resultate, besonders im Hinblick auf das von mir zum ersten Male eingeführte Adjuvans der Wasserkur rege geworden waren, wurden durch die erwähnten Todesfälle nicht blos gründlich abgekühlt, sondern führten mich zu dem Entschluß, nur noch in dem Falle auf dem Lande eine Tracheotomie vorzunehmen, wenn die Transferirung des operirten Kindes in die Stadt gestattet werde. Ich konnte mir zwar sagen, daß die Operation zweimal bei allzuvorgerücktem Leiden vorgenommen wurde, daß zweimal offenbar eine schlechte Nachbehandlung, einmal endlich ventilartige Membranen als Todesursachen anzuklagen waren, die wohl schwerlich den Tod bewirkt haben würden, wenn nur bessere Wärter dem Kinde zur Seite gestanden hätten: allein, und Das möge jeder College sich merken, die Demoralisation bestand nicht blos beim Publikum, sondern auch bei mir. Daß aber die Verhältnisse oft weit gebieterischer sind als die Entschlüsse der Menschen, wird der nächste und noch mehr der 15. Fall lehren.

Am 28. Januar theilte mir *Joh. Hilz* aus Schloßborn mit, daß sein 6jähriger Sohn Halsgeschwüre habe und muthmaßlich an der Bräune leide. In Schloßborn angekommen fand ich, daß derselbe, wiewohl einer höchst armen Familie angehörig, eine reine, ziemlich kräftige Constitution habe und erfuhr weiter, daß Patient seit 8 Tagen an Husten und Fieber leidend, das Bett gehütet, daß mein Badediener Halsgeschwüre vorgefunden habe, daß seit 36 Stunden Heiserkeit, seit dem Abend des 27. Januar scharfes Athmen bestand, am Morgen des 28. aber ein heftiger Erstickungsfall sich eingestellt habe. Gegen Mittag fand ich Patient in mäßiger Hitze, den Puls von 138 Schlägen bei 27 Athemzügen, vollständig stimmlos in heftiger Angst, bei Bräuneathmen und Bräunehusten. Auf beiden Mandeln, bis hinab zur Kehle, waren große diphtheritische Geschwürflächen zu sehen. Die Percussion lieferte nirgends eine pathologische Dämpfung auffallender Art. Das Heben und Senken der Brustwandungen, auch bei tiefen Inspirationen, war kaum noch bemerklich, das Einströmen der Luft in die Brust konnte nur in den Bronchien als Murmeln, Rasseln etc. gehört werden; reines vesiculäres Athmen war nirgends vernehmbar.

Behandlung. Die Geschwüre wurden geätzt, Patient erhielt Hals- und Brustumschläge, Clysma und ein Emeticum, hauptsächlich aber ein Halbbad von 20° R. und 45 Minuten. Nachmittags 3 Uhr war der Puls 126, die Respiration 24—27, die auscultatorischen Erscheinungen, und überhaupt die Bräunezufälle waren hiernach nicht im Geringsten gebessert.

Lange war ich unentschlossen, was ich thun sollte. Diejenigen der Anwesenden, welche mich bei früheren Operationen unterstützt hatten, riethen entschieden, im Hinblick auf die letzten unglücklichen Resultate, ab. Den Ausschlag gab hier, wie in allen ähnlichen Fällen, besonders auf dem Lande, die Erwägung, daß wenn ich mich entferne, ohne den Kranken operirt zu haben, er unrettbar verloren sei. Die Operation, bei günstiger Beleuchtung vorgenommen, war eine der schwierigsten, wegen der großen Menge strotzender Blutgefäße. 3 große Venenstämme mußten durchschnitten und unterbunden werden, wollte ich zu dem hier sehr beschränkten Raume oberhalb der Schilddrüse gelangen. Nach der Operation war der Puls 126, die Respiration 27—30, im Uebrigen lieferte die Untersuchung der Brust keine auffallenden Veränderungen. Ich hatte eine barmherzige Schwester mitgebracht, die sich mit einer Frau in Schloßborn in das Geschäft der Nachbehandlung theilte. Da ich mich sofort nach Rumpenheim begeben mußte zur Behandlung einer Höchsten Kranken, so sah ich Patient erst am 1. Februar wieder, bei welcher Gelegenheit ich folgende Wahrnehmung machte. Patient hatte in den 3 ersten Tagen nach der Operation steigendes Fieber und hiergegen täglich 2 Bäder von 20—22° R., Leibbinde und kalte Clystiere erhalten, bei kalter, blander Diät. Bei 116 Puls- schlägen fand ich 27—30 ziemlich regelmäßige Athemzüge in der Minute, und ziemlich ausgiebige Bewegungen des Brustkastens. Man kann sich zwar von dem Einströmen einer ziemlich bedeutenden Luftsäule in die Brust und der Thätigkeit vieler Lungenzellen überzeugen, übrigens war reines pueriles Athmen nur an ver- einzelten Stellen, besonders entsprechend dem linken obern Lungenlappen, zu vernehmen. Von Tag zu Tag schritt die Rückbildung des Exsudates, das sich von der Kehle aus über den größten Theil der Lungenschleimhaut ausgebreitet hatte, vor. Am 17. Tage wurde die Nachbehandlungscanüle eingelegt, aber nicht ver- tragen; am 22. Tage wurde die Canüle entfernt, worauf sich die Wunde rasch schloß. Patient ist vollständig hergestellt.

14. Fall. Die 7jährige Tochter des Müllers *Weil* von Schneidhain, von schmächtigem Körperbau, erethisch-scrophulöser Constitution, früher nie wesentlich krank, bekam 6 Wochen vor dem zu schildernden Bräuneanfall eine Exulceration an der linken Mandel, die, nachdem sie einigemal geätzt worden war, wieder ver- schwand, worauf das Kind, weil anscheinend gesund, außer ärztlicher Behandlung blieb. Mittlerweile fanden die Eltern, daß das Kind viel Schleim aus der Nase verlor, daß der Ausfluß gelbgrau, eiterig wurde und durch seine Schärfe die Nasen- öffnungen anätzte. Daß auch in der Tiefe der Choanen Ulcerationen bestanden, wird dadurch wahrscheinlich, daß am 27. und 28. Februar sehr starkes Nasen- bluten erfolgte. Da nun am Abend dieses Tages die Stimme heiser und klangloser wurde, da bellender, rauher Hustenton die Eltern erschreckte, wurde ich am folgenden Tage abermals consultirt. Ich fand sehr ausgebreitete, gegen den Kehl- kopf vorgedrungene Geschwüre, die sich muthmaßlich in die hintern Nasenöffnungen fortsetzen, und wohl auch in den Larynx eingedrungen waren, deutliches Bräune- athmen und bräuneartigen Husten und die Erscheinungen ziemlich lebhaften Fiebers. Puls 132, die Respiration nicht sehr beschleunigt, Auscultation und Percussion lieferten noch ziemlich günstige Erscheinungen; die in den Lungen circulirende Luftwelle war noch nicht wesentlich verkürzt; die Körperwärme natürlich, wenn auch mäßig erhöht. Patient wurde zunächst kräftig geätzt, dann in ein Halbbad von 20° R. 46 Minuten lang gesetzt und hiernach kräftig frottirt. Hiernach fiel der Puls auf 116, das Bräuneathmen war nicht deutlich wahrnehmbar, der Husten- ton aber noch croupös. Ich ließ nun einen erfahrenen Badediener bei dem Kinde verweilen und die Badekur in gemäßigtem Grade fortführen, natürlich auch noch-

mals bis zum Kehldeckel hinab ätzen. Am folgenden Morgen erhielt ich die Nachricht, daß nicht blos das Bräuneathmen sich wieder eingestellt habe, sondern daß Erstickungsanfälle hinzugekommen seien. Die weite, bis zum Kehlkopf reichende Verbreitung der, wenn auch flachen Geschwüre, stellte schon Tags vorher die Nothwendigkeit der Operation in Aussicht, zu der daher alle Vorbereitungen getroffen waren, und die Vormittags stattfand. Patient befand sich in folgendem Zustande: Die Dyspnoe war so bedeutend geworden, daß er nicht mehr liegen wollte, das Bräuneathmen war sehr laut, die Brust machte keine Excursionen, von vesiculärem Athmen war unter dem linken Schulterblatt eine Andeutung zu hören, in den großen Bronchien hingegen nur undeutliches Murmeln. Patient wurde (wie in allen früheren Operationsfällen solches geschah) chloroformirt. Der Verlauf der Operation bot einen Incidenzpunkt, der sie zu der schwierigsten von allen machte, die ich noch unternommen hatte. Die Vena thyreoidea superior verlief von der Mitte der Schilddrüse aus gerade nach aufwärts, also stricte in der Linie, in der ich die Luftröhre zu isoliren hatte, und hing fest mit letzterer zusammen. Im Ganzen verbrauchte ich 9 Ligaturen, muthmaßlich 5 allein an jener Vene, da die Ligatur beim Vordringen mit dem Scalpellstiel riß, oder die Vene an einer anderen Stelle verletzt wurde. Vor der Operation hatte der Puls 132 Schläge bei 30 Athemzügen, nach derselben 96 Schläge bei 24 Athemzügen in der Minute. Beim Offenhalten der Trachealwunde gingen durch Hustenstöße (nach Reizung der Schleimhaut) einige Schleimpfröpfe ab, die ziemlichen Umfang, auch etwas festeres Gebälk, im Ganzen aber pulpöse Beschaffenheit hatten. Nach dem Einlegen der Canülen hob sich die Brust, doch vergingen Stunden, bis man das Einströmen der Luft in die kleinen Lungenzellen über der ganzen vorderen Brusthälfte vernehmen konnte.

Ueber den weiteren Verlauf habe ich noch zu referiren: Das Fieber nahm zu bis zum 5. Tage nach der Operation, und war Abends am Heftigsten, weshalb zu dieser Zeit stets ein Bad gegeben wurde. Der Puls, der vorher 132—140mal in der Minute anschlug, machte nach demselben noch 116—120 Schläge; und es bestanden dabei im Mittel 27—30 Athemzüge. Der Auswurf war anfangs sehr reichlich, wurde aber in den ersten 5 Tagen immer trockener, fester und zäher, unerachtet (das Kind stand in sehr sorgfältiger Behandlung) fortwährend in heißes Wasser getauchte Schwämme, in einiger Entfernung vor die Canüle gelegt wurden. Als vortreffliches Mittel, Pfröpfe zu entfernen, bewies sich hier (und in anderen Fällen) das Einflößen von einigen Tropfen lauen Wassers durch die Canüle. Trotzdem und ungeachtet ich den harmherzigen Schwestern, denen die Pflege jenes Kindes anvertraut war, die Unterweisung und die erforderlichen Instrumente gegeben hatte, um bei, auf einfachere Art nicht abzuwendender Erstickungsnoth, die ganze Canüle zu entfernen und zu reinigen, so zeigte sich, daß dieselben den nöthigen Muth nicht besaßen. Am 11. Tage nach der Operation wurde das Athmen von Stunde zu Stunde beschwerlicher, und das Einflößen von lauem Wasser, das Herausnehmen der inneren Canüle, das Einführen einer Feder etc. hatte nur vorübergehenden Erfolg. Glücklicherweise kam mein Radedienar-Assistent *Britz* im Augenblicke der größten Gefahr hinzu, entfernte die Canüle und mehrere Schleimpfröpfe aus der Trachea und rettete das vollständig asphyctische Kind. Auf die Nachricht nämlich von der Lage jenes Kindes war derselbe in größter Schnelligkeit nach dem 20 Minuten entfernten Ort geeilt und rechtzeitig angekommen. Nach seiner Darstellung hatte sich eine feste Schleimkruste von außen um das in der Trachea befindliche Endstück geschlagen, und ventilartig den Durchtritt der Luft durch die Canüle erschwert.

Vom 14. Tage an benutzte ich die Nachbehandlungscanüle, vom 21. Tage an wurde auch diese entfernt.

Dieser Fall (wie auch mehrere bereits erwähnte) zeigt, daß, sobald die ulceröse Form des Croup mit Bestimmtheit zu diagnosticiren ist, dieselbe oft außerordentlich rasche Fortschritte macht, so daß ein Zeitraum von wenigen Stunden für Tod und Leben schon entscheidend werden kann. Auch spricht derselbe dafür, daß man spätestens alle 8 Tage die ganze Canüle aus der Wunde entfernen und bis zur erfolgten Reinigung derselben mit einer anderen vertauschen soll.

15. Fall. Der letzte und wohl auch interessanteste Fall, über den ich zu berichten habe, ist folgender:

Das 2½jährige Söhnchen des *L. D.* von Königstein gehört einer zahlreichen, dabei sehr armen Familie an, deren Wohnzimmer sehr eng und niedrig ist, dabei als Küche dient. Das fragliche Kind ist schwächlich, scrophulös, von blondem Haare, sein Kopf ungewöhnlich dick, es war nie erheblich krank.

Am 7. November gewahrten seine Eltern beim Mittagsmahl, daß dieses Kind rauh hustete, schenkten diesem Umstand, den sie einer Verkühlung zuschrieben, jedoch keine besondere Beachtung; als sich aber gegen Abend das Kind krank zeigte, Hitze bekam, der Husten sich mehrte und rauh und hellend wurde, die Stimme zeitweise in's Heisere umschlug und auch die Respiration mühsam wurde, ließ man mich berufen.

Ich fand den amphorischen Hustenton, Bräuneathmen, den Puls 132mal in der Minute schlagend, bei 28 Athemzügen, die Temperatur der Achselhöhle 36,8 C., beide Mandeln und das Zäpfchen angeschwollen, ohne daß sie entzündliche Röthung zeigten, nirgends Spuren diphtheritischer Ablagerungen, wohl aber einen dicken Tropfen einer gelben, eiterigen Flüssigkeit zwischen beiden Mandeln. Die Percussion schien mir rechts einen etwas gedämpfteren Ton zu liefern, als links, aber das Einströmen der Luft in die linke Lunge war fast dem Normalen gleich, wohingegen das vesiculäre Athmen rechts unten und über der linken Rückseite sehr schwach und von Bronchialathmen theilweise verdrängt war.

Patient erhielt kalte Umschläge um die Kehle, nahm ein Halbbad von 22° R. 45 Minuten lang und verließ das Bad ohne Bräuneathmen, was von der 40. Minute an nicht mehr hörbar war.

Obgleich kein einziger Fall von Diphtheritis dazumal, und mindestens seit einem Jahre in K. beobachtet wurde, so hielt ich den vorliegenden doch für einen solchen, theils wegen der Anschwellung der Mandeln und des Zäpfchens ohne Entzündungsröthe, dann wegen des Eiterpunktes zwischen den Mandeln und des Umstandes, daß kein Husten, kein Schnupfen vorausgegangen war, das Kind stets das Zimmer gehütet hatte, überhaupt keine Causa morbi entdeckt werden konnte.

Am 8. November hatte sich wieder Bräunerespiration neben heftigem Bräunehusten eingestellt, das Bad wurde wiederholt und nach 40 Minuten beendigt: hiernach P. 120, Wärme 35° C. (nach 2 Stunden) 35,2. Ein zweites, noch am Abend bereitetes Bad bewirkte, daß die Wärme noch weiter herabgesetzt wurde, der Puls auf 108 Schläge fiel und weicher wurde, die Bräunerespiration vollständig verschwand: der Husten hingegen erfolgte mit rauhem, hellendem Tone. Halsumschläge, Leibbinde, kalte blande Diät wurden beibehalten.

Am 9. November gewahrte ich auf dem inneren Rande der linken Mandel ein mäßig großes diphtheritisches Geschwür und ein größeres auf der hinteren Rachenwand, tief abwärts. Nun konnte kein Zweifel mehr bestehen über die ulcerös-diphtheritische Natur der Krankheit, aber der Punkt war nicht aufgeklärt, ob ein Geschwür im Kehlkopf sich befände, oder blos in dessen Nähe, und um wenigstens annähernd ein Urtheil hierüber zu erlangen, gab ich dem Kinde, bei dem das Bräuneathmen wieder deutlich vernehmbar wurde, ein Emeticum (aus Emetin) mit dem Erfolg, daß wohl viel zäher Schleim entleert, aber im Timbre der Stimme, und bezüglich des Athmungsgeräusches auch nicht die geringste Besserung erzielt wurde. Nunmehr ließ ich, da Puls und Wärme sich gehoben hatten, nochmals ein Bad geben als Vorbereitung für die Operation, die unvermeidlich schien.

Das specifische Bräuneathmen war hiernach noch deutlich hörbar und dadurch der Beweis geliefert, daß auf diesem Wege kein Heil zu erwarten war. Also die Operation? Alles war hierzu vorbereitet, und das Kind wurde hierzu, vorerst aber zur Vornahme einer genauen Exploration auf einen Tisch gelegt und untersucht. Vernunft und Erfahrung sagten mir ganz entschieden, daß nur durch die Operation das Kind gerettet werden könne, die Resultate der Untersuchung waren noch günstig, also . . .

Ich habe bereits einmal bemerkt, daß die Verhältnisse, die die Tracheotomie fordern, so eigenthümlicher Art sind, daß die sich augenblicklich präsentirenden Zufälle ganz kategorisch den Arzt zu bestimmen vermögen, die Operation vorzunehmen, oder zu unterlassen, daß eigene Anschauungen, besonders wenn sie in den Erfahrungen anerkannter Autoritäten noch keine Stütze haben, ganz verdrängt werden können. Ich hatte mir vorgenommen, kein Kind mehr auf dem platten Lande zu operiren und habe gleich darauf doch ein Kind in S. operirt, und so kam es, daß ich hier operiren wollte und nicht konnte, warum? weil es mir moralisch unmöglich war. Alle anderen Kinder rangen vor der Operation mit Erstickungsnoth: in vorliegendem Falle war diese durch die vorausgegangenen Bäder in enge Grenzen zurückgeführt worden, und wie ich mir die Sache auch überlegte, ich konnte das Messer nicht zur Hand nehmen und ließ Patient leider! zu seinem großen Schaden, in sein Bett zurückbringen. Um nun keine unnöthige Versäumniß zu begehen, ließ ich denselben von zwei Badedienern bewachen, mit dem Auftrage, bei sich kund gebender Verschlimmerung mich zu benachrichtigen. Nachmittags 2 Uhr erfolgte der erste eigentliche Erstickungsanfall und von hier an eilte die Krankheit mit Riesenschritten vorwärts. Bald hinzugekommen fand ich die Crouprespiration sehr laut, die Dyspnoe sehr bedeutend, das Einströmen der Luft in die rechte Lunge an vielen Stellen nur als undeutliches Murmeln oder Bronchialathmen zu vernehmen und der ganze Thorax bekundete beim Athmen nur sehr wenig Elasticität. Während der Vor-

12*

bereitung zur Operation wurden die Erscheinungen unverkennbar weit erschreckender. Die Operation geschah bei künstlicher Beleuchtung (wegen des dunkeln Locals), begann um 3 Uhr und war nach 20 Minuten vollendet. Eine dicke Arterie, die schräg über die Operationslinie lief, sowie eine durchschnittene Vene mußten unterbunden werden. Auch in diesem (wie in allen früheren Fällen) war Chloroform, und zwar gerade vor dem Einschnitte in die Trachea, besonders nachdrücklich angewandt worden. Bei Reizung der Schleimhaut der Luftröhre erfolgten kräftige Exspirationen, mit denen mehrere baudartige Membranstücke ausgestoßen wurden, die aber noch weich, gallertartig und dünn waren, also eine gute Prognose gestatteten. Die Schleimhaut der Luftröhre war dunkelroth, sehr blutreich und sammtartig gelockert. Nach beendigtem Verbande gewahrte ich mit Vergnügen, daß die Brust größere Elasticität zeigte und daß die rechte Lunge lufthaltiger geworden war. Abends 9 Uhr fand ich Patient in festem Schlaf und merkwürdiger Weise den Puls von 108 Schlägen (bei 25 Athemzügen) gerade wie nach der Operation; die Wärme der Achselhöhle war indessen auf 38,2 gestiegen. Der Husten war weder häufig noch lästig. Wie bei einem so jungen und zarten Geschöpfe nicht anders zu erwarten stand, mußte der operative Eingriff, in Verbindung mit der Grundkrankheit eine heftige Reaction hervorrufen, die denn auch bereits in der folgenden Nacht sich einstellte und durch folgende Symptome sich kund gab: Oefters zuckte Patient zusammen, wie wenn elektrische Schläge durch die Glieder geleitet worden wären. Hiernach trat ein Krampfaufall ein, den die Wärterinnen folgendermaßen beschrieben: Patient krümmte sich rückwärts, verdrehte die Augen, wurde bewußtlos und wie storbend, knirschte mit den Zähnen, schlug mit den Aermchen unwillkürlich aus, und zwar mit großer Gewalt, verfiel in einen Betäubungsschlaf und erwachte sehr erschöpft erst nach circa. 10 Minuten. Hiernach nahm die Körperwärme rasch zu und wurde durch Kopf- und Brustumschläge in Schranken gehalten. Am 10. November gegen Mittag fand ich den Puls von 140 Schlägen bei 27 Athemzügen; die Temperatur der Achselhöhle 38,9° C. Im Laufe des Tages kamen noch zwei leichtere Krampfanfälle vor. Ich ließ die Umschläge fleißig erneuern, Abends ein kurzes Halbbad geben von 23° R., Klystiere setzen und verordnete 1 Gran flor. Zinci in 8 Pulver getheilt.

Den 11. November. In der verflossenen Nacht war noch ein heftiger Anfall von epilepsieartigen Krämpfen erfolgt, in der Zwischenzeit Patient aber sehr munter gewesen, freute sich über bekannte Personen und kleine, ihm gewordene Geschenke, zeigte öfters Verlangen nach Milch und Weißbrod, und zeitweise Lust zum Spielen. Gegen Mittag fand ich den Puls von 140, die Respiration 25—27; die Wärme der Axelhöhle 38,9 C. Abends zwischen 6 und 7 Uhr Puls 132, Respiration 30, Wärme 38 C. Von Morgens 8 Uhr an war kein Krampfanfall mehr gekommen. Am Lästigsten war den Tag über der Husten gewesen, mit dem dicke, zähe, membranöse Massen fortwährend ausgestoßen wurden.

Den 12. November Morgens 10 Uhr: Puls 128, Wärme 38 C., Respiration 28. In der letzten Nacht fast ununterbrochener Schlaf. Ausleerungen normal.

Abends 6 Uhr: Puls 136—144, Wärme 38,3 C. Im Laufe des Tages waren Husten und daher rührende Aufregung noch sehr bedeutend, weßhalb Kopf- und Brustumschläge fleißig erneuert wurden.

Am 13. November Morgens: Puls 132, Respiration 30, Wärme 37,8.

Abends: Puls 120—126, Wärme 37,6.

Am 14. November. In der verflossenen Nacht bestand große Dyspnoe (durch Verstopfung der Canüle) und heftiger Husten mit zähem, geballtem Auswurfe, der sehr stinkend wurde. Die Ligaturen der Hautwunde hatten sich gelöst. Durch einen Hustenstoß war die Canüle aus der Trachea herausgetrieben worden, comprimirte letztere und bewirkte bis zu ihrer Wiedereinlage asphyctischen Zustand. Während desselben war die Sprache wiedergekehrt und rein, der Hustenton und die Respiration waren bräuneartig. Ich verordnete gegen den Krampfhusten: Aq. lauroc. gtt. X, Extr. hyosc. gr. 1. Aq. dest., Syr. Althää Unz. 1. M. S. stündlich 1 Theelöffel voll zu nehmen.

Den 15. November: Puls 128, Wärme 38,1. Die Mixtur zeigte ersichtlich guten Erfolg.

Den 16. November Morgens: Puls 126, Wärme 37,3. Abends: Puls 126, Wärme 36,6.

Am 19. November: Puls 123, Wärme 37,2. Das Kind ist seit den letzten Tagen ganz munter, hat tüchtigen Hunger, aus der Canüle trat bei Hustenstößen ziemlich viel Blut und Schleim hervor.

Ueber den ferneren Verlauf will ich nur bemerken, daß durch Verstopfung der Canüle häufige Erstickungsaufälle hervorgerufen wurden und Patient sehr häufig aus drohendster Gefahr errettet werden mußte. Am 21. Tag legte ich eine Nachbehandlungscanüle ein. In der Erwartung geringerer Reizung legte ich den inneren Theil einer Gummicanüle ein, die an ihrer convexen Seite, der Axe der Trachea entsprechend, mit einem Ausschnitt versehen wurde. Einige Tage wurde sie ertragen, dann erfolgten Suffocationszufälle, und es zeigte sich, daß höchst wahrscheinlich ein Membranstückchen von oben herab sich in jenen Ausschnitt eingesenkt hatte, da beim Durchführen einer Feder dieses Hinderniß sich nicht entfernen ließ. Ich vertauschte daher diese Canüle mit einer Nachbehandlungscanüle von *Roser*, die sehr schmal und gefenstert ist. Erst nach 6 Wochen glaubte ich die Canüle entfernen zu können. Als Dieses geschehen war, schloß sich die äußere Wunde rasch und das natürliche Athmen ging 3 Tage lang gut von statten; insbesondere entleerte sich vieler Auswurf nach oben. Am 4. Tage bemerkten die Wärter, daß das Athmen wieder sehr mühselig und von Stunde zu Stunde „schärfer" wurde und bis zum Nachmittag Erstickungsgefahr vorhanden war. Das Verdienst der abermaligen Rettung gebührte meinem Bader *Britz*, der eine Pincette (mit sich kreuzenden Armen) benützte, um die Narbe zu durchbohren, den alten Canal zu erweitern, und nachdem auch die Trachealwunde gehörig erweitert war, die Canüle, man kann sagen, gerade vor Thorschluß, einzusetzen. Aus der Wunde waren einige Eitertröpfchen hervorgekommen. Ich vermuthete, daß sich zwischen der Schleimhaut und Trachea der Eiter müsse angesammelt haben und ließ von da ab die Canüle zweimal täglich herausnehmen. Ueber die Lösung der Frage, ob noch Eiter an der Schleimhaut sich vorfände, glaubte ich in der Weise am Besten Klarheit zu gewinnen, daß ich einen Ballen Leinwand unter der Canüle befestigte und denselben alle paar Tage verstärkte. Die Sache wurde wohl gut ertragen, aber eines Abends fiel die Canüle ganz aus der Wunde und da dieselbe sich fast vollständig bis zum folgenden Tage geschlossen zeigte, so mußte ich den Canal abermals erweitern und die Canüle von Neuem einlegen. Nun ging wieder Alles gut, aber ich fand, daß, wenn man die äußere Apertur der Canüle schloß, die Exspiration sehr mühsam war. Ich

vermuthete, daß der Kehldeckel durch eine Narbe fest gegen einen Gießkannenknorpel angedrückt gehalten werde und gab der Wärterin den Rath, bei ein-
tretendem Husten bei der Exspiration die äußere Apertur der Canüle zu schließen,
um die Luft gegen den Kehldeckel zu treiben. Es ging nun von Tag zu Tag
besser, indem auch die Inspiration ohne Mühe erfolgte, und ich stellte nun die
Probe, ob jetzt die Canüle entfernt werden könnte, in folgender Weise an: Ich
schloß die äußere Apertur der Canüle mittelst eines Federkieles, der Anfangs blos
bei Tag, dann auch während der Nacht liegen blieb. Zehn Tage lang ging die
Sache vortrefflich, dann bemerkte man wieder leises, stenotisches Athmen (Bräunerespiration), das allmälig sich verstärkte und am 12. Tage mich nöthigte, den
Federkiel zu entfernen. Ich beabsichtigte nun erst nach geraumer Zeit
einen definitiven Heilversuch zu machen, da das Knäbchen im Uebrigen
gesund und munter war, die Canüle gut vertrug, dabei mit reiner Stimme
reden und singen konnte. Ich ziehe aus diesem Falle den Schluß, daß
das Wiedereintreten des stenotischen Athmens dadurch bedingt war, daß
die noch bestandene Verengerung in der Kehle durch den Reiz der atmosphärischen Luft nach und nach zu höherem Grade, ja bis zur Asphyxie
gesteigert wurde und nehme an, daß ich im Rechte bin, wenn ich den
mechanischen Reiz der Luft als den wichtigsten bezeichne. Als ich zum
ersten Male die Canüle vollständig entfernte, entwickelte sich die Kehlkopfstenose in 3 Tagen, das letzte Mal nach 10—11 Tagen, und so
durfte ich erwarten, daß ein nach geraumer Zeit nochmals zu instituirender
Versuch zum erwünschten Ziele führen werde.

Weiter löst der vorliegende Fall die Frage, daß bei der diphtheritisch
ulcerösen Bräune die Wasserkur, für sich allein nur vorübergehend den
Croup zu beseitigen vermag, daß, wenn auch durch energischen Bade-
eingriff das Bräuneathmen vollständig beseitigt ist, es in wenigen Stunden
wieder hörbar wird und daß hierbei die Operation unvermeidlich ist.
Anderntheils steht diese Wahrnehmung so ohne alle Analogie bei Fällen
des genuinen Croup, daß auch der Schluß gerechtfertigt erscheint, daß,
wenn nach hydriatrischer Beseitigung des Bräuneathmens und bei sorgfältiger Nachbehandlung des Kranken dennoch eine Recidive der Bräune
erfolgt, mit aller Bestimmtheit auf das Bestehen der ulcerösen Form geschlossen werden darf. Die Wahrheit dieses Satzes schwebte mir vor
fraglicher Operation klar und bestimmt vor, und nur die Gewohnheit, blos
solche Kranke zu operiren, die mit großer Athemnoth kämpften, lähmte
mich am Vormittag des Operationstages moralisch. Die Folge hat es aber
bewiesen, daß es weit besser gewesen wäre, 6 Stunden früher zum Messer
zu greifen, als es thatsächlich geschehen ist: die Krankheit hatte nämlich
bis Nachmittags 3 Uhr große Fortschritte gemacht. Wer mir übrigens

mein Verhalten zum Vorwurf machen will, der muß bedenken, daß der ganze Weg, den ich eingeschlagen habe, noch ein neuer ist, daß mir vor der Oeffentlichkeit keine wissenschaftliche Autorität den Rücken hätte decken können, daß überhaupt die Lage, einem croupkranken Kinde gegenüber, eine so eigenthümliche ist, daß der Eindruck des Augenblicks oft so mächtig die fern vom Kranken gefaßten Principien zur Seite drängt (wie ich dies auch bezüglich der Frage: ob operiren oder nicht? bemerkt habe), daß der Arzt sich an einem Strohhalm der Hoffnung festklammert. Um nun ganz offen zu sein, will ich bemerken, daß ich mir am Morgen des Operationstages einredete, daß das hörbare, leichte stenotische Athmen von einer Aetzung äußerlich am Kehldeckel, oder einem Exsudat daselbst herrühren könne, sowie ich auch ganz besonders bei dem Ergebniß der Brustuntersuchung die Anschauung gewann, daß auch am Nachmittage noch die Operation mit Erfolg vorgenommen werden könne. Ich hatte eines Theils zu viel Werth auf die Macht der vorausgegangenen Bäder, dagegen aber zu wenig auf die Macht gelegt, mit welcher von einem gewissen Augenblicke an die Krankheit ihrem perniciösen Ausgange entgegen eilt.

Die Canüle wurde erst im Mai entfernt. Patient ist jetzt vollständig gesund.

§ 6. Résumé.

Eine übersichtliche Zusammenstellung der Operationsfälle liefert nachstehendes Resultat. Es wurden operirt:

15 Kinder, darunter 9 Knaben und 6 Mädchen, Erstere im Alter von $2^1/_4$—8 Jahren, Letztere in dem von $1^1/_2$—10 Jahren. Von diesen starben 4 Knaben und zwar im Alter von $2^1/_4$, 4, 6 und 7 Jahren; während Die, welche erhalten blieben, im Alter von $2^1/_4$, 4, 5, 6 und 8 Jahren standen. Von den 6 operirten Mädchen erlagen 2 und zwar im Alter von $1^1/_2$ und 2 Jahren; die Genesenen standen im Alter von 2, 6, 7 und 10 Jahren.

In Königstein und der nahen Umgegend wurden operirt 5 Kinder, die im Alter von 2, $2^1/_4$, 7, 8 und 10 Jahren standen, und wobei sich das beachtenswerthe Resultat herausstellte, daß sie sämmtlich erhalten blieben, während von den 10 auf dem Lande (2—3 Stunden entfernt) Operirten 6 erlagen. Als Todesursache erwies sich zweimal (pos. 4 und 8) allzuspät vorgenommene Operation, resp. zu weit verbreitete Lungenaffection, in 2 Fällen fahrlässige Nachbehandlung (pos. 10 und 12); in 2 andern Fällen (dem 9. und 11.) ist es weit wahrscheinlicher, daß schlechte Nachbehandlung, als daß zu vorgerücktes Leiden anzuklagen ist.

Dessen bin ich fest überzeugt, wären die in Königstein Operirten in Schloßborn operirt worden: es wäre muthmaßlich kein Einziges dieser Kinder erhalten worden; aber auch umgekehrt ist es wahrscheinlich, daß von den an entfernten Orten Operirten viel mehr erhalten worden wären, wenn sie sich besserer Pflege und Wärter erfreut hätten.

Halsgeschwüre wurden 13mal vor der Operation gesehen, von dem 4. Falle ist Dieses, so wie vom 7. nicht bemerkt, ich glaube aber, daß in beiden Fällen Geschwüre, vielleicht auch im Kehlkopfe, bestanden. Dreimal wurden Kehlkopfgeschwüre in der Leiche vorgefunden, und einmal bei einem Mädchen (pos. 3), das erhalten blieb.

Mehrere Knaben wurden vor der Operation einer sehr kräftigen hydriatrischen Vorkur, mit nur vorübergehendem Erfolge, ausgesetzt, davon genasen die pos. 1, 2, 3, 5, 6, 14 und 15 aufgeführten, und es erlag das (vernachlässigte) Kind pos. 10. Nur 1 bis 2 Bäder erhielten vor der Operation 7, und es erlagen darunter die pos. 4, 8, 9, 11 und 12 aufgeführten. Im Allgemeinen bedurfte es keiner großen hydriatrischen Eingriffe bei der Nachbehandlung, wo die Vorkur mit Energie in Anwendung gekommen war.

Nach Eröffnung der Trachea war nur im 7. Fall so gut wie keine Membran wahrzunehmen; in dem 1., 2., 3., 5., 10., 13., 14. und 15. war die Membran theilweise noch dünn und nicht massenhaft, theilweise auch dick, aber stets weich. Unter den Genannten befinden sich 2 Todesfälle durch Vernachlässigung. In dem 4., 6., 8., 9., 11. Fälle wurden massenhafte und zum Theil sehr feste Membranen vorgefunden, sie hatten alle, mit Ausnahme des 6. Falles, tödtlichen Verlauf.

Der 4. Fall bezeichnet einen aufsteigenden Croup, im 8., 9. und 11. scheint die Diphtheritis gleichzeitig auf die ganze Ausbreitung der Respirationsschleimhaut eingewirkt zu haben.

Der Tod erfolgte im 4. Fall am 7. Tage, im 8. nach 75 Stunden, im 9. nach $6\frac{1}{2}$ Stunden, im 10. nach 60 Stunden, im 11. nach 32 Stunden, im 12. nach 31 Stunden. Als Todesursache ist anzunehmen im 4. Falle Erschöpfung, im 8. zu heftiges Fieber, vielleicht auch im 11.; in den 3 anderen zufällige und unerwartete Erstickung. Deßhalb bleibt es wahrscheinlich, daß, bei besseren Wärtern, in den 3—4 zuletzt erwähnten Fällen der Tod hätte abgewendet werden können.

Viermal wurde die Operation bei künstlicher Beleuchtung gemacht (im 4., 11., 13. und 15. Fall); die beiden ersteren Fälle verliefen tödtlich. Dreimal setzte ich die Canüle unterhalb der Schilddrüse ein, sah jedesmal tödtlichen Ausgang hiernach, und bin fast der Ansicht, daß gerade hierdurch im 9. Fall der Tod bedingt wurde, weil die Canüle zu tief gegen die Theilungsstelle der Luftröhre zu liegen kam, und die in der Circumferenz der Canüle gelegenen Membranen keinen Spielraum hatten, sich durch die Canüle zu entleeren, vielmehr bei ihrem Herabtreten ventilartig bei den Respirationsbewegungen sich gegen die innere Apertur der Canüle und die Theilungsstelle der Luftröhre bewegen mußten. Das Herausnehmen der Canüle in dem Augenblicke der Gefahr, die Reizung der Luftröhre mit einer Federfahne hiernach, hätte möglicherweise Lebensrettung bringen können. Ich bemerke aber um dessenwillen ganz besonders, daß ich die Tracheotomia superior der Tracheotomia inferior vorziehe, weil in der Nr. 1 der Berliner Klin. Wochenschrift vom Jahr 1868 von Geh.-Rath *Wilms* der letztern Methode der Vorzug gegeben wird.

In allen Fällen, in denen der Operation eine kräftige hydriatrische Vorkur vorausging, war die Gefäßreaction nach der Operation eine weit geringere als in den übrigen.

Nur im 1. Operationsfalle zeigte sich Wunddiphtheritis und Zerstörung einer großen Fläche der äußeren Haut; gleichwohl erfolgte Genesung.

Die Ergebnisse der Auscultation und Percussion waren fast in allen Fällen vor der Operation beängstigend. Ganz besonders lehrt aber der 6. Operationsfall, daß, wenn auch von dieser Seite die Prognose noch so sehr getrübt ist und feste und massenhafte Membranen vorgefunden werden, ein günstiger Ausgang eintreten kann, ja daß hiernach die Gefäßreaction eine sehr geringe bleiben kann, wenn vor der Operation eine durchgreifende hydriatrische Kur eine Stelle fand.

Den merkwürdigen Fall Nr. 1 spreche ich gleichfalls als Beleg für den großen Werth der hydriatrischen Kur an und stütze darauf die Behauptung, daß es gerechtfertigt ist, auch Kinder unter 2 Jahren zu operiren.

§ 7. Ueber die Untersuchung der Respirationsorgane beim Croup.

Hufeland sagt von einem Arzte, der einen Kranken verläßt, ohne dessen Puls untersucht zu haben, daß er denselben so gut wie nicht gesehen habe. Ich glaube, mit demselben oder noch größerem Rechte kann man verlangen, daß der Arzt die Respirationsorgane einer sorgfältigen Untersuchung unterwerfe, sobald ein, namentlich mit Fieber verbundenes,

Leiden, sich in denselben kund gibt. Es mag paradox erscheinen, wenn ich, diese Forderung dem Croupe gegenüber stellend, damit beginne, zu bemerken, daß mit dem Eintritt der Stenose alle an den Respirationsorganen zu Tage tretenden Symptome eine durchaus veränderte und in ihrem absoluten Werthe sehr gedrückte Bedeutung erlangen, und daß, wenn ich dennoch beim Croup, insbesondere bei Erörterung der Frage, ob operiren oder nicht? der sorgfältigen Untersuchung der Brust einen tiefgehenden, oft entscheidenden Werth beimesse, der Grund hierfür in dem relativen Ergebniß zu suchen ist, das mehrere aufeinanderfolgende Untersuchungen zu Tage fördern.

Um mich hierüber zu verständigen, und ausschließlich auf meine eigenen Beobachtungen gestützt, bemerke ich, daß mit dem Hörbarwerden der stenotischen Respiration, in allen Symptomen, die hier speciell heranzuziehen sind, ein großer Umschlag stattfindet, und daß dieser, bei wachsender Gefahr, von Stunde zu Stunde erschreckender zur Wahrnehmung gelangt.

Zu diesen Symptomen rechne ich die Größe der in den Respirationsorganen circulirenden Luftwelle, das dadurch bedingte Geräusch in den Lungenbläschen und Bronchien, das sich Heben und Senken des Brustkastens bei den einzelnen Athemzügen, die Thätigkeit der Respirationsmuskeln und secundären Hilfsmuskeln, und das Ergebniß der Percussion: überall vernehmen wir Ausdrücke, die das Urtheil der sich ungewöhnlich rasch verschlimmernden Prognose, im Vergleich derselben Wahrnehmungen bei andern Leiden der Respirationsorgane, zu rechtfertigen geeignet erscheinen. Mit dem Beginn der Stenose, wird die Luftwelle in den Lungen sehr rasch verkleinert, rasch wird das puerile Athmen undeutlicher, erhält sich in seiner Reinheit nur an sehr beschränkten Stellen, verschwindet oft ganz; Bronchialathmen wird hörbar, auch dieses weicht an vielen Stellen undeutlichem Murmeln, verschwindet bald stellenweise ganz, in gleichem Schritt mindern sich die Bewegungen des Brustkastens, die Anstrengungen der Respirationsmuskeln zeigen sich vergrößert, und schon in der ersten Stunde bemerkt man im Allgemeinen, besonders aber stellenweise, eine große Dämpfung des Percussionsschalles, die hier aber nicht, wenigstens nicht immer und überall als Zeichen einer Infiltration des Lungengewebes anzusehen, sondern nur als Folge des geminderten Luftgehaltes der Lunge und ihres Zusammengesunkenseins wesentlich aufzufassen ist. Würde nämlich in den ersten Stunden nach dem Eintritt des Bräuneathmens die Tracheotomie gemacht, so würden die genannten Symptome sofort zur Norm zurückkehren; es würde aber

Letzteres nicht oder nur successive der Fall sein, wenn die Bräune bis
zum dritten Stadium vorgerückt wäre. Mit dem Beginn der Stenose
mindert sich die Aspiration der Lungen, die Blutsäule in dem Gefäßsystem kommt in größere Spannung, die Neigung zu Infiltration und Exsudationen steigert sich in rascher Progression, natürlich auch die hiervon
herrührenden Zeichen. Finde ich daher z. B. um 12 Uhr neben den
Zufällen des 2. Stadiums des Laryngealcroups verminderte Luftmenge,
Dämpfung des Percussionsschalles, vermindertes vesiculäres Athmen etc.,
so kann ich hieraus nicht, wie bei analogen Wahrnehmungen bei einfacher Pneumonie etc., auf stattgehabte Exsudation oder Infiltration
schließen, weil ein Theil dieser Zufälle auf Rechnung der kleinen Luftwelle, die in den Lungen kreist, zu setzen ist. Hat aber etwa 4 bis
6 Stunden später die Dämpfung des Percussionsschalles sehr zugenommen, so kann man sicher sein, daß auch die Infiltration Fortschritte gemacht hat, besonders wenn Dieses nur stellenweise, und zwar an den
Punkten der Fall ist, die, wie die Erfahrung zeigt, vorzugsweise häufig
bei der Bräune von Infiltration und Hepatisation heimgesucht werden,
und die durch das von der Schleimhaut der Bronchien (wie Lungenzellen)
ausgehende Exsudat von der Einwirkung der atmosphärischen Luft sich
allgemach ganz abschließen. Nach meiner Erfahrung infiltrirt sich der
linke untere Lungenlappen am gewöhnlichsten, dann der linke obere,
dann der rechte obere. Hat also in einem Zeitraum von mehreren Stunden hierselbst die Dämpfung namhaft zugenommen, so kann man auf begonnenen Exsudativproceß rechnen und wird aus dieser Wahrnehmung
eine wesentliche Indication für die rasche Vornahme der Operation wenigstens in dem Falle finden müssen, wenn von der Fortsetzung der
Bäder kein Heil mehr zu erwarten ist. Derselbe Grad der Dämpfung
des Percussionsschalles und der Athmungsgeräusche etc. hat eine sehr
verschiedene Bedeutung, je nachdem er bei Pneumonie oder beim Croup
erhoben wird, und bei Letzterem beruht der absolute Werth des Ergeb-
nisses der localen Diagnostik in der im Laufe eines gewissen Zeitraums
sich zeigenden Veränderung, sei es zum Guten oder Bösen. Bei höhern
Graden der Dyspnoe kommt noch ein weiteres Symptom vor, das gleichfalls nur dann auf seine wahre Bedeutung zurückgeführt werden kann,
wenn es inmitten einer Reihe von Beobachtungen erhoben wird: nämlich das Emphysem. Wo es nicht schon vor der fraglichen Erkrankung
bestand, bildet es sich erst im 3. Stadium des Croup aus, besteht meistens
links unter der Clavicula und kann unter Umständen die falsche Hoffnung vorschreitender Resolution erregen. Daß die von Laryngealstenose

herrührenden Geräusche die Erhebung der auscultatorischen unmöglich machen können, habe ich nie beobachtet. Beim aufsteigenden Croup bleiben die Ergebnisse der Untersuchung, so lange keine Stenose im Larynx und der Trachea hinzugekommen ist, in der gleichen Bedeutung wie bei der einfachen Bronchopneumonie.

§ 8. Wie verhütet man Croup und Diphtheritis?

Es ist schwer, einen Feind zu bekämpfen, dessen Existenz und Eigenthümlichkeit sich unsern Sinnen nur in Zerstörungswerken erschließt. Wie es im Instinkte des Menschen liegt, sich gegen feindliche Angriffe jeder Art zu schützen, so fordern Wissenschaft und Kunst den ärztlichen Stand beständig auf, Mittel und Wege zu ersinnen zur Verhütung von Erkrankungen überhaupt, zumeist zur Verscheuchung solcher Krankheitsgruppen, die massenhaft die Bevölkerung zu ergreifen und zu decimiren vermögen. Hier ist eine große Lücke, was die Kunst betrifft, eine noch größere, was die Praxis anlangt, zu constatiren und wer immer die alte nassauische Medicinalverfassung praktisch kennen gelernt hat, muß gestehen, daß in ihr das Princip der wichtigsten und erhabensten Aufgabe des ärztlichen Standes, das der Verhütung von Krankheiten und Seuchen, an die Spitze gestellt und seine praktische Verwerthung von der Oberbehörde mit scharfem Auge überwacht wurde. Von meinem Standpunkt aus lasse ich einige Regeln, die sich mir bewährt haben, hier folgen.

Gegen den genuinen, nicht aus specifischer Ursache hervorgegangenen Croup kann nur in der Weise etwas prophylactisch Wirksames geschehen, daß man den kindlichen Organismus gegen allgemeine Schädlichkeiten widerstandskräftiger macht: Abhärtung ist hier die Losung! Frisches Wasser (neben dem Genuß frischer Luft) das Hauptmittel. Die hier zu gebenden Regeln müssen sich beziehen auf Nahrung, Kleidung, Angewöhnung an die große Natur, Gymnastik aller schlummernden Organe und Kräfte.

1) Man verabreiche dem neugeborenen Kinde seine Nahrung in mäßiger Quantität und nicht zu heiß, damit der Kehlkopf nicht gereizt, die Hautausdünstung nicht zwecklos vermehrt werde, daher

2) kein zu warmes Bekleiden und keine Federkopfkissen, indem die davon erhobenen Kinder gewöhnlich am Kopf und Nacken schwitzend vorgefunden werden: besser sind Kopfunterlagen, die mit zarter Haferspreu gefüllt sind.

3) Morgens und Abends gibt man ein Bad von 2—3 Minuten, anfangs von 26°, nach einem Jahr von 20°, später von 16° R., das

immer mit einer kühleren Ueberwaschung (von 18—10° R.), bei tor-
pideren Subjecten mit einer Uebergießung seinen Abschluß finden muß,
wobei die unteren Extremitäten besonders zu bedenken sind.

4) Kinder müssen von ihrem ersten Frühling an und so fortlaufend
Herbst und Winter hindurch, wenn es die Witterung nur einigermaßen
erlaubt, an die frische Luft gebracht werden, weil die Luft mehr ab-
härtet als das Wasser.

5) Eine goldne Regel, deren exacte Befolgung gegen zahllose Erkrankungsfälle der verschiedensten Art sicher stellt, ist folgende: Jede
Mutter hat ihr eben zu Bett gebrachtes Kind auf dessen Hauttemperatur
zu untersuchen, namentlich darauf, ob dieselbe erhöht, erniedrigt oder
ungleichmäßig vertheilt ist. Kalte Füße dürfen nie durch Zuführen von
erwärmten Gegenständen, vielmehr nur durch Frictionen mittelst der
Hände unter der Bettdecke, bei abgehaltenem Luftzutritt, erwärmt werden.
Bei heißem Kopfe helfen kalte, mehrmals zu erneuernde Kopfumschläge.
Ist die Körperwärme im Allgemeinen erhöht, so wird ein von der Achsel
zur Hüfte rund um den Körper angelegter Neptunsgürtel, der u. U.
mehrmals frisch angelegt werden muß, nicht verfehlen, Ausgezeichnetes
zu leisten, besonders in der Dentitionsperiode, oder beim Schnupfen etc.
Die Mutter darf ihr Kind nicht eher verlassen, als bis in Bezug auf
dessen Hauttemperatur Alles in Ordnung gebracht ist. Wo diese Vorsicht besteht, kann nicht leicht eine gefährliche Krankheit, eine contagiöse
etwa abgerechnet, zum Vorschein kommen, am Allerwenigsten bei Kindern,
die täglich kalt überwaschen werden, weil bei diesen die Haut an Reaction
gewöhnt ist: auch bei heftiger Erkältung hat sich die Natur gewöhnlich
bis zum folgenden Morgen geholfen.

6) Man gewöhne größere Kinder, ohne Kopfbedeckung und Halsbe-
kleidung zu gehen, sorge aber für accurates Schuhwerk, das die Circulation
des Blutes nicht hemmen darf, im Winter aber mit schlechtem Wärmeleiter
(Strohsohle) versehen werden kann. Beim Nachhausekommen der Kinder
müssen die auch blos von außen naß gewordenen Schuhe gewechselt
werden, weil das Verdampfen des Wassers den Füßen zu viel Wärme
entziehen würde.

Zweier Fehler, die zum Theil auch von Aerzten gemacht werden,
muß ich hier gedenken: das Einhüllen des Halses in Wollstoffe und das
kalte Waschen blos von Hals und Brust. Durch beide Proceduren sollen
Hals- und Brustkrankheiten verhütet werden, beide befördern sie direct,
erstere durch Verweichlichung, letztere in folgender Weise: Jede sich

häufig wiederholende, locale Kälteeinwirkung hat zur Folge, daß die bezeichneten Hautstellen besonders reactionsfähig werden; erfolgt daher durch irgend welche Veranlassung eine Störung der Gesundheit, so werden gerade diese Theile die Blutmasse anziehen und sich congestioniren.

Oft wiederholte locale Reizungen durch Kälteeinwirkung sind im Allgemeinen nur für die unteren Extremitäten förderlich: bei chronischkalten Füßen überbieten sie an Werth jedes andere Mittel.

Ein großer Theil der von mir in Königstein beobachteten Croupfälle war in der Weise entstanden, daß mit Schnupfen behaftete Kinder bei naßkalter Witterung, meistens mit schlechtem Schuhwerk versehen, sich in's Freie begaben, die Kleidung nicht wechselten und mit kalten Füßen sich zu Bette legten. Begeben sich mit schlechtem Schuhwerk versehene Kinder in die Schule, so sind sie bei naßkalter Witterung besonders dann sehr gefährdet, wenn der Fußboden kalt ist. Abhärtung der Füße gewährt Schutz gegen Erkältungen aller Art, besonders auch gegen Croup.

Herrscht aber Scharlach und Diphtheritis, so langt man mit Abhärtung allein nicht aus, es muß noch gegen einen andern materiellen specifischen Feind Front gemacht werden. Bei unserer Kenntniß der mit Vorliebe erkorenen Keimstätte der Noxa diphtheritica ist Nichts natürlicher, als das Bestreben der mechanischen Entfernung derselben durch Ausspritzen, Auswaschen, Gurgeln etc. mit indifferenten oder specifischen Stoffen. Ich bediene mich mit Vorliebe eines bekannten Volksmittels, des Franzbranntweins mit Salz, concentrirt zum Einpinseln, verdünnt zum Gurgeln. Das Mittel ist sehr gut, da es nicht blos antiphlogistisch, sondern auch pilztödtend wirkt. Ganz nahe liegt die Frage, ob wir die Keime, die doch durch die Luft weiter geführt werden, nicht in dieser zerstören können. Extreme Temperaturgrade ließen sich wohl theoretisch empfehlen, sind aber praktisch nicht zu verwerthen. Am Nächsten liegt es, auf dem Gebiete der Chemie sich Rath zu holen.

Als ich noch mit Leitung der Officialgeschäfte betraut war, wurde ich eines Tages benachrichtigt, daß in den Gemeinden Fischbach und Kelkheim, welche nur eine Viertelstunde von einander entfernt liegen, eine Scharlach- und Diphtheritis-Epidemie ausgebrochen sei. In ersterem Orte fand ich in 16 Häusern 22 Kranke vor (ein Kind war bereits erlegen), in letzterem 25 Kranke in 18 Häusern und 2 Todesfälle, außerdem ein Kind mit diphtheritischen Lähmungen. Die einzelnen Kranken hatten theils Scharlach mit Diphtheritis, oder letzteres Leiden für sich allein.

Die Sache, an und für sich schlimm, war dadurch besonders allarmirend, daß fragliche Seuchen in benachbarten Aemtern haarsträubende

Verwüstungen angerichtet hatten. So z. B. waren erlegen in Hofheim 95, in Höchst über 120, in Sulzbach 17 Kinder. Bei der Unzulänglichkeit der gesetzlich bestehenden Verordnungen fühlte ich mich gedrängt, weitere prophylactische Maßregeln aufzustellen, theilte die bezeichneten Vorschriften den Herren Bürgermeistern mit, die für Vervielfältigung derselben (in der Schule) und Vertheilung je einer Abschrift an alle Familien Sorge trugen. Der Inhalt derselben war im Wesentlichen folgender:

Die Schulen müssen geschlossen, jeder Leichenconduct Unbefugten (Schulkindern) verboten, jeder Besuch von Leuten aus inficirten Häusern, auch von nicht inficirten Personen, thunlichst inhibirt werden.

Jedes Kind (gesunde wie kranke) solle täglich ein kurzes, laues Reinigungsbad mit kalter Ueberwaschung oder Begießung und nachfolgender Reinigung von Nase, Mund und Rachen erhalten.

Zwei Personen waren in der Untersuchung des Halses, im Erkennen und Aetzen der diphtheritischen Einlagerungen und der einfachen Kunst der Reinigung bezeichneter Theile unterrichtet worden und mußten täglich zweimal die Runde machen.

Endlich suchte ich nach der Art und Weise, wie der Weinpilz durch Schwefeln der Fässer verhütet wird, in gleicher Weise auch den diphtheritischen Pilz durch unterschweflige Säure zu zerstören. In jedem inficirten Hause wurde jeden Morgen und Abend von Polizei wegen $1/2-1$ Spahn von gereinigtem Schwefel bei geschlossenen Thüren und Fenstern abgebrannt, und der Dampf erst nach $1 1/2$ Stunden abgelassen. In nicht inficirten Häusern, besonders solchen, die sich in der Nähe der inficirten befanden, wurde täglich einmal geschwefelt.

Welcher Erfolg zeigte sich nach achttägiger energischer Handhabung erwähnter prophylactischer Maßregeln? Nachdem noch ein Kind in Fischbach der Wassersucht nach Scharlach erlegen, war nicht eine mit Scharlach, oder Diphtheritis behaftete Person in beiden Orten vorfindlich, auch zeigte sich später keine Neigung zur Recrudescenz jener Epidemie, vielleicht weil das Schwefeln noch eine Zeit lang fortgesetzt wurde. Später hatte ich noch Gelegenheit, diese Methode gegen eine neu auftauchende Scharlach-Epidemie in Falkenstein (7 Kranke in 4 Häusern) und gegen eine Diphtheritis-Epidemie in Schwalbach zu versuchen, die seit 9 Monaten gewährt und viele Opfer gefordert hatte; in beiden Gemeinden derselbe ausgezeichnete Erfolg!

Die vielfach herangezogene Regel: „post hoc, ergo propter hoc" erleidet in der praktischen Medicin allerdings zahllose Ausnahmen, allein es hieße doch in vorliegendem Falle die Skepsis über das Erlaubte aus-

dehnen, wollte man die prophylactische Cur mit den auffallenden Erfolgen
ganz außer Zusammenhang bringen. Unmöglich ist es aber, zur Zeit
darüber abzusprechen, ob dem Schwefeldampf auf Zerstörung des Diphtheritispilzes irgend ein Einfluß beizumessen ist: das Erhabene und Lächer-
liche liegt hier, wie so oft, nahe beieinander. Dem gleichzeitigen con-
centrischen Zusammenwirken aller Familienhäupter jener Gemeinden, der
rastlosen Thätigkeit der von mir unterrichteten, von der Gemeinde be-
zahlten Personen schreibe ich den Hauptantheil an dem glücklichen Resultate zu. Auf die mündlich mir gemachte Bemerkung des Herrn
Dr. *L. Letzerich*, daß er auch beim Keuchhusten Pilze im Kehlkopfe vorgefunden habe, versuchte ich in Schloßborn und Eppenhain den Schwefeldampf gegen Keuchhusten und kann sagen, daß die Leute mit dem Erfolge sehr zufrieden waren, doch darf ich nicht unerwähnt lassen, daß
ich bei fieberhaften Complicationen auch Bäder zu Hilfe nahm, bei gefahrdrohenden Hustenanfällen Abends ein kräftiges Opiat verabreichen ließ.

§ 9. Schlussfolgerungen.

Fasse ich das über das Wesen, die Diagnose und Behandlung des Croup
Vorgetragene zusammen, so komme ich zu folgenden Schlußfolgerungen:

I.

Die Natur und Wesenheit eines jeden Croupprocesses — welches
auch die Ursache desselben sein mag — beruht auf Entzündung.

II.

Der veranlassenden Ursache gemäß kann man verschiedene Croupformen
unterscheiden, z. B. einen catarrhalisch-entzündlichen, einen mechanischen
(durch Keuchhusten), einen exanthematischen (durch Scharlach und Masern)
und einen diphtheritischen.

III.

Der Behandlung gegenüber genügt die Distinction in entzündlichen
und ulcerösen Croup.

IV.

Das Specifische, Perniciöse und Rapide des Laryngeal-Croup ist bedingt durch die in mehrfacher Beziehung nachtheilige Einwirkung der
atmosphärischen Luft.

V.

Das durch Stenose im Kehlkopf oder der Trachea veranlaßte pathologische Athmungsgeräusch ist als das specifische diagnostische Zeichen
des Croup vom Pseudocroup anzusehen.

VI.

Wenn die dem Pseudocroup vindicirten Zeichen mit heftigem Fieber einhergehen, dann ist mit größter Wahrscheinlichkeit anzunehmen, daß die Zeichen des wahren Croup sich bald kund geben werden.

VII.

Das Wasser ist das größte Adjuvans für die Unterscheidung des wahren vom falschen Croup, für die Unterscheidung der einzelnen Stadien und die Tiefe des Croup, für die specifische Natur des Letzteren, und für die constitutionellen Verhältnisse des Erkrankten.

VIII.

Es gibt Constitutionen, die für das Befallenwerden vom genuinen Croup ganz besonders prädisponiren.

IX.

Es kommt vor, daß Kinder mehrmals vom genuinen Croup befallen werden.

X.

Der catarrhalische Croup kommt nur sporadisch vor und ist nicht contagiös; die diphtheritischen Croupformen sind contagiös-miasmatisch und können in Epidemieen auftreten.

XI.

Der Croup kann im Larynx beginnen und sich nach abwärts ausbreiten; er kann als Bronchopneumonie beginnen und sich bis zum Kehlkopf ausdehnen; er kann endlich von beiden Endpunkten aus sich gleichzeitig entwickeln.

XII.

Beginnt beim absteigenden Croup das asphyctische Stadium, so erfolgt sofort eine Infiltration an irgend einer Stelle der Lunge. Mit dem Vorschreiten des Exsudates im Kehlkopf bildet sich in Verzweigungen der Bronchien in mehr oder minder großer Ausbreitung gleichfalls Exsudation.

XIII.

Die diphtheritischen Croupformen durchlaufen im Allgemeinen ihre Stadien schneller als die catarrhalischen, sind also gefährlicher.

XIV.

Die constitutionelle Diphtheritis außer Rechnung gelassen, kann die Noxa diphtheritica diesseits der Stimmritze entzündliche und ulceröse Zufälle bewirken, jenseits derselben nur entzündliche.

XV.

Diphtheritische Geschwüre im Rachen, bei gleichzeitigem Croup, beweisen nicht nothwendig, daß Letzterer ulceröser Art ist.

XVI.

Alle Membranen jenseits der Stimmritze sind durch (einfachen oder specifischen) Entzündungsproceß bewirkt. Die, welche diesseits derselben vorgefunden worden sind, wenigstens die außerhalb des Kehlkopfes befindlichen, sind regenerativer Art und werden ganz gewöhnlich durch die local nekrosirend wirkende Diphtheritis alterirt.

XVII.

Da ein jeder Croupfall durch einen Entzündungsproceß repräsentirt wird, so kann nur von dem antiphlogistischen Heilverfahren, und zwar nur von der energischsten Anwendung desselben, Heil für den Kranken erwartet werden.

XVIII.

Die medicinische Antiphlogose erweist sich bei einigermaßen vorgerückten und rasch verlaufenden Croupfällen als unzureichend.

XIX.

Das Emeticum ist nur als Derivans auf die Nerven des Magens, Darms und der Haut anzusehen, aber es ist ganz unerwiesen und nicht zu erwarten, daß dadurch Membranstücke von jenseits der Stimmritze herausbefördert werden können.

XX.

Es ist durchaus unwissenschaftlich und ungereimt, durch Beseitigung der Produkte der Entzündung auf mechanischem Wege (Erbrechen, Tracheotomie) Lebensrettung erzielen zu wollen, bevor man die Entzündung wirksam bekämpft hat, vorausgesetzt, daß hierzu Zeit verblieb.

XXI.

Die Wasserkur repräsentirt die rationellste und wirksamste Antiphlogose: sie ist daher als Specificum bei allen rein entzündlichen Bräuneformen zu betrachten.

XXII.

Bei der ulcerösen Form vermag die Wasserkur höchstens nur vorübergehend die Bräunezeichen zu entfernen, da Letztere fortwährend durch den Reiz des diphtheritischen Geschwürs zurückkehren. Das Wasser ist gleichwohl unersetzlich hierbei, weil es die phlogistische Blutcrase mindert, den Krankheitslauf bis zu einem gewissen Punkte hemmt und als Vorkur bei der Tracheotomie die nach der Letzteren zu erwartende Reaction in den engsten Grenzen darniederhält.

XXIII.

Wenn bei dem ulcerösen Croup die atmosphärische Luft den Kehlkopf nicht mehr belästigt, also nach gemachter Tracheotomie, dann genügt

die Wasserkur, um alle Croupzufälle zu beseitigen, insofern Solches auf
dem Wege der Antiphlogose noch geschehen kann, da sich von jetzt an
auch das Kehlkopfgeschwür anschickt, spontan zu heilen.

XXIV.

Die Tracheotomie hilft nach 3 Seiten und ist in diesen Richtungen
(wenigsten bei der ulcerösen Form) durch keinen andern Heileingriff zu
ersetzen. Sie entfernt für den Augenblick die Asphyxie, hält die
atmosphärische Luft vom Kehlkopfe fern und gestattet die Entfernung
massenhafter Membranstücke.

XXV.

Sie ist sofort indicirt, sobald vom Verfolg einer rationellen Wasseranwendung Herstellung des Kranken nicht mehr zu erwarten steht. Bei
dem ulcerösen Croup ist sie vorzunehmen, sobald die Diagnose feststeht.

XXVI.

Der Erfolg der Operation ist wesentlich von richtig geleiteter
hydriatrischer Vor- und Nachkur abhängig.

XXVII.

Die Operation darf, wenn ihre Nothwendigkeit feststeht, höchstens,
um noch ein Bad zu geben, aber durchaus nicht deßhalb, weil vielleicht
die Nacht eingebrochen ist, verschoben werden.

XXVIII.

Sie geschehe jedesmal in der Chloroformnarcose — besonders die In-
cision der Trachea.

XXIX.

Die Trachealwunde ist zwischen dem Ringknorpel und der Schilddrüse
anzulegen, nicht unterhalb der Letzteren.

XXX.

Alle Tracheotome sind zu verwerfen.

XXXI.

Nach Eröffnung der Trachea setzt man nicht sofort die Canüle ein,
sondern hält die Wunde mittelst einer Dilatationspincette offen, reizt die
Schleimhaut mit der Fahne einer zarten Feder und zieht die bei nachfolgenden Hustenstößen in der Wunde sich vorfindenden Membranstücke
mittels einer Pincette aus.

XXXII.

Setzt sich die Pseudomembran unterhalb der Trachealwunde fort,
wie Dies meistens der Fall ist, so erscheint zwar dadurch die Prognose
getrübt, aber keineswegs hoffnungslos. Je umfangreicher, verbreiteter,
namentlich je fester die abwärts von der Wunde bestehenden Membranen

13*

sind, desto schlimmer stellt sich die Prognose, aber selbst festere und massenhafte Membranen benehmen nicht absolut die Hoffnung auf Genesung.

XXXIII.

Auch bei Kindern unter 2 Jahren ist die Operation zulässig.

XXXIV.

Mögen die auscultatorischen Ergebnisse und die der Percussion noch so ungünstig vorliegen, so dürfen sie von der Vornahme der Operation nicht abhalten.

XXXV.

Der Erfolg der Operation ist wesentlich abhängig von der Sorgfalt und Accuratesse, mit welcher die Nachbehandlung geleitet wird. Es kann daher keinem Arzte zugemuthet werden, die sonst indicirte Operation in dem Falle vorzunehmen, wenn er sich absolut außer Stand sieht, dem Operirten einen Wärter an die Seite zu geben, bei dem er Muth, Geschicklichkeit und Sorgfalt in erforderlichem Grade vorauszusetzen sich nicht berechtigt fühlt.

§ 10. Erfahrungen und Urtheile anderer Aerzte über die hydriatrische Behandlung des Croup.

Bei Herausgabe der 1. Auflage dieser Schrift stand ich mit meinen therapeutischen Ansichten völlig isolirt; selbst Wasserärzte, auch wenn sie in ihren Schriften den Croup als zur Domäne der Hydriatrie gehörig bezeichneten (z. B. *Putzar*, *C. A. W. Richter*), sprachen sich hierüber sehr kleinlaut aus, und man kann ihren Aeußerungen nicht entnehmen, wie viele Croupkranke sie behandelten, in welchem Stadium sie jene übernahmen und mit welchem Erfolge.

In den letzten Decennien sind bereits so viele Heilungen nach dem von mir empfohlenen Verfahren vorgekommen, daß dasselbe als bewährt dasteht, so daß auch die Aerzte, welche von dem höchsten Grade der Skepsis gegen alles Neue auf dem Gebiete der Therapie inficirt sind — angesichts der den sogenannten legalen bereits zum Opfer gefallenen vielen Hekatomben — die Aufforderung fühlen dürften, der hydriatrischen Methode ein ernstes Studium zu widmen.

Vor 10 Jahren waren die meisten Aerzte noch von unheimlicher Furcht vor tiefgreifenden hydriatrischen Proceduren befangen, noch so linkisch in Ausführung derselben, daß eine rasche Verbreitung jener Methode unmöglich war. Dieses Verhältniß hat sich seitdem, nach dem Vorgehen aller deutschen Hochschulen beim Typhus und andern Krankheitsformen glücklicherweise sehr wesentlich geändert. Natürlich betraten die Aerzte am Sichersten den von mir empfohlenen Weg, welchen die Gelegenheit geboten war, die Wirkung der von mir geleiteten hydriatrischen Operationen autoptisch zu verfolgen. Es waren dies: Herr Dr. *Wittlinger* und Herr Dr. *Fabricius* sen. aus Frankfurt a./M., Herr Dr. *Bœrner* aus Hattersheim und Herr Dr. *Weisbrod* aus Oberursel.

Herr Dr. *Fabricius*, s. Z. einer der genialsten Aerzte der großen Mainstadt, verfolgte die hydriatrische Kur bei einem am Croup und einem andern von Hydrocephalus acut. erkrankten Kinde, hatte siebenmal Gelegenheit, meine Methode gegen Croup zu versuchen und erzählte mir, daß in 2 Fällen die Krankheit beim Beginn der Kur so vorgeschritten gewesen sei, daß er kaum noch einen Funken von Hoffnung gehegt habe: in allen Fällen sei dennoch prompte und vollständige Herstellung erfolgt. Er versprach, mir eine vollständige Ausarbeitung über seine bez. Erfahrungen zugehen zu lassen, leider setzte der Tod seiner glänzenden Laufbahn ein zu nahes Ziel.

Herr Dr. *Weisbrod* schreibt mir: „Bereits vor 6—8 Jahren habe ich mich in 8 Fällen, bei denen übrigens keine Geschwüre im Pharynx bestanden, nachdem die gewöhnlich gebräuchlichen Mittel mich sämmtlich im Stiche ließen, Ihrer Methode mit bestem Erfolge bedient, und glaube sicher, daß Letztere in den meisten Fällen von Croup die beste sein wird.“

Mein verehrter College, Herr Dr. *Fresenius*, Badearzt in Soden, schreibt mir, daß er zwar keine am Croup, aber viele am Hydrocephalus acut. erkrankte Kinder nach meiner Methode, ohne jeden Mißerfolg behandelt habe, fügt aber bez. des Croup eine Bemerkung bei, die ich nicht unerwähnt lassen kann. „Wenn ich an die zahlreichen Fälle von dieser erschrecklichen Krankheit, die ich in meiner langjährigen Praxis gesehen und behandelt habe, denke, bei denen ich schließlich zu keinem andern Resultate gekommen bin, als daß alle bis dahin bekannten Methoden mich im Stiche ließen, selbst die Tracheotomie nur selten möglich war, so bedaure ich, damals nicht die Resultate Ihrer Methode, und diese selbst gekannt zu haben, von der ich mir einen bessern Erfolg versprochen hätte.“ Das ist ehrlich gesprochen und verräth einen bessern innern Kern, als Hekatomben opfern und daneben Dreschflegeleien üben!

Mit Herrn Dr. *Wittlinger*, welcher später meine Methode sehr umfangreich zu erproben Gelegenheit fand, bin ich auf folgende Weise in Beziehung getreten. Vor circa 15 Jahren erkrankte dessen $4^1/_2$jährige Tochter am Croup, worauf der Vater mich eiligst berufen ließ, da er von meinen Erfolgen gehört hatte. Das fette, chloranämische Kind hatte den sogenannten aufsteigenden Croup, und es war neben den Erscheinungen der Larynxstenose auch Cyanose eingetreten. Nach einstündigem Bade, mit wachsender Erwärmung der Haut war die Kehle frei, die Bronchial- affection erforderte aber noch eine mäßige Fortsetzung der Kur. Ein Jahr später erkrankte die 2. Tochter des Herrn Collegen gleichfalls am Croup, und da auch sie unter meiner Leitung prompt hergestellt wurde, adoptirte der Papa diese Methode, kam damit bald zu Ansehen, so daß ich ihn oft den „Halsdoctor" nennen hörte, wurde in die weite Um- gegend, sogar zum großen Verdruß meiner Badedienerschaft, bis in's Amt Königstein berufen und erzählte mir bereits vor 4 Jahren, daß er über 30 croupkranke Kinder, ohne einen Mißerfolg, hydriatrisch behandelt habe.

Von allen Collegen, die mein Verfahren adoptirten, ist Herr Dr. *Bœrner* von Hattersheim am Entschiedensten und Feurigsten dafür einge- treten. Mehrmals hatte er mich consultirt zu bräunekranken Kindern, mein Verfahren autoptisch verfolgt, mit voller Zustimmung acceptirt und damit die glänzendsten Erfolge erzielt. Ehe ich ihm das Wort gestatte, muß ich einer Episode Erwähnung thun.

Vor circa 1 Jahr hatte der Verein der Aerzte des Maingau's die Discussion über Croup und Diphtheritis auf die Tagesordnung gesetzt und Herr Dr. *Bœrner* schilderte die Vorzüge der „*Pingler*'schen Methode" vor jeder andern, stieß aber auf lebhafte Opposition, und bat mich, der nächsten Sitzung beizuwohnen, was ich natürlich gerne that. Es gelang mir, die zahlreich versammelten Herren Collegen so sehr von ihren Vorurtheilen gegen die hydriatrische Methode zu befreien, daß sie schließlich sich be- wogen fanden, zu erklären, künftig jener ein eingehenderes Studium wid- men zu wollen. Die Differenzpunkte bezogen sich hauptsächlich auf die Causalität des Croup und dessen Beziehung zur Diphtheritis. Die meisten Aerzte waren der Ansicht, daß jeder Croupfall der Diphtheritis seine Entstehung verdanke, wenigstens räumten sie für andere Entwicklungs- weisen nur einen winzigen Bruchtheil der Fälle ein. Diese Behauptung hatte für mich um dessenwillen nichts Befremdendes, weil die meisten ihre Erfahrungen an den Ufern des Mains, die durch mildes Klima aus- gezeichnet sind, gesammelt hatten, und erst dann ihre praktische Laufbahn begannen, als bereits die Diphtheritis im ehemaligen Nassau Verwüstun- gen anrichtete. Hätten sich alle Aerzte Nassau's im Jahre 1860 zu diesem Thema versammelt, das Wort Diphtheritis würde wahrscheinlich nicht laut geworden sein. So weiß ich, daß auf Einladung des Herrn Medicinal-Raths Dr. *Cuntz* die Aerzte des Amtes Usingen, woselbst der Croup im Jahre 1848 und 1849 viele Opfer forderte, Berathung über dieses Thema hielten: Keiner sprach das Wort Diphtheritis aus, rathlos, wie wir gekommen waren, gingen wir wieder auseinander. Dem heftigsten Widerspruch begegnete meine Behauptung, daß die bekannten diphtheritischen Ablagerungen im Gaumen und Rachen Geschwüre seien, indem die Gegner behaupteten, daß (nach *Virchow*) fragliche Exsudate im Larynx und der Luftröhre auf, im Gaumen und Rachen in die Schleimhaut, in beiden Fällen aus plastischen Stoffen erfolgen. Dies Alles zugebend, drückte ich mich über diesen Punkt folgendermaßen aus: Zwischen beiderlei Exsudaten bleibt dennoch ein großer, sehr charakteristischer, vom praktischen Standpunkte sehr wichtiger Unterschied bestehen. Eine durchgreifende hydriatrische Antiphlogose vermag nämlich massenhaftes in die Luftwege gesetztes Exsudat zum Verschwinden zu bringen, desgleichen alle entzündlichen Erscheinungen im Gaumen und Rachen: aber auf die diphtheritischen Einlagerungen im Gaumen und diesseits der Stimmritze hat sie keine Einwirkung, auch wenn die Ausschwitzung daselbst noch so neu ist, so daß der specifisch necrotische Charakter, welchen Ausdruck gerade *Virchow* gebraucht, hierselbst noch nicht zum klaren Ausdruck gelangte. Es gibt Epidemicen, in denen die Exsudate im Gaumen sofort in eine röthlich-graue, zerfließende Masse verwandelt werden, nicht blos mit Zerstörung der Schleimhaut, sondern auch mit Substanzverlust in den submucösen Organen, ähnlich wie beim phagedänischen Schanker: hier ist wohl gegen den Ausdruck „geschwürig" Nichts einzuwenden. Aber auch bei den gutartigen Fällen sehen wir, daß das Aussehen des Exsudates ein charakteristisches Gepräge annimmt: es erscheint wie von Insekten durchwühlt, zernagt, fibrillös: an einem dagegen angedrückten Schwamme bleiben viele Fibrillen hängen. Man ist zu dem Schlusse gedrängt, daß die Noxa diphtheritica einen localen Reiz auf die Schleimhaut setzte, in Folge dessen Entzündung und Ausschwitzung entstand, Letztere, unter fortdauernder destructiver Einwirkung jener Noxa ihren ursprünglich restitutiven Charakter verlor, selbst necrosirte, und das anstoßende Gewebe der Schleimhaut mit in den Verfall zog. Auch für diese Fälle dürfte das Wort Geschwür zutreffend sein. Bemerkenswerth ist ferner, daß der Croup im Beginn des 3. Stadiums selbst in solchen Fällen der hydriatrischen Methode weicht, wo der ganze Gaumen und Rachen mit Geschwüren besetzt ist, daß aber beim Uebergang eines Geschwüres aus dem Rachen auf die Schleimhaut des Kehlkopfs sofort ein Croup entsteht, der durch die Wasserkur wohl momentan zum Rückschreiten, niemals aber ohne die Operation zur Heilung gebracht werden kann. Hierzu kommt die, meines Wissens von keinem Schriftsteller erwähnte Thatsache, daß, nach Einlegung der Canüle, selbst ausgebreitete

Geschwüre im Pharynx ohne alles Zuthun der Kunst in wenigen Tagen zur Heilung gelangen.

Alle diese unbestreitbaren Facta liefern den unumstößlichen Beweis, daß der Character der Exsudate innerhalb der Luftwege und der Einlagerungen in die Schleimhaut des Pharynx nicht blos auf anatomischen Verschiedenheiten faßt, und daß die Bezeichnung „Geschwüre" für Letztere vollberechtigt ist.

Als Grund für die Beobachtung, daß Geschwüre im Kehlkopf selten, in der Luftröhre vielleicht nie gefunden werden, dürfte vielleicht der Uebergang des Plattenepithels der Mundschleimhaut in Flimmerepithel im Kehlkopf anzusprechen sein, wodurch die Fortbewegung von Schleim und reizenden Stoffen mehr gefördert wird: sodann die größere Reizbarkeit der Schleimhaut des Kehlkopfs, die jedem fremden Eindringling durch Provocation eines Hustenausstoßes begegnet. Hören wir nunmehr Herrn Dr. *Borner*. Er schreibt: „Meine Ansicht über Ihr Verfahren kann ich in dem Satz zusammenfassen, daß von demselben in den allerschwersten Fällen, wo von innern und örtlichen Mitteln kein Erfolg mehr zu hoffen ist, namentlich dann, wenn nach mehrtägigem Bestand der Laryngostenose bereits Kohlensäureintoxication, Collaps, Kühle der Haut und Circulationslähmungen eingetreten sind, bei energischer, ich möchte sagen, rücksichtsloser Anwendung noch Heilung zu erwarten ist. Das gilt sogar von Fällen, wo es vielleicht schon für die Tracheotomie zu spät ist, oder, wo das Alter, oder das Ergriffensein des Bronchialsystems die Tracheotomie contraindiciren. Besonders will ich noch einmal hervorheben, daß auf die Kohlensäureintoxication, und was daraus abzuleiten ist, das fragliche Heilverfahren eine wunderbare Wirkung ausübt. Ich habe mit Ihrem Verfahren mehrfach Patienten zur Genesung gebracht, wo nach consiliarischem Ausspruch es bereits für die Tracheotomie zu spät war. Ueberhaupt habe ich, was die differentielle Indication zwischen Tracheotomie und Hydropathie anlangt, änßerst wichtige praktische Anhaltspunkte gewonnen. Auf mein dringendes Anrathen wendet auch Herr Dr. *Grandhomme* (in Hofheim) Ihr Verfahren an und behauptet, damit seinen eignen Kindern das Leben gerettet zu haben. Jedenfalls kommt jetzt die Sache in weiteren Kreisen in Gährung."

Herr *Grandhomme* schreibt: „Zur Sache bemerke ich, daß ich zwischen Croup und Diphtheritis einen wesentlichen Unterschied mache. Den Bädern schreibe ich einen hohen Werth zu, jedoch nur insofern, als dieselben die Einwirkung des localen Processes auf das Allgemeinbefinden abschwächen, resp. letzteres so heben können, daß der locale Proceß Zeit gewinnt, abzulaufen, oder der abgelaufene Proceß in seinen Folgen durch die Bäder unschädlich gemacht wird. Ich hatte vor mehreren Jahren in Münster einen 4jährigen Jungen mit Croup, d. h. Laryngitis crouposa. Die Krankheit war der Art, daß in einem Concilium med. mit Collegen *Thilenius* sen. und *Kœhler* (beide in Soden) von der Operation Abstand genommen wurde. Es war das Morgens. Des Abends fand ich das Bett des kranken Kindes von einer großen Anzahl Freunde umstanden, welche den Tod desselben mit jedem Augenblick erwarteten. Unter prolongirten Bädern und Begießungen traten kräftige Hustenstöße auf, unter diesen wurden die Membranen, welche, gelöst, durch die Energielosigkeit des Kindes nicht ausgestoßen wurden, nunmehr ausgestoßen und das Kind genas, aber nicht nach meiner Ansicht durch Einwirkung der Bäder auf den localen Proceß, sondern unter deren Wirkung als Excitans.

Mein eigner Junge litt an Diphtheritis des Gaumens und des Kehlkopfs. Die Kräfte sanken rasch unter Steigerung des localen Processes. Hier halfen 2 prolongirte Bäder innerhalb einer Nacht und der Junge erholte sich langsam unter einer Recidive der Diphtheritis der Nase und nach 2wöchentlicher Sprachlähmung."

Diese beiden interessanten Thatsachen genügen zwar meinem Zwecke. Die Theorie des verehrten Herrn Collegen betreffend, kann ich es aber nicht unterlassen, zu bemerken, daß ich mich eben auch seiner Anschauung zuneigte, wenn sich meine Methode nur beim Croup und nicht bei Entzündungsprocessen der verschiedensten Art und in allen Stadien bewährte. Sobald Herr Dr. *G.* dieselbe gegen Pneumonie und namentlich gegen Hydrocephalus acutus versucht haben wird, dürfte er die Wirkung der prolongirten Bäder anders beurtheilen. Die Recidive im 2. Fall, sowie die nachgefolgte Lähmung der Stimme hätte nach meiner Erfahrung durch frühzeitige Aetzung verhütet werden können, da ich nie eine consecutive Lähmung erfuhr.

Mittheilungen über ihre bez. Erfahrungen bei Behandlung des Croup nach meiner Methode waren mir noch von verschiedenen Aerzten versprochen, z. B. Herrn *Schindler* in Gräfenberg, Dr. *Lemser* in Offenbach, welcher 4 Croupfälle, worunter 2 extreme, glücklich behandelte; von Dr. *Thewalt* hierselbst, der 5mal sich mit bestem Erfolge der hydriatrischen Methode bediente. Einen daraus, welcher während der Erkrankung des Herrn Dr. *Th.* zu meiner Behandlung kam, kann ich nicht mit Stillschweigen übergehen, da er für Anfänger auf diesem Gebiet von Interesse ist.

Die gegenwärtig 3½ Jahre alte Tochter des Oekonomen *B.* aus F. erkrankte
vor 1 Jahre an Bronchopneumonie, die allmälig die Luftröhre, zuletzt den Kehlkopf erreichte und von dem behandelnden Arzte als unheilbarer Croup bezeichnet
wurde. Es gelang zwar, die Lebensgefahr zu entfernen, aber wichtige Entzündungsreste, namentlich hochgradige Engbrüstigkeit und Keuchen blieben zurück und
continuirlicher Husten, der zeitweise so heftig war, daß man ihn für Keuchhusten
hielt, da er von massenhaftem Auswurf, zuweilen von Erbrechen begleitet war.

In Folge einer weiten Reise bei strenger Kälte stellten sich am 2. Jan. l. J.
Fieber, heftige Dyspnoe, pfeifende Respiration, Husten mit amphorischem Ton
bei reiner Stimme ein. Der schnell berufene Arzt diagnosticirte „Croup" und
instituirte die hydriatrische Methode in der Weise, daß er Morgens und Abends
ein durchgreifendes Halbbad mit kalten Begießungen machen, und eine kalte
Compresse auf den Kehlkopf legen ließ. Ich übernahm die Behandlung am 5. und
fand das Kind in folgendem Zustand: Dasselbe hat blondes Haar, gracilen Körperbau, entwickeltes Fettpolster. Die Temperatur der Haut war allenthalben unter
dem Normalen: die Hände und Füße fühlten sich geradezu kalt an. Die Excretionen normal. Im Halse keine Spur von Diphtheritis. — Die Respiration war
höchst mühsam, Lippen und Nasenflügel cyanotisch; der Brustkorb machte keine
Excursionen, sondern wurde blos auf- und abwärts gesehoben; das stenotische
Athmungsgeräusch war sehr laut, aber sein Ausgangspunkt nicht im Kehlkopf,
sondern über der Luftröhre und den Bronchien zu hören. Die Stimme war vollständig rein. Bei jedem Athemzug fielen die Gruben über dem Schlüsselbein
und am Schwertfortsatze ein. In der rechten Achselhöhle lieferte die Percussion
einen tympanitischen, an allen übrigen Stellen der Vorder- und Rückseite der
Brust einen gedämpften Schall, nirgends war mit dem Ohre Luftbewegung
in den Lungen zu constatiren. Puls 144. Respiration 30. Diagnose: Das
Kind hatte vor 1 Jahr am s. g. aufsteigenden Croup gelitten, Ablagerungen auf
die Respirationsschleimhaut nebst chronischem Catarrhe waren ihm verblieben;
durch neue Erkältung entstand eine Recidive des Croup, die Entzündung ist gebrochen, aber die Ausscheidung des Exsudates neuen und alten Datums läßt noch
Vieles zu wünschen übrig.

Ordination: Ich ließ Patientin in ein Halbbad von 30° R. bringen, 5 Minuten
darin (unter Frottiren) verweilen, applicirte 3 kräftige Gießbäder von 8° R. während
dieser Zeit über den ganzen Körper. Nach hergestellter Reaction erhielt Patientin
einen Umschlag nicht blos auf die Trachea, sondern die ganze Brust wurde mit
einem solchen eingehüllt. Sodann wurde eine Vorrichtung angebracht, daß das
Kind beständig warme Wasserdämpfe einathmen mußte. Innerlich: 1 Theil Rahm
mit 3 Theilen saurer Milch und Zucker. Eine gut unterrichtete Badefrau blieb die
ganze Nacht bei dem Kinde, und gab demselben noch 3 Mal kalte Begießungen im
warmen Bade. Am folgenden Tage sah ich das Kind ebenfalls, war aber auf's
Lebhafteste von dem Zustande desselben überrascht. Nicht allein die croupöse
Respiration war beseitigt, es bestand kaum noch Dyspnoe: mit aller Leichtigkeit
ging die Respiration von statten, nachdem durch Hustenstöße Massen von Schleim
entleert worden waren. Das Kind war vollständig munter, zum Spielen aufgelegt
und hatte guten Appetit. Den Puls fand ich zwar noch von 120 Schlägen, aber
offenbar theilweise in Folge psychischer Erregung; die Haut hatte natürliche Wärme,

von Cyanose keine Spur mehr zu entdecken. Ich hätte nunmehr die Kur beendigen können, allein Dieses wäre doch sehr zu tadeln gewesen, da es sich hier nicht blos um momentane Abwendung der Lebensgefahr handelte, sondern in 2. Linie um Beseitigung der aus dem ersten Bräuneanfall verbliebenen Krankheitsreste. Einen günstigeren Moment für Erstrebung der Radicalheilung konnte es aber nicht geben, da die entzündliche Reizung vollständig beseitigt war und die Resolution, ich möchte sagen, im Sturmschritt vorwärts ging.

Zu diesem Zweck ordnete ich an, daß das Kind, außer Milch auch noch Eier, Obst, Gelee, Zwieback etc. und jeden Abend noch ein warmes Bad mit 3 kalten Gießbädern erhalten, den, jedoch nur 3mal in 24 Stunden zu erneuernden Brustumschlag tragen und öfters zu tiefem Einathmen ermahnt werden solle.

8 Tage später besuchte ich Patientin blos aus wissenschaftlichem Grunde. Von Bräune keine Spur! Allerorts hörte man Luftbewegungen in den Lungen, vielerorts als pueriles Athmen, nur an einzelnen Stellen war solches undeutlich ausgesprochen; ebenso befriedigend waren die Resultate der Percussion, die nur an begrenzten Stellen Dämpfung ergab. Die Excursionen der Brust waren noch nicht ganz befriedigend. Appetit und Humor ließen Nichts zu wünschen übrig.

Dieser Fall ist vom praktischen Standpunkt betrachtet, besonders für angehende Hydriatriker von Wichtigkeit. Er beweist, die Prognose beim Croup betr., daß der sonst so gefährliche aufsteigende Croup selbst dann noch einer erfolgreichen Therapie Raum läßt, wenn die neuerdings befallenen Respirationsorgane noch mit entzündlichen und exsudativen Resten aus früherer Zeit belastet waren. Es beweist derselbe ferner, daß den auscultatorischen Ergebnissen, die hier geradezu jeden Hoffnungsschimmer auf Herstellung auslöschten, nur ein sehr untergeordneter prognostischer Werth beizumessen ist; daher sich als feststehende Regel hieraus der Satz ableiten läßt, daß der Arzt beim Croup nur bei ausgesprochener Agonie von jedem Heilversuche absehen darf — aber nicht eher! Wie kam es, daß ich am 5. Januar noch heftige Dyspnoe und stenotisches Athmen vorfand, nachdem vorher 7 durchgreifende Bäder zur Anwendung gekommen waren? Meine Ansicht ist folgende: Fraglicher Fall war vom Anfang an ein sehr schwerer. Durch die kühlen Bäder ist der Entzündungsproceß beseitigt und die Lebensgefahr abgewendet worden. Bei meiner Ankunft war die Haut der Patientin, insbesondere an den Extremitäten, kalt und ohne Reaction, ein Verhältniß, dem, wie mehrfach bemerkt, ein Congestivzustand zum Krankheitsherd und Minderung

der Resorption und des Verfalls des Detritus daselbst parallel läuft. Dieses
Verhältniß wurde durch die warmen Bäder mit flüchtigen kalten Uebergießungen mit einem Schlag und einem Erfolge beseitigt, der jeden der
Beobachter in Ueberraschung versetzte. Sobald nach gebrochener Entzündung die äußere Haut duftend und feucht wird — aber nicht eher —
erfolgt auch auf der Lungenschleimhaut Absonderung, Husten mit Entleerung zerfallener Entzündungsreste, aber nicht eher!

Ueberraschen kann dennoch auf den ersten Blick die große Differenz
der Erscheinungen an den Respirationsorganen, die am 5. und 6. Januar
erhoben wurden, um so mehr, als in therapeutischer Beziehung nur die
Anwendung einiger warmen Bäder mit kalten Begießungen inmitten lag.
Bei einer Pneumonie z. B. würden Erhebungen, wie sie hier am 5. Januar
gemacht wurden, absolut lethale Prognose gerechtfertigt haben, wenn es
überhaupt möglich wäre, daß hierbei allgemeines Unhörbarwerden jeder
Luftbewegung in den Lungen, bei fast allgemein verbreiteter Dämpfung
des Percussionstones, vorkommen könnte. In solchem Falle wären beide
gewichtige Zeichen von Unwegsamkeit der Lungenbläschen durch Stase
und Exsudatmassen abzuleiten, in unserm Croupfall bestand durch Laryngo-
trachealstenose bewirkter Luftmangel und Blutinfiltration, die nach beseitigter Stenose verschwanden und bessere Zeichen zum Ausdruck gelangen ließen.

War in vorliegendem Fall der Croup durch Entzündung und Exsudat
wesentlich bedingt, oder wie ausgezeichnete Hydriatriker in ähnlichen
Fällen anzunehmen geneigt sind, durch Oedem und subparalytischen Zustand der Stimmbänder und Kehlkopfmuskeln? Ich halte meine Theorie
aufrecht.

Für Behandlung extremer Fälle von Croup, besonders wenn sie sich,
wie hier, auf einsamen, schwer zugänglichen Gehöften zutragen, möchte ich
folgende Regeln aufstellen:

a) In den ersten 48 Stunden müssen, wo möglich, 6 prolongirte
Bäder gegeben werden.

b) Nicht blos die Trachea, sondern die ganze Brust, selbst wenn
die Lungen wenig afficirt sein sollten, ist mit Umschlägen zu versehen,
die, nach Gestaltung des Fiebers, häufig zu wechseln sind.

c) Vom 3. Tage ab muß das Einathmen warmer Dämpfe veranlaßt und

d) ein exacter Badediener Tag und Nacht zu accurater Durchführung
der Kurvorschriften dem Kranken beigegeben werden.

Schlusswort.

Vorstehende Blätter enthalten zwar vorzugsweise jene Erfahrungen, welche ich an bräunokranken Kindern gemacht habe. Indeß ist mein Gesichtskreis doch weiter. Seit 27 Jahren habe ich sämmtliche, der Familie der Phlogosen zuzutheilende, Krankheitsfälle fast ausnahmslos hydriatrisch behandelt und mich überzeugt, daß bei Pneumonieen, Entzündung von Magen, Leber etc., diese Methode weit zuverlässiger ist, als die medicinische, bei den sogenannten Neurophlogosen aber (Hydrocephalus acutus, Meningitis, Peritoneïtis puerperalis) jene unendlich übertrifft, und ich füge bei, daß ich in neuerer Zeit dieselbe gegen 20 Mal (einige Mal in Verbindung mit Aetzungen mit Cuprum sulph.) mit dem besten Erfolge gegen die ägyptische Augenkrankheit angewandt habe. Ich darf somit dreist meine Mittheilungen als, auf exacter Beobachtung und innerer Ueberzeugung beruhend, qualificiren und erwarten, daß meine Arbeit von diesem Gesichtspunkt aus beurtheilt werde, d. h. daß man 1) die vorliegende Frage vom praktischen Standpunkt aus prüfe und 2) nicht vermeine, von Resultaten der eigenen Anwendung meiner Methode reden zu dürfen, so lange man nicht ganz exact nach den von mir vorgetragenen Regeln verfährt[1]). Jedem Collegen würde ich aber dankbar sein, wenn er mir seine „einschlägigen Erfahrungen und Beobachtungen" mittheilen wollte.

---

[1]) Ein College bemerkte mir vor längerer Zeit, die Wasserkur tauge gegen Meningitis spinalis epidemica nichts, er habe sie bei einem kräftigen Manne gänzlich unwirksam gefunden. Ich fand die Sache ganz natürlich, als ich von ihm hörte: Patient habe ein Halbbad von 26° R. 7 Minuten (!) erhalten.

Inhaltsverzeichniss.

Erster Abschnitt.

Der einfache catarrhalisch-entzündliche oder genuine Croup.

Zweiter Abschnitt.

Durch Diphtheritis bewirkte Erkrankungen am Croup.

WASSERHEILANSTALT

ZU

KÖNIGSTEIN

IM

TAUNUS,

Sie liegt 1300—1400' über der Meeresfläche, inmitten des romantischen Taunusgebirges, umgeben von Laub- und Nadelholzwaldungen, herrlichen Wiesen und üppiger Vegetation in einer fast tuberkelfreien Zone.

Einrichtung der Bäder nach neuer Art.

Zahlreiche Quellen mit fast chemisch reinem Wasser. In Gebrauch sind gleichfalls Elektricität, Gymnastik, Massage.

Prospecte gratis und franco.

Dr. Pingler.

 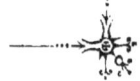

C. F. Winter'sche Buchdruckerei in Darmstadt.

www.ingramcontent.com/pod-product-compliance
Lightning Source LLC
Chambersburg PA
CBHW021705210326

41599CB00013B/1523